Records of
Ministry of Environmental Protection
Press Conferences
2017

环境保护部新闻发布会实录 2017

环境保护部　编

中国环境出版社·北京

图书在版编目（CIP）数据

环境保护部新闻发布会实录. 2017 / 环境保护部编. -- 北京 : 中国环境出版社, 2018.2

ISBN 978-7-5111-3493-6

Ⅰ. ①环… Ⅱ. ①环… Ⅲ. ①环境保护－新闻公报－汇编－中国－2017 Ⅳ. ①X22

中国版本图书馆CIP数据核字(2018)第008965号

出 版 人　武德凯
策划编辑　陶克菲
责任编辑　王　琳
责任校对　尹　芳
装帧设计　彭　杉

出版发行　中国环境出版社
（100062 北京市东城区广渠门内大街16号）
网　　址：http://w=ww.cesp.com.cn
电子邮箱：bjgl@cesp.com.cn
联系电话：010-67112765（编辑管理部）
发行热线：010-67125803 010-67113405（传真）
印　　刷　北京中科印刷有限公司
经　　销　各地新华书店
版　　次　2018年2月第1版
印　　次　2018年2月第1次印刷
开　　本　787×960 1/16
印　　张　24.25
字　　数　300千字
定　　价　98元

前言

2017 年 1 月，环境保护部开始实施例行新闻发布工作。一年来，通过深入宣传党和国家就环保工作进行的一系列重大决策部署，及时向社会公众权威、准确传递环境保护部政策措施、工作进展等，回应社会关注的热点问题，进一步增强了媒体和公众对环保工作的理解和支持。

环境保护部全年共举办 12 场例行新闻发布会，分别围绕“环境质量监测和大气污染防治”“生态保护”“水污染防治”“环境监管执法”“环境科技标准”“土壤污染治理”“环保国际合作”“环境政策法规”“环境影响评价”“京津冀大气污染综合治理”“环境保护规划”“中央环保督察”等主题，由业务司局负责人出席介绍相关工作，基本实现部中心、重点工作“全覆盖”，极大地方便了社会公众了解、掌握我国环境保护相关政策举措，提高了公众环境认识，为全民共同参与环境保护营造了良好的舆论氛围。

本书共分为 3 个部分，每部分内容按时间顺序编排。第一部分，收录环境保护部党组书记、部长李干杰同志十九大记者招待会答记者问实录；第二部分，收录环境保护部全年12场例行新闻发布会实录；第三部分，收录大气污染综合治理攻坚行动、核安全专题新闻发布会实录。希望本书能够对环保工作者、环境新闻工作者、关心和支持环保工作的社会各界读者有所借鉴。

由于编者水平有限，不妥之处，敬请批评指正。

本书编写组

2018年1月

目录

十九大记者招待会答记者问实录

环境保护部例行新闻发布会实录

专题新闻发布会实录

十九大记者招待会答记者问实录

SHIJIUDA JIZHE ZHAODAIHUI
DA JIZHEWEN SHILU

“践行绿色发展理念，建设美丽中国”记者招待会全文实录

（2017 年 10 月 23 日）

记者招待会现场

10 月 23 日 15:00，十九大新闻中心举办记者招待会，邀请中央财经领导小组办公室副主任杨伟民，环境保护部党组书记、部长李干杰介绍践行绿色发展理念，建设美丽中国有关情况，并回答记者提问。

环境保护部党组书记、部长李干杰

主持人郭卫民：女士们、先生们，记者朋友们：大家下午好。欢迎大家参加十九大新闻中心举行的第六场记者招待会。今天下午我们请来了环境保护部党组书记、部长李干杰同志，中央财经领导小组办公室副主任杨伟民同志。请他们向大家介绍践行绿色发展理念、建设美丽中国的有关情况。

李干杰：各位新闻界朋友，下午好。非常高兴与大家见面。首先，借此机会，我想对大家长期以来给予环境保护工作和生态文明建设工作的关心、理解和支持表示衷心的感谢。

这次我很荣幸作为代表参加了十九大，并现场聆听了习近平总书记所作的十九大报告，这个报告非常重要，也非常好。这个报告集中反映了全党全国各族人民的共同心愿，应该说是一篇闪耀着马克思主义真理光辉的划时代鸿篇巨著，是我们党在中国特色社会主义新时代进行伟大斗争、建设伟大工程、推进伟大事业、实现伟大梦想的政治宣言和行动纲领。

报告对生态文明建设和生态环境保护进行了全面总结和重点部署，我们作为环保人深受鼓舞、倍感振奋、完全赞同、衷心拥护，也将坚决落实。借此机会，我给大家把相关的情况作一个简要介绍。

党的十八大以来，以习近平同志为核心的党中央谋划开展了一系列根本性、长远性、开创性工作，推动我国生态环境保护从认识到实践发生了历史性、转折性和全局性变化，生态文明建设取得显著成效，进入认识最深、力度最大、举措最实、推进最快，也是成效最好的时期。我们概括了一下，可以说是五个“前所未有”。

一是思想认识程度之深前所未有。全党全国贯彻绿色发展理念的自觉性和主动性显著增强，忽视生态环境保护的状况明显改变。

二是污染治理力度之大前所未有。发布实施了三个《十条》，也就是大气、水、土壤污染防治三大行动计划，坚决向污染宣战。污水和垃圾处理等环境基础设施建设加速推进。在这个过程中，还实施燃煤火电机组超低排放改造，到目前为止已经完成了5.7亿千瓦，累计淘汰黄标车和老旧车达到1 800多万辆。同时开展农村环境综合整治，有11万多个村庄完成了整治，将近2亿农村人口从中受益。重大生态保护和修复工程进展顺利。

三是制度出台频度之密前所未有。中央全面深化改革领导小组审议通过40多项生态文明和生态环境保护具体改革方案，对推动绿色发展、改善环境质量发挥了强有力的推动作用。

四是监管执法尺度之严前所未有。《环境保护法》《大气污染防治法》《水污染防治法》《环境影响评价法》《环境保护税法》《核安全法》等多部法律完成制修订，土壤污染防治法进入全国人大常委会立法审议程序。尤其是新的《环境保护法》2014年通过后，从2015年开始实施，一些新的规定、新的机制在推动企业守法方面发挥了很好的作用。

五是环境质量改善速度之快前所未有。2016年，三大区——京津冀、长三角、珠三角三个区域细颗粒物，也就是$PM_{2.5}$平均浓度与《大气十条》制定出台的2013年相比都下降了30%以上。全国酸雨区面积占国土面积比例由历史高点的30%左右下降到了去年的7.2%。也就是说过去酸雨面积所占的比例是很高的，90年代的时候达到了30%以上，经过努力，现在降到了7.2%，并且不仅仅是面积下来了，污染的程度也有所下降。在水的方面，地表水国控断面Ⅰ～Ⅲ类水体比例增加到67.8%。森林覆盖率由本世纪初的16.6%提高到22%左右。

我们在解决国内环境问题的同时，也积极参与全球环境治理，迄今为止，我们已批准加入30多项与生态环境有关的多边公约或议定书，引导应对气候变化国际合作，成为全球生态文明建设的重要参与者、贡献者、引领者。

这些成就的取得，是党的十八大以来党和国家事业发生历史性变革的一个缩影，为我们进一步推动工作奠定了基础、增强了信心。

在充分肯定生态文明建设成就的基础上，党的十九大报告对生态文明建设和生态环境保护，又提出了一系列新思想、新要求、新目标和新部署。

在新思想方面，将坚持人与自然和谐共生作为新时代坚持和发展中国特色社会主义的基本方略重要内容，提出生态文明建设是中华民族永续发展的千年大计、人与自然是生命共同体等重要论断。

在新要求方面，明确我国社会主要矛盾已经转化为人民日益增长的美好生活需要和不平衡不充分的发展之间的矛盾，我们要建设的现代化是人与自然和谐共生的现代化，既要创造更多的物质财富和精神财富以满足人民日益增长的美好生活需要，也要提供更多优质生态产品以满足人民日益增长的优美生态环境需要。

在新目标方面，提出到2020年，坚决打好污染防治攻坚战；到2035年，生态环境根本好转，美丽中国目标基本实现；到本世纪中叶，把我国建成富强民主文明和谐美丽的社会主义现代化强国，物质文明、政治文明、精神文明、社会文明、生态文明将全面提升。

在新部署方面，提出要推进绿色发展、着力解决突出环境问题、加大生态系统保护力度、改革生态环境监管体制。这些新思想、新要求、新目标、新部署，为推动形成人与自然和谐发展现代化建设新格局、建设美丽中国提供了根本遵循和行动指南。

习近平总书记在十九大报告中强调，不忘初心，方得始终。中国共产党人的初心和使命，就是为中国人民谋幸福，为中华民族谋复兴。而良好的生态环境，关乎人民切身利益，关乎民族长远未来。我们全体环保人一定牢记习近平总书记的嘱托和全国人民的厚望，永远秉持初心，不懈砥砺奋进。

我们将全面贯彻党的十九大精神，特别是习近平新时代中国特色社会主义思想，坚持以人民为中心的发展思想，牢固树立社会主义生态文明观，大力推进生态文明建设和生态环境保护，建设美丽中国，满足人民日益增长的优美生态环境需要。一是着力增强“四个意识”，坚决扛起生态文明建设的政治责任。二是着力推进形成绿色发展方式和生活方式，还自然以宁静、和谐、美丽。三是着力解决大气、水、土壤污染等突出环境问题，持续改善生态环境质量。四是着力加强生态系统保护和修复，增加优质生态产品供给。五是着力深化生态文明体制改革，完善生态环境管理制度。谢谢大家。

郭卫民：下面请杨伟民副主任作介绍。

杨伟民：记者朋友们，大家下午好。非常高兴与大家见面，借这个机会，我主要介绍一下生态文明体制改革的进展情况和成效。

大家知道，改革开放以来，我国经济发展取得了举世瞩目的成就，但不可讳言的是，生态环境成为国家发展的短板，成为人民生活的痛点。要补齐这块短板，治愈这一痛点，要坚持两手抓，一方面要加强生态文明建设，另一方面要改革生态文明体制，而且应该说后一手应该要更硬一些。党的十八大以来，以习近平同志为核心的党中央高度重视生态文明体制改革，中央全面深化改革领导小组召开的38次会议当中，其中20次讨论了和生态文明体制改革相关的议题，研究了48项重大改革。党的十八届三中、四中、五中全会提出的37项生态文明体制改革任务，已完成24项，部分完成9项，正在推进的4项，出台改革文件84件。

考虑到生态文明体制缺乏顶层设计的情况，总体来看生态文明体制改革相对滞后，至少是滞后于经济体制改革的，2015年，党中央、国务院专门制定了《生态文明体制改革总体方案》。这个总体方案明确了生态文明体制的“四梁八柱”，设计了“八项制度”。到目前而言进展比较顺利，总体方案确定的2015—2017年要完成的79项改革任务中，73项已经全部完成，6项基本完成。

目前，生态文明制度体系加快形成，自然资源资产产权制度改革积极推进，国土空间开发保护制度日益加强，空间规划体系改革试点全面启动，资源总量管理和全面节约制度不断强化，资源有偿使用和生态补偿制度持续推进，环境治理体系改革力度加大，环境治理和生态保护市场体系加快构建，生态文明绩效评价考核和责任追究制度基本建立。

生态文明建设是我国发展史上的一场深刻变革，党的十八大以来的五年，是我国生态文明体制改革密度最高、推进最快、力度最大、成效最多的五年，从一个侧面，诠释了这五年党和国家事业发生的历史性变革，也说明生态文明体制发生了历史性变革。

在这里我举一些例子，大家看看是不是历史性的变革。比如，除了矿藏外，其他自然资源全民所有的所有权人不到位，界限不清。对这一新中国成立60多年、改革开放30多年没有触动的体制，以习近平同志为核心的党中央启动了这项改革，重点一是确权，二是管理体制。虽然全面建立自然资源产权制度需要一个过程，但应该说现在已经开启了历史性的起步。

再比如说，过去所有地方都要大开发、大发展，都要实现工业化、城镇化，这其实是不符合经济规律和自然规律的。我们推动建立主体功能区制度，促进各地区按照优化开发、重点开发、限制开发、禁止开发的要求推动发展。比如，北京属于优化开发区，习近平总书记提出疏解北京非首都功能，走出一条内涵集约发展的新路子，探索出一种人口经济密集地区优化开发的模式。这实际上相当于对首都北京的重构，是继历史上元、明、清之后对首都的又一次重构，当然这也是一件具有历史意义的大事。

再比如说，过去涉及自然资源管理的部门几乎都各自设置了自己管理的保护地，数量很多、面积很大，但监管不到位，有些形同虚设。习近平总书记亲自主持审定了三江源（12.31万平方公里）、东北虎豹（1.46万平方公里）、大熊猫（2.71万平方公里）、祁连山（5.02万平方公里）等4个国家公园体制试点方案，要求保护这些区域自然生态系统的原真性、完整性，目的就是把总面积21.5万平方公里的国土还给自然，把全国2%的国土空间还给大熊猫、东北虎、藏羚羊，给子孙后代留下更多净土。这件事无疑在中华民族发展史上是一件前所未有的大事。

再比如说，空间性规划存在交叉重叠的问题，一块国土，可能被不同的部门规划成不同的用途，这也是一个多年想解决而没有解决的问题。空间治理体系是国家治理体系的重要组成部分，但如何进行空间治理，必须有个统一、完整的空间规划为依据。习近平总书记要求开展市县“多规合一”，一个市县一本规划、一张蓝图，最后才能实现一张蓝图干到底，并主持审定了海南、宁夏省级空间规划试点方案。试点情况表明，一个地区，一个空间规划是完全可行的，没有必要制定那么多规划。

再比如说，我们一直实行最严格的耕地保护制度，严守18亿亩[①]耕地红线，但对其他自然生态空间的保护却相对薄弱，耕地保护严了，一些地区就向林地、湿地、草原、海洋要建设用地。习近平总书记讲山水林田湖草是一个生命共同体，这就是说，要想真正保护好耕地，特别是保护好耕地的质量，必须在保护耕地的同时，同步保护好其他自然生态空间。目前，包括土地、水、能源、天然林、草原、湿地、沙化土地、海洋、矿产等自然资源都实行了总量管理制度。

过去一些地方一度存在着重视增长速度、忽视生态环境保护的状况。习近平总书记要求，不能单纯以GDP论英雄，对造成生态环境损害的地区，要终身追究领导干部的责任。现在，通过一系列制度性安排，各地区各部门保护生态环境的自觉性和主动性显著增强，这也是一个根本性的转变。

在环境治理方面，也发生了很多历史性的变化。李部长已经作了介绍。

党的十九大在十八大的基础之上再一次吹响了加快生态文明体制改革、建设美丽中国的号角，这就进一步昭示了以习近平同志为核心的党中央加强生态文明建设的意志和决心。在决胜全面建成小康社会，开启全面

① 1亩＝666.667平方米。

建设社会主义现代化国家新征程中，我们要打好污染防治这场攻坚战，尽快补上生态环境这块最大短板，提供更多优质生态产品，满足人民群众日益增长的优美生态环境需要，使我们国家天更蓝、水更清、山更绿，使人们能够看得见星星、听得见鸟鸣，真正实现人与自然的和谐共生。

我先把情况介绍到这里。下面我愿意回答记者朋友们的问题。谢谢大家。

郭卫民：下面进入提问环节。

中央电视台记者：我想问一个有关生态文明体制改革的问题，想请问两位部长，随着第四批中央环保督察组进驻完毕，两年多的时间中央环保督察组完成了31个省区市的全覆盖，问责了上万人。我想问一下两位部长如何评价这场大督察的效果？在这个过程当中，我们也看到了某种担心，有人说会不会督察组一走污染就重新回来了，继续“涛声依旧”，或者很多企业存在着“你来我停、你走我继续生产”的问题，怎么避免这种问题的发生？在督察的机制上怎么形成一个长期、有效的震慑？未来会有什么样的具体部署？谢谢。

李干杰：我来回答一下您的问题。中央环保督察是十八大以后，习近平总书记亲自倡导推动的生态文明体制机制的一项重大改革举措。这个督察是2015年年底从河北开始试点，到十九大之前已经实现了31个省区市的全覆盖，历时两年的中央环保督察应该说效果是非常好的，得到了各个方面的一致认可和肯定。有人总结了一下，用了四句话，中央环保督察是达到了这么一个境界和效果，叫百姓点赞、中央肯定、地方支持、解决问题。我个人以为，这个评价还是恰如其分的。成效毫无疑问是非常显著的，具体可以说体现在四个方面。

一是大幅提升了各方面加强生态环境保护、推动绿色发展的意识。习近平总书记在十九大报告中指出，十八大以来，全党全国贯彻绿色发展理念的自觉性和主动性显著增强，忽视生态环境保护的状况明显改变。我觉得中央环保督察在这其中起到了比较大的推动作用。

二是切实解决了一大批群众身边的突出环境问题。我们在四批中央环保督察过程中，一共受理了群众的举报 13.5 万件，其中有一部分是重复的，经过合并以后，我们向地方交办了 10.4 万件，到目前为止 10.2 万件已经得到办结，其中我们梳理了一下，大概有 8 万件涉及垃圾、油烟、恶臭、噪声、“散乱污”企业污染以及黑臭水体问题，得到了比较好的解决，也因此督察行动确确实实得到了广大老百姓的真心欢迎和拥护。

三是中央环保督察促进了地方产业结构的转型升级。很多地方把中央环保督察当成推动绿色发展、推进供给侧结构性改革的很好契机和动力，借此机会加强企业的污染防治，内化环境成本，让守法企业有一个更加公平的竞争环境，尤其是整治那些“散乱污”企业，比较好地解决了一些地方突出存在的“劣币驱逐良币”的问题，大大提升了这些行业产业发展的规模和效益。

四是有效促进了地方环境保护、生态文明机制的健全和完善。很多地方把中央环保督察当成很好的机会，认真地梳理分析问题，加快建立健全相关法规制度，我们粗粗统计了一下有三四百项。这些制度的建立和完善，为各地进一步推进生态文明建设、绿色发展发挥了很好的作用。从成效上来讲，我觉得确实这四个方面是非常突出的。

我们也总结了一下中央环保督察之所以有这么好的成效，主要有六个特点：一是坚持以人民为中心的发展思想，把老百姓的事当事，放在心上、抓在手上；二是牢固树立“四个意识”，旗帜鲜明讲政治；三是紧盯党委政府，落实“党政同责”“一岗双责”；四是坚持问题导向，奔着问题去；五是充分的信息公开，有效发挥社会监督的作用，基本上我们收到的问题、收到的举报，有一件算一件都向社会公布；六是严肃严厉的追责问责。

这六个特点是非常明确的，也是中央环保督察的成功经验。这六个特点、六条成功经验完全符合我们国家的国情，完全符合体制的特点，也完全符合事物发展的本身规律。也正因为如此，我们一定会进一步把它坚持下去，不仅仅是在中央环保督察中坚持，还会把它反馈借鉴到其他环境保护工作当中去。

中央环保督察取得的成效、积累的经验也从一个侧面充分反映、印证了十八大以来我们党和国家事业确实取得了历史性的成就，发生了深刻的、历史性的变革。

您刚才提到担心中央环保督察这一轮挺好，后续会不会继续搞下去，有些企业污染环境的问题会不会死灰复燃，我想因为前期我们历时两年的成效这么好、这么受欢迎，并且中间又创造积累了这么好的做法和经验，不会有任何疑问,后续我们一定会把它坚持下去。实际上,在这一轮结束后，作为牵头这项工作的环境保护部，我们正在抓紧开展以下几方面的工作：

一是对首轮前四批督察进行充分总结。梳理问题、总结经验，进一步完善相关机制和配套措施，为后续开展第二轮做好准备。

二是在研究推进有关中央环保督察相关法规的制定工作。也就是把推动这项工作的有效机制纳入法制化、规范化的轨道，让它长期发展下去、坚持下去。

三是针对重点地区、重点行业、重点问题准备组织开展机动式、点穴式专项督察。这个正在谋划当中，可能今年年底、明年年初就会出台相关举措，开展相关的专项行动。

四是积极指导和督促地方建立省级环保督察体系，国家督省、省督市县。国家督省的体制机制已经基本健全，省督市县正在通过省以下环保垂直管理改革这项制度抓紧推进，我们现在正在抓紧指导督促地方把这个体系建立起来，将来国家和省两级联动，一定会使得这个机制发挥更大更好的作用。也欢迎媒体监督。我就回答这些，谢谢。

杨伟民：刚才李部长讲得很好，我想说的是十九大报告有一句话叫坚决制止和惩处破坏生态环境行为，这句话表明了我们党的立场、态度和决心，就是对破坏生态环境的行为一定要坚决制止，而且前面也讲到，叫严惩、重罚。我相信通过这样一些制度性的安排，长效机制是一定会建立的，会形成不敢、不想破坏生态环境的社会氛围，我觉得这样长效机制也就建立了。谢谢。

华尔街日报记者：想请问两位部长，关于改善生态环境目标和要保持经济稳中增长这个目标，这两个目标之间会不会有一些矛盾？政府是怎样考虑处理这两个目标之间的矛盾？我们注意到因为环保的原因，有一些厂停业，现在停产，我们想请问因为环保的原因关厂停产，会不会造成失业率的提高？谢谢。

李干杰：我先回答一下这个问题。前天在新闻发布会上，我注意到有位媒体的记者给发改委的张勇主任提了一个类似的问题，加强环境保护是不是会影响 GDP，影响发展？我看张勇主任回答得非常好。你要说对企业局部的、微观的影响一点都没有，那是不可能的。但是从长远看、从宏观上看、从大局上看，是没有影响的。加强环境保护、推动绿色发展，加强生态文明建设与发展经济是正相关的。

习近平总书记讲，包括在这次十九大报告里再次重申、再次强调，必须树立和践行“绿水青山就是金山银山”的理念，习近平总书记还讲，保护生态环境就是保护生产力，改善生态环境就是发展生产力。我想这是建立在深刻的理性分析和充分的、无数的成功实践案例基础上的科学论断，国外很多成功的案例我们国内也有，因为时间有限，我在这里就不枚举，就不展开了。

十八大以来，尤其是近两年以来，我们开展的中央环保督察也好，还是目前正在一些重点地区开展的环境执法专项行动也好，环境保护并没有影响经济发展。大家可以看到，这两年我们国家的经济发展势头是非常好的，各项指标，包括 GDP 也好、财政也好、外贸也好都非常喜人。

我们在中央环保督察的过程中，实际上也紧密跟踪了这些地区的经济数据，我们发现开展中央环保督察的这些省份，它的经济各项指标没有受到任何影响，某种意义上来讲比过去还要好。

也包括您提到的一些就业问题，可能您也知道，我们国家主要城市的调查失业率已经降到了近些年最低的水平，如果说这些年我们加强环境保护影响了就业，我想不会有这么一个数字。

并且这里还要向大家报告，我们在推动环境保护，加强环境保护过程中，实际上强调既要打攻坚战，又要打持久战，问题的积累不是一天两天，要把它解决也绝非一夜之间。因此，在具体实施的过程中，我们还是非常讲究策略和方法。一方面，对一些违法违规、污染环境的企业“零容忍”，依法依规严肃处理；但另一方面，也要按照分类指导的原则，“一厂一策”，具体问题具体分析。

前一段时间有些媒体报道说我们搞“一刀切”，我想说明的是，所谓不分青红皂白、不分好坏的“一刀切”是我们坚决反对的，总体上也是不存在的，即使个别地方发生过，我们都第一时间进行了纠正。即使对于那些违法违规的企业，也是根据情况，能够整改的给予时间进行整改，并非一棍子打死。只有那些确确实实没有生存价值，又严重污染环境，整治又没有任何希望的，才最后关停关闭。

也正是因为这么一个策略和方法，我觉得我们整个的工作得到了各个方面的支持，包括企业的支持，也包括地方的支持。也正是因为如此，环境保护与经济增长在过去这段时间，我以为是相得益彰的，确确实实环境保护在加强、环境质量在改善，同时，我们的经济发展没有受到影响。我就先回答这些，谢谢。

中国青年报记者：刚才杨主任也提到，过去五年中深改组 38 次会议有 20 次提到生态文明体制改革，过去的改革成就也是大家有目共睹的。但我现在想问的是，在改革的过程中您认为困难和问题是什么？下一步改革的着力点是什么？谢谢。

杨伟民：谢谢你的提问。生态文明体制改革带有很大的探索性，我前面讲过，总体来看，我们经济体制改革进展还是比较快的，但生态文明体制改革相对滞后，而且很多改革的举措在国际上也没有先例可言，找不到可借鉴的经验。比如主体功能区哪个国家建立过？自然资源资产负债表也是没有人做过的。从目前改革的进程来看，确实也存在一些问题，有一些改革是相对滞后的。比如说自然资源产权制度的改革，应该说还处于试点阶段，确权的难度本来就很大，因为宪法规定水流是全民所有，但怎么界定这个水流？难度确实都是比较大的。

另外，整合体制机制的难度也比较大，生态保护和环境治理中，部门职责交叉的问题还没有根本解决，有待下一步根据十九大的部署进行推动。还有一些改革受到法律法规修订进展相对缓慢的制约，因为我们很多的管理方式、管理规定有相应的法律，但是修法是一个很复杂的程序，这个大家都很清楚。

当然，我觉得最大的问题是，这几年我们在政府的监管方面全面加强，但相对而言，市场机制的作用发挥得不够，或者说激励机制还有待进一步建立。比如说怎么样少排污能得到利益，这个机制的建立还是需要下功夫的，是下一步改革的重点。

总之，我们将按照十九大部署加快生态文明体制改革。按照问题导向，就是刚才我讲到的一些问题，当然也不止这些，加快改革的落地，尽快补上制度的短板和漏洞。谢谢。

中国气象报记者：请问李部长，我们知道今年年初的时候，气象与环保两部门对外表示，将研究针对雾霾天气两部门的联合预报预警发布机制，我想请问这项工作目前的进展情况如何？我们也注意到在十九大报告中，习近平总书记再次强调要打赢蓝天保卫战，您认为目前面临最大的挑战是什么？谢谢。

李干杰：谢谢你的提问。大气污染防治要做好，首先预测预警的工作要做好，这个很重要，而预测预警要做好两个方面缺一不可。一是要把污染排放的情况摸清楚；二是要把气象方面的条件搞清楚，预测预警关键在这两方面，排放多少、气象是一个什么情况。从这个角度来讲，要把预测预警这项工作做好，离不开环保部门和气象部门的紧密合作。

这一两年，我们的预测预报工作越来越好，我觉得最重要、最关键的一条就是我们环保部门和气象部门开展了非常紧密和卓有成效的合作。可能大家不知道，实际上每一天，尤其是进入秋冬季以后，我们气象部门的专家和环保部门的专家有一个机制，都坐在一起分析，发挥各自的特长。作为环境保护部部长，我特别关注每天的情况，至少我注意到预测的情况和实际发生的情况是非常吻合的，这也从一个侧面印证我们两家合作的成效是非常显著的。当然气象部门和环保部门还有其他方面也需要开展合作，实际上也正在探讨和推进过程中，我相信通过双方的共同努力，一定会在相关的工作方面取得更好、更加明显的成效。

关于你提到的习近平总书记在十九大报告中提出要持续实施大气污染防治行动，打赢蓝天保卫战，过去是叫打好，现在是叫打赢。实际上是意味着比过去有更高的要求。怎么个打赢法？我们一方面在深入地学习领会习近平总书记的讲话精神，另一方面也在边学习、边思考、边推动，准备采取一系列的措施进一步强化这项工作，确保到2020年的时候，污染防治尤其是大气污染防治这项攻坚战能取得明显的成效，其中一个标志就是我们在“十三五”生态环境保护规划里面设定的目标一定要实现，全国338个地级城市空气质量优良天数比率必须达到80%以上，未达标城市$PM_{2.5}$的浓度要平均下降18%，以2015年为基数。同时，还要为2035年生态环境根本好转这个目标做好谋划，打好基础。

而2035年生态环境根本好转这个目标，我们现在也正在研究，什么叫根本好转。我个人体会，对于大气环境质量来讲，恐怕不仅仅是全国平均水平，包括我们的一些重点区域，就$PM_{2.5}$而言，年均浓度都应该达到35微克每立方米的标准。但是要达到这个标准说实在的难度非常大，需要我们付出非常大的努力，才有可能实现这么一个目标。我们也一定会尽全力把这项工作做好，通过我们的努力，改善环境质量，满足人民群众对优美生态环境的需要。谢谢。

凤凰卫视记者：想请问李干杰先生，我们注意到《大气十条》今年进入收官之年，但我们也看到，有些地方包括北京这样的重点城市，可能离目标还是有差距的，请问环境保护部有什么后续措施？我们也注意到包括今年进入秋冬季以来雾霾天气不见减少，是不是关停力度不够？还有没有其他更有力的措施？谢谢。

李干杰：我刚才回答问题时就《大气十条》已经介绍了一些情况，你提了这个问题我再把它展开一下。《大气十条》是2013年9月制定发布的，到目前为止4年多一点的时间，应该说4年多的时间成效还是非常明显的，也说明《大气十条》确定的思想和方向是对的，路径和措施是对的，执行也是非常有力的。

我在这里向大家报三组数，一是全国338个地级城市，因为《大气十条》对338个地级城市考核的是PM_{10}，2016年相比2013年PM_{10}下降了15.5%；二是三大区$PM_{2.5}$的平均浓度，2016年相比2013年分别下降了33%、31.3%和31.9%，京津冀是33%，长三角是31.3%，珠三角是31.9%；三是有关优良天数和重污染天数的比例，通过四年的努力，优良天数的比例从60.5%增加到74.2%，增加了13.7个百分点，重污染天数的比例从8.6%下降到3%，下降了5.6个百分点。从这几组数可以充分显示出《大气十条》实施四年以来成效毫无疑问是非常显著的。

但与此同时，确实我们现在在大气污染防治方面还存在不少的问题，归纳起来最起码有这么几个方面：

一是总体来讲，我们的污染还是很重的，空气质量还是很不理想的，离老百姓的期待和要求有比较大的差距。全国338个城市全年达标的只有84个，比例也就是近1/4，只有24.8%，全国PM_{10}平均浓度是82微克每立方米，标准是70微克每立方米，超过标准17.1%，$PM_{2.5}$去年平均是47微克每立方米，标准是35微克每立方米，超标34.3%，所以这个总体来讲还是非常严重的。

二是重点地区、重点时段的污染程度更加严重，比方说我们的华北地区，京津冀及周边，尤其是在秋冬季重污染天气多发频发，并且污染程度相当严重，尤其是去年冬天，可能在北京生活、在京津冀生活的人都切身体会到了，那还是非常突出的，老百姓对这个问题反应很大、很强烈。

三是三大结构尽管这些年有一些改变、有一些改善、有一些进步，但总体上还不是特别理想、不是特别明显。第一是产业结构，以重化工业为主的产业结构，重化工业在其中占的比例还是太高了；第二是以煤为主的能源结构，这个比重仍然过大；第三是以公路运输为主的运输结构。

四是在企业遵纪守法方面，依法达标排放方面也还存在不少问题。一些企业的守法意识不强，违法违规问题严重，超标排放的情况还是比较突出的。

五是工作压力没有有效传导到位，在一些地方比较突出，上边很重视、很着急，但是有些地方下边就未必那么着急，我们的一些政策措施没有完全落地见效。

我想这些问题毫无疑问是存在的，并且在一些地方还是比较突出的，也由此让您刚才关心《大气十条》今年的收官之年究竟能不能收得好、收得圆满，后续怎么办？能不能继续把它坚持下去？说实在的我们还是很清醒地认识到这些问题，也是要按照中央的要求，坚决把今年的这场收官战收好、收圆满。

实际上几个月之前，我们就针对目前存在的问题认真深入地进行了研究，谋划推动了相关工作，尤其是针对大家非常关注的京津冀及周边地区。当然，其他一些地区也在同步开展，京津冀及周边可能是比较典型的，我这里也重点向大家介绍一下。

为了解决好京津冀及周边地区今年秋冬季大气污染防治的问题，环境保护部会同10个部门、6个省市，因为京津冀及周边加起来是6个省市，包括北京、天津、河北、山东、河南、山西，制定出台了《京津冀及周边地区2017—2018年秋冬季大气污染综合治理攻坚行动方案》，除了这个方案之外还配套制定了6个专项方案，这个方案已经对外发布，并且我们环境保护部也专门召开了新闻发布会，进行了宣传。

这个“1+6”的文件体系我们正在大力推动实施，从目前的情况来看，成效还不错。这个文件体系跟目前我们采取的这些具体行动，我个人总结了一下，觉得有这么十个特点，其中的一些特点也是从中央环保督察反馈借鉴过来的。

一是突出工作重点；二是系统综合施策；三是细化工作任务；四是紧盯党委政府；五是调集精兵强将；六是强化技术支撑，其中我们现在每个市都派了一个专家组，专家组到各个市指导各地加强污染防治工作；七是加强统筹协调，我们正在推动筹建京津冀及周边地区大气环保机构，准备开展区域的环保机构试点，做到六个统一：统一规划、统一标准、统一许可、统一监测、统一执法、统一应急；八是量化刚性问责，这也是在环保历史上的首创，我们相信也会发挥作用，现在看起来已经在发挥作用；九是充分公开透明，大家注意到，最近京津冀及周边地区的大气攻坚行动的信息很多，这与这一特点是密切相关的；十是加强宣传引导，开展这么一个攻坚行动，宣传引导也是非常重要的，一方面通过宣传引导要增进大家对开展专项行动重要性、必要性、紧迫性以及正当性的充分理解和积极参与，另一方面也要通过宣传引导让大家意识到 $PM_{2.5}$ 的治理、大气污染防治就像前面讲到的，既要打攻坚战也要打持久战，既要有打好攻坚战的决心和信心，也要有打持久战的耐心，也不能太着急，不能太急于求成，问题的积累不是一天两天，要解决也绝非一夜之间。

我们这项工作按照部署正在紧锣密鼓地推进，整个攻坚行动从今年 9 月开始将持续到明年 3 月，并且向大家报告，我们的攻坚行动，可不是打一次就完，以后几年还会长期地把它坚持下去，从这个意义上来讲，我们开展的这些专项行动，制定实施的这些措施绝不是“运动式”，而恰恰是在探索和建立长效机制，并且现在看起来这种长效机制还是管用的，因为它管用，也完全可以肯定我们后续一定会坚持下去。我就回答这些，谢谢。

郭卫民：刚才说京津冀地区每个市都派有专家，是指地级市吗？

李干杰：每个地级市。

香港商业电台记者：我想请问杨伟民先生，现在香港有一些绿色金融认证的产品，目前债券通的南向通还没有开通，请问南向通开通的情况有没有时间表？未来五年，内地和香港在金融特别是绿色金融上，会不会有进一步互联互通的举措？谢谢。

杨伟民：我刚才讲到我们国家在利用市场机制促进绿色发展方面还有很大潜力，其中之一就是绿色金融。十九大报告专门讲到了要发展绿色金融，去年人民银行会同有关部门已经下发了关于构建绿色金融体系的意见，而且已经做了部门分工，各项措施正在落实当中。

目前绿色金融发展应该说已经取得了初步的成效，比如说今年1—9月，我国共发行贴标绿色债券1 340亿元，占全球发行量的24%，这在国际上还是处于领先地位，截至今年2月，21家主要金融机构绿色信贷余额7.51万亿元，当然相对于我们国家庞大的贷款规模来讲还是比较少的，但是比重和增长速度在快速提高，目前占全部信贷比重是8.8%左右，而且涌现绿色指数产品这样的一些创新型产品，为投资者提供了更多的市场选择。

一些改革也在推进过程当中，比如说财政部门正在研究制定国家绿色发展基金这样一个方案，有关部门主要是证监会正在研究上市公司环境信息的披露怎么样进一步提升；人民银行会在一些地区组织开展绿色金融改革创新实验区这样一些重大措施；跟其他一些国家在国际上开展了一些合作，比如中英、中法财金对话，也开展了一些绿色金融合作等。绿色金融发展取得了一些成效，但是相对于庞大的绿色市场发展要求来看，发展还是不足的，未来的潜力还是巨大的。

香港作为国际上最主要的金融中心之一，我相信，在今后绿色债券的发行等方面，内地将和香港密切合作，实现互利共赢，共同推动绿色金融的发展，支持国家绿色产业、绿色项目等行业的发展。谢谢。

中华合作时报记者：习近平总书记在十九大报告中提出令人鼓舞的乡村振兴战略，我注意到无论是江苏省供销社在全省推进的农药零差率统一配送，还是河北等关于畜禽粪污资源化利用，推进一二三产业融合，其实都和乡村建设密切相关。不知道乡村振兴战略近期是否会出台相应的规划和方案？根据农业面源污染近五年取得的成效，是否会有新的举措？谢谢。

李干杰：我先简单说一下。实施乡村振兴战略，生态环境的改善毫无疑问是其中的重要部分，在农村生态环境改善方面，各级政府这些年一直是非常重视的，也取得了一定的成效，比如前面给大家报告的，我们实施了农村环境综合整治，我的印象是从2008年开始，到目前为止，光中央财政就投入了375亿元，一共整治了11万个村庄，大约有2亿农村人口从中受益。

通过这项综合整治，确实解决了一大批群众身边的像污水问题、垃圾问题，还有其他的一些问题，并以这个机制为推手，推动了整个农村的污染防治工作、生态环境保护工作。面向未来，这项工作一定会继续坚持下去。实际上相关部门也做了安排，目标是到2020年完成20万个村，也就是说达到我们国家整个行政村的1/3左右，我们大数是60多万个村。

除此之外，我们还将加强农村生态环境保护的监管，防止城市污染向农村转移作为一个重点在推进。我们还在畜禽养殖污染防治方面，秸秆综合利用方面，农药化肥污染防治方面，相关部门包括农业部，当然也包括环境保护部在内在积极推动。

相信通过这些努力，农村生态环境的面貌会跟城镇的生态环境一样，进一步得到改善，满足农村人民群众对优美生态环境的需要。我就先说这些。

杨伟民：我补充几句。乡村振兴战略是十九大报告的一个亮点，是继我们过去提出社会主义新农村之后又一个解决三农问题的一个重大战略，我相信在下一步的贯彻落实当中，肯定会制定相应的规划，我相信中央农村工作会议就会作出相应的部署。

在乡村振兴战略当中，其中一个重要任务或者说是一个要求是生态宜居，过去应该说我们确实存在着重视工业和城市污染防治，对农业、农村污染防治投入的力量、投入的资金相对来讲是不够的，但应该说最近这五年来这种情况有了很大的改善。

比如说习近平总书记亲自主持召开中央财经领导小组会议，研究畜禽养殖废弃物的资源化处置问题，养殖必然带来污染物，如果不处置就这样排出去，排到河流、湖泊，那肯定会造成很严重的污染，所以现在有关部门已经划定了一些禁养区，比如在水源地等地是不允许养的，但我们也不能不吃肉，那怎么办呢？

就是要推进这些粪污的资源化处置，其实这是一个很大的资源，也有很多企业将鸡粪、猪粪用于发酵生产沼气，在沼气的基础之上再提升成生物天然气，这个潜力也是非常大的，然后用于农民的生活，甚至有些地方用于农民的冬季取暖，在北京就有案例。

再比如说习近平总书记在中央财经领导小组会上专门主持研究垃圾分类问题，听取了浙江省的汇报，浙江省汇报的是农村垃圾分类处置问题，他们的经验就是分成可烂和不可烂的，老百姓一听就懂，家家户户门前放两个垃圾桶，应该说现在做得还是不错的，当然也可以进一步再细分，但至少解决了过去干湿垃圾不分的问题，可烂的就可以堆肥变成有机肥还田等。

在生态文明改革总体方案当中其中一个重要方针就是坚持城乡污染治理并重，我相信今后各有关方面都会按照振兴乡村战略的要求，坚持城乡环境治理并重这样一个方针，着力解决好农村的环境污染问题。谢谢。

李干杰：我再补充一点，我完全同意刚才伟民主任做的分析判断，相对于城镇生活污染和工业污染防治而言，我们对农村污染过去这些年重视的程度是不够的，某种意义上来讲也形成了我们国家生态环境保护和生态文明建设中的一块短板中的短板。而农村生态环境的治理和改善是如此重要，一方面是满足农村人民群众对美好生活、对美好生态环境的需要，另一方面农村的生态环境直接关系到我们的米袋子、菜篮子、水缸子，也不仅仅是关乎农村人口的美好生活，也关系到我们城镇人口的美好生活，也因此必须把它提到一个议事日程。

这次习近平总书记在十九大报告中明确提出要加强农业面源污染防

治，开展农村人居环境整治行动，这等于给我们打响了发令枪、吹响了冲锋号，我想我们环境保护部一定会会同相关部门，按照习近平总书记的部署、十九大的要求，把这块工作做好，力争把农村的生态环保工作和其他方面的生态环保工作一样，大大往前推进一步。

解放日报记者： 去年1月习近平总书记主持召开推动长江经济带发展座谈会，会上指出当前和今后相当长一段时间的任务，是要把修复长江生态摆在压倒性的位置，习近平总书记同时提出，长江沿线各个省区市要共抓大保护，不搞大开发。但近一些年来通过一些媒体的报道发现，长江沿岸环境污染仍然有不少突出的问题，也有一些隐患。请问李部长，环境保护部下一步对于长江流域的生态修复和环境保护有没有进一步的考虑？会不会出台一些更加严厉和具体的措施？这个过程中与沿线各方的利益关系怎样处理？谢谢。

李干杰： 谢谢你的提问。对长江的生态环境保护，党中央、国务院一直高度重视，尤其是习近平总书记。习近平总书记去年1月在推动长江经济带发展的座谈会上，特别强调，长江经济带发展必须坚持生态优先、绿色发展，要把修护长江生态环境摆在压倒性位置，共抓大保护，不搞大开发。这次的十九大报告，不知道大家注意到没有，习近平总书记又特别提出来，要以共抓大保护、不搞大开发为导向推动长江经济带发展。

去年座谈会之后，我体会各地按照习近平总书记的要求抓紧推动开展相关工作，并且应该说在一些方面还初步地见到了成效，比方说水质的改善，当然受影响的条件也比较多，但是也能说明一些问题。今年1—9月同比去年1—9月长江经济带流域Ⅰ～Ⅲ类的水质比例提高了4.3个百分点，这个还是很不容易的，因为气候条件、水文气象条件没有发生很大的变化；劣V类比例下降了0.8个百分点，由4.2%下降到了3.4%，这就从一个侧面说明各地工作都动了起来，并且在见成效。

但与此同时，正如您刚才提到的，在整个长江经济带沿线的这些地方，我们生态环境方面存在的问题还是非常突出的，短板还是非常明显的，未来要治理好、改善好、修复好的任务还是很重的。具体来讲我以为有这么几个问题：一是生态环境治理方面的基础设施欠账比较多，包括城镇污水处理设施，更不用说农村的污水处理设施；二是沿线重化工布局比较密集，环境风险比较大；三是农村面源污染比较突出；四是在生态系统方面，一些浅滩湿地这些年遭到一些损害和破坏，对生态系统服务功能的维持产生了一些不利的影响。这些问题应该说总体来讲是存在的，甚至是比较突出的。

环境保护部落实习近平总书记的要求，共抓大保护、不搞大开发，这一两年我们主要开展了这么几项工作，后续这些工作我们还会继续坚持推动下去。

一是加强长江经济带生态环境保护的顶层设计，我们会同相关部门通过深入研究，制定发布了《长江经济带生态环境保护规划》，今年7月发布的，可能有些媒体记者已经注意到了，这个规划对未来一个阶段、一个时期长江经济带生态保护，尤其长江的生态保护进行了顶层设计。

这个规划相比过去的一些行业规划、流域规划有着比较明显的特点，它的内容和特点我概括了三句话："三水并重""四抓同步""五江共建"。什么叫"三水并重"呢？就是三个水一起抓，水资源、水生态、水环境，因为长江要治理好非得这么干不可，必须“三水并重”，某种意义上来讲水环境的问题与水资源、水生态是密切相关的，水资源做不到合理利用、水生态得不到有力的修复保护，水环境的治理改善可能也很困难。

所谓“四抓同步”。一要狠抓上下游的统筹协调。二要狠抓一些重点区域，尤其是两湖（鄱阳湖、洞庭湖）一口（长江口），在长江这个生命体里面，这个两湖一口是非常重要的。三要狠抓一批生态保护和环境治理的重大工程。四要狠抓有关体制机制的改革创新。因为很多问题要解决必须靠体制机制创新，正如刚才前面伟民主任讲的，生态文明很多领域的改革，为我们治理生态环境提供了强大的动力，长江经济带也不例外。

最后一句话就是“五江共建”。“五江共建”第一就是要通过推动水资源科学开发利用，建设一条和谐长江。二是通过加强水生态环境的治理，建设一条清洁长江。三是通过水生态系统的修复与保护，建设一条健康长江。四是通过沿江两岸其他环境问题的整治解决，建设一条优美长江。五是通过有关环境风险的有效管控，建设一条安全长江。

整个规划的内容和特点可以用这三句话概括：“三水并重”“四抓同步”“五江共建”，我们相信这个规划未来能够起到比较好的作用。

第二件事就是在长江流域对长江经济带相关的一些地方、省市进行中央环保督察，我们把有关涉及长江的污染防治、环境保护问题摆在重要位置，全力对接进行推动，并且借督察的机会已经解决了一些突出问题。

第三是在组织加快推进长江经济带生态保护红线划定工作，这项工作到目前为止已经有了基本成果，预计到今年年底 11 个省份能够完成省一级生态保护红线的划定。

第四是我们正在组织谋划并且已经开始启动整个长江经济带饮用水水源地生态环境保护整治工作，准备用两年时间，对整个长江经济带所有县级以上 1 320 处集中饮用水水源地全面进行整治，今年年底地级以上城市完成整改，明年年底县级以上完成整改，全面达到要求。这项工作正在积极推动，我们还是很有信心能够完成。

总而言之，长江是我们中华民族的母亲河，非常重要，我们一定会按照习近平总书记提出的共抓大保护、不搞大开发，把这个要求切实落到实处，为中华民族的永续发展创造更加良好的条件。

浙江卫视记者：大家都知道浙江作为“两山”重要理论的发源地，多年来一直致力于美丽浙江建设，前几天有一个新闻，说浙江省省控断面劣V 类水全面剿灭，请问两位部长你们如何评价浙江在生态文明建设方面的努力，它能为美丽中国的建设提供什么样的经验？谢谢。

李干杰：大概一个月之前，环境保护部和浙江省一起在安吉召开了全国生态文明建设现场推进会，安吉大家知道是 2005 年的时候习近平总书记“两山”理论的发源地，绿水青山就是金山银山，这次现场会在安吉召开，在浙江召开这次生态文明现场会，很重要的一个目的之一，就是推广浙江在绿色发展、生态文明建设方面的一些好的做法和好的经验。

浙江十几年以来在绿色发展方面，在推动生态文明建设方面，坚持不懈、坚定不移地往前推动，取得了实实在在的成效，并且在这个过程中创造和积累了很多好的做法和经验。以刚才您提的水为例，浙江的水污染防治应该说远远走在了相当一部分省市的前面，不仅仅是你刚才提到的劣 V 类水基本消灭，黑臭水体也基本上得到了消灭，不仅仅城镇污水处理设施，也包括乡村的，建成运行比例非常高，还是与习近平总书记当年在浙江工作期间非常重视水污染防治，此后历届浙江省委省政府一直非常重视有着密切的关系。并且在整个工作中如何把这个工作落实下去，怎么把这个压力传递下去，有很多很好的做法，因为时间有限我在这里就不再展开宣传了，大家有机会的话可以专门到浙江去做一些采访，我觉得非常好。

我们在安吉的现场会上专门做了宣传和推广，也组织大家到浙江的一些地方进行了实地考察，其他代表我觉得他们的体会是很深刻的，浙江的做法和经验作为环境保护部我们还会加大力度宣传推广，并且不仅仅是在水的方面，包括其他方面的一些工作都在学习借鉴。我相信这些好的做法和经验，在其他地方推广以后也一定会取得和浙江一样好的成效。

中国新闻社记者： 我的问题是有关土壤污染的。最近有一些报道说在中国的一些城市出现土壤重金属污染，土壤质量和食品安全非常相关。请问咱们下一步有什么新的举措治理土壤污染，同时怎么保证老百姓舌尖上的安全？谢谢。

李干杰： 土壤污染防治确实是非常重要的，因为它影响我们的米袋子、菜篮子、水缸子安全，并且土壤污染相对大气污染、相对水污染来讲，它的防治难度更大，也因此必须高度重视，下更大的力气、更大的功夫抓紧推动。在这方面，大家知道，十八大以来，我们推动出台了三个十条（《大气污染防治行动计划》《水污染防治行动计划》《土壤污染防治行动计划》简称《大气十条》《水十条》《土十条》），其中就包括了《土十条》，《大气十条》是2013年发布的，《水十条》是2015年发布的，《土十条》是去年发布的，尽管发布的时间不长，但是现在看起来工作正在深入地往前推进，也在呈现出一些成效。这里可以向大家报告两个方面的进展。

一是有关《土十条》规定的两项基础性工作。第一项有关基础性的工作就是有关法律法规制定。相对大气污染、水污染来讲这块是比较薄弱的，甚至可以说之前是一个空白状态，《土十条》发布以后，这块进展比较顺利，也比较明显。刚才我在开场白中向大家的报告就提到土壤污染防治法已经经过了人大第一次审议，另外相关的一些标准和制度也正在制定出台过程中，有些已经出来了。比如说我们农用地的土壤环境管理办法，还有污染地块，城镇污染土地、土壤环境的管理办法都已经制定出来了，某种意义上来讲已经取得了一些进展。

第二项基础性工作就是土壤污染状况详查。土壤污染要做好，关键要把底数摸清楚，底数不摸清楚就无的放矢，为了把底数摸清楚，环境保护部会同有关部门已经制定出台了《全国土壤污染状况详查总体方案》。按照这个总体方案，相关工作目前正在积极推进。在《土十条》发布后，这两项基础性工作进展比较明显。

另外一方面，两项重点工作也在积极推动，成效也比较好。一是在农用地分类管理方面，这项工作主要由农业部牵头，他们在相关的一些地区，包括天津、湖南、湖北、辽宁这些地方在开展农产品禁止生产区的划分试点，同时农业部会同财政部、国土资源部等部门联合印发《探索实行耕地轮作休耕制度试点方案》，在一些地方比如湖南的长株潭地区正在推动轮作休耕试点工作。另外在建设用地准入管理方面，几个部门包括住建部、国土资源部、环境保护部已经联合部署利用全国污染地块土壤环境管理信息系统，实现多部门信息共享，同时一些地方，包括像北京、天津、上海、重庆等地已经率先建立了污染地块名录，一些地方还陆续发布了土壤环境重点监管企业名单，加强执法，严控新增污染。

除了这两大块以外，我们《土十条》还有一个很重要的工作就是开展试点示范，其中有6个地区的综合试点还有200个地块的技术试点也在积极推进之中，尽管时间不长，也就一年多一点，总体看还是比较顺利的，后续我们将会同相关部门进一步加大力度，并且强化目标考核，力争像大气和水一样，在土壤污染防治方面尽快见到一些成效，至少不要让土壤污染对我们的米袋子、菜篮子、水缸子产生重大影响，不要对老百姓的身体健康产生不良影响，并且通过努力加快修复治理，使得这块领域尽快得到明显改善。

郭卫民：由于时间所限，这次记者招待会就要结束了，这次是大会期间六场记者招待会的最后一场，在这里我想感谢记者朋友们的关注、参与、采访和报道。另外，今天晚上有最后一次集体采访，邀请的正好是工作在环保领域、参加党代会的代表，大家有什么问题还可以在集体采访中提出。谢谢大家。

环境保护部例行新闻发布会实录

HUANJING BAOHUBU
LIXING XINWEN FABUHUI SHILU

环境保护部
1月例行新闻发布会实录

（2017年1月20日）

1月20日上午，环境保护部举行首场例行新闻发布会，围绕热点话题“环境质量监测和大气污染治理”为公众解疑释惑。环境保护部环境监测司吴季友副司长、大气环境管理司刘炳江司长、中国环境监测总站傅德黔副站长参加发布会，公开发布了2016年全国空气质量状况，介绍了环境监测及大气污染治理的有关工作情况，并回答了现场记者的提问。

环境保护部 1 月例行新闻发布会现场（1）

环境保护部 1 月例行新闻发布会现场（2）

主持人刘友宾：新闻界的朋友们，大家上午好！

欢迎大家参加今天的新闻发布会。在发布会正式开始之前，我向大家通报一点情况。

环境保护部高度重视新闻舆论工作。部党组专门就新闻舆论工作进行研究，作出部署。陈吉宁部长多次就做好环境新闻舆论工作作出批示，要求我们尊重新闻传播规律，创新方法手段，适应新闻传播和环保事业发展的新形势、新要求，推动形成全社会积极关心环境保护、监督环境保护、参与环境保护的良好舆论氛围。翟青副部长多次亲自协调报道事宜，要求善待记者、尊重媒体，为新闻采访做好保障。

根据部党组的部署和陈吉宁部长的指示，继去年11月22日开通“环保部发布”官方微博微信公众号以后，从今年开始，环境保护部将实行例行新闻发布制度，及时向新闻界的朋友们介绍环境保护的有关情况，回答大家关心的问题。

长期以来，环境保护工作得到新闻界的大力关心和支持。我们希望，通过实行例行新闻发布制度，给大家提供更加及时、有效的服务。我们将虚心听取大家的意见和建议，不断改进工作，努力提高例行发布的质量和水平。谢谢大家！

今天的新闻发布会，将向大家介绍2016年全国空气质量状况，以及环境监测和大气污染治理的有关情况，并回答大家关心的问题。参加今天新闻发布会的有：环境保护部大气环境管理司刘炳江司长、环境监测司吴季友副司长、中国环境监测总站傅德黔副站长。

下面，先请吴季友副司长介绍2016年全国空气质量及环境监测工作的有关情况。

环境监测司吴季友副司长

吴季友：各位媒体朋友大家上午好，很高兴有机会和大家一起讨论空气质量的问题，感谢大家长期以来对环保工作特别是对环境监测工作的关心和支持，下面我先介绍一下 2016 年环境空气质量状况以及空气质量监测相关工作的进展情况。

全国 338 个地级及以上城市，1 436 个空气质量监测点的监测结果表明，2016 年全国环境空气质量总体向好，重点区域主要污染物浓度同比下降，但部分地区特别是北方地区冬季大气污染形势依然严峻。2016 年全国 338 个地级及以上城市中，有 84 个城市空气质量达标，占了 24.9%。优良天数比例是 78.8%，同比提高了 2.1 个百分点。重污染天气比例为 2.6%，同比下降 0.6 个百分点；$PM_{2.5}$ 的浓度为 47 微克每立方米，同比下降了 6%；PM_{10} 的浓度同比下降了 5.7%。第一批实施空气质量新标准的 74 个城市中，空气质量相对较好的前 10 位城市分别是海口、舟山、惠州、厦门、福州、深圳、丽水、珠海、昆明和台州市。空气质量相对较差的前 10 位城市分别是衡水、石家庄、保定、邢台、邯郸、唐山、郑州、西安、济南和太原。

下面我再简要介绍一下三个重点区域的空气质量情况。京津冀区域 13 个地级及以上城市平均达标天数比例是 56.8%，$PM_{2.5}$ 年均浓度是 71 微克每立方米，同比下降 7.8%；PM_{10} 年均浓度为 119 微克每立方米，同比下降 9.8%。长三角区域 25 个地级及以上城市空气质量平均达标天数比例为 76.1%，区域 $PM_{2.5}$ 年均浓度为 46 微克每立方米，同比下降了 13.2%；PM_{10} 年均浓度是 75 微克每立方米，同比下降了 9.6%。珠三角区域 9 个地级及以上城市空气质量平均达标天数比例为 89.5%，区域 $PM_{2.5}$ 的年均浓度是 32 微克每立方米，同比下降了 5.9%；PM_{10} 年均浓度是 49 微克每立方米，同比下降 7.5%。

总体上看，2016 年全国空气质量的形势是向好的。一是空气质量达标城市数和优良天数稳步增加。2016 年 338 个地级及以上城市中，84 个城市空气质量达标，达标城市数同比增加了 11 个，优良天数比例是 78.8%，同比增加了 2.1 个百分点。二是城市颗粒物浓度和重污染天数持续下降。全国 338 个城市 $PM_{2.5}$ 平均浓度是 47 微克每立方米，同比下降 6%；PM_{10} 的浓度是 82 微克每立方米，同比下降 5.7%；重污染天数比例为 2.6%，同比下降 0.6 个百分点。三是重点区域污染物浓度持续下降。京津冀地区

$PM_{2.5}$平均浓度为71微克每立方米，同比下降7.8%，与2013年相比下降了33%，下降比例还是比较大。长三角区域$PM_{2.5}$的平均浓度是46微克每立方米，同比下降13.2%，与2013年相比下降了31.3%。珠三角区域$PM_{2.5}$的平均浓度是32微克每立方米，同比下降了5.9%，与2013年相比下降了31.9%。

但是需要指出的是，北方地区冬季污染依然严重。从监测数据分析，3—10月空气质量相对较好，重污染天气多数出现在冬季，特别是北方地区进入采暖期以后。2016年11月15日—12月31日供暖期期间，京津冀区域$PM_{2.5}$平均浓度为135微克每立方米，是非采暖期2.4倍，仅12月就发生了5次大范围重污染天气。京津冀及周边地区大气环境质量同比有所改善，但仍然是我国大气污染最重的区域。区域内的河南省、北京市、河北省和山东省等北方地区优良天数比例不到60%，74个城市中空气质量相对较差的10个城市，有9个城市在该区域。而且这个区域的六项污染物指标浓度高于全国的平均水平。

借此机会，我再简要介绍一下过去一年环境空气质量监测工作开展的情况。2016年环境保护部深入实施大气污染防治行动计划，紧紧围绕环境质量改善这一核心，全力推进生态环境监测网络建设方案的实施，环境空气质量监测工作取得了积极进展。

一是全面完成了国家环境空气质量监测事权上收工作。按照环境监测体制改革和环境质量监测事权上收总体部署，2016年全国1 436个国控站点已全部完成上收任务，为进一步厘清中央和地方的财政事权与支出责任，有效避免行政干扰，确保监测数据质量的稳定，奠定了坚实基础。

二是全面建成京津冀及周边区域颗粒物组分和光化学监测网。在京津冀及周边地区设置了19个组分站、23个手工采样站、31个激光雷达监测站，为准确研判重污染天气污染成因，客观评估应对措施效果提供支撑，提高了京津冀及周边区域重污染天气应对的精细化水平。

三是积极推进空气质量预报预警工作。建立了国家、区域、省级和城市级空气质量和重污染天气预警预报系统，在空气质量保障中经受了检验，发挥了积极作用，为冬季重污染过程的研判、防控以及应急应对提供了非常关键的技术支持。

下一步，我们将不断强化环境监测的顶层设计，积极推进环境监测制度改革，认真组织各项环境监测工作，进一步提升环境监测的基础能力和水平，为生态文明建设和环境保护工作提供更加有力的支撑与保障。谢谢大家。

刘友宾：下面请刘炳江司长介绍落实《大气十条》的有关工作情况。

刘炳江：大家好，我给大家介绍一下《大气十条》的进展情况。国务院下发《大气十条》以来，各项工作取得了积极的进展，空气质量改善也得到了数据的验证。中国工程院组织了十几位院士、二十几位大气领域的专家进行了评估，评估的核心结论是大气污染治理的方向正确，保障得力，效果初现。概括起来有这么几项重点工作进展是比较顺利的。

一是切实落实责任。建立了以改善空气质量为核心的评估考核体系，实行“党政同责”“一岗双责”。对空气质量改善进展缓慢的省份和城市及时实施预警，去年环境保护部公开约谈了七个城市主要负责人。

二是各项重点工程进展顺利。国务院办公厅印发了《控制污染物排放

环境保护部大气环境管理司刘炳江司长

许可制实施方案》。全国累计完成燃煤电厂超低排放改造达到了4.25亿千瓦，占燃煤火电47%。这个数据的背后是电力行业的大量付出，这个成绩在世界上都受到关注。散煤是重污染天气的主要来源之一，京津冀地区2016年共完成80万户散煤替代工作，削减散煤约200万吨。淘汰老旧车、黄标车390万辆，完成了年度指标。发布了《关于实施第五阶段机动车排放标准的公告》，今年1月1号全国全面实施国五标准；发布了轻型机动车的国六排放标准，与世界完全接轨。

三是严厉打击环境违法行为。自去年1月1日起，新的《大气污染防治法》开始实施。各地环境监管力度明显加大，组织冬季大气污染防治执法督查，对企业违法排污等行为实施“按日计罚”。环保、公安加强联动执法，开展联动执法 1.7 万次，联合整治突出问题 6 500 余个，对涉及污染大气环境类违法案件的 1 500 余人予以行政拘留。

四是完善环境管理政策。全国 31 个省（区、市）全部完成排污费征收标准的调整工作，一些省份按照最低收费标准的 1.3 ～ 10 倍调整本地排污费征收标准。中央财政累计下达大气污染防治专项资金 423 亿元，支持京津冀及周边、长三角、珠三角等重点区域推进大气治理工作。发布实施超低排放环保电价、北方采暖季水泥错峰生产、船舶排放控制区等政策措施。

五是积极应对重污染天气，各位记者朋友们也都看到，我们定期会商，精确预测重污染天气过程发生的强度、影响范围、持续时间，运用了大数据的技术、远程遥感、激光雷达等高科技手段，进一步提升空气质量预报能力。统一了京津冀区域重污染天气预警分级标准，由环境保护部统一通报预警提示信息，几十个城市实施大范围高级别的应急联动，有效缓解重污染天气的影响。环境保护部多次派出督查组对预警措施不落实、应对措施不力、违法排污的地方和企业公开通报、严肃处理。清华大学、中国环境科学研究院、北京工业大学等单位模拟显示，及时启动红色预警、橙色预警，一定程度抑制了污染物快速增长，多个城市 $PM_{2.5}$ 浓度下降 10% ～ 25%。谢谢。

刘友宾：下面请大家提问。

新京报记者：近期有舆论认为现在考核排名压力很大，导致地方监测数据造假。请问环境保护部在保证数据质量方面有什么举措？另外，京津冀要建立跨区域环保机构这个问题讨论很久了，现在有没有方案和时间表？

吴季友：监测数据的质量是我们环境监测的生命线，数据的质量关乎监测事业的发展，环境保护部一直高度重视环境监测数据的质量问题。一是出台了一系列的规章制度，从顶层设计上做好防控，印发《“十三五”环境监测质量管理方案》和空气质量管理的工作方案。二是改革体制机制。2016年11月底，环境空气质量监测事权全部进行了上收，由以前的“考核谁，谁监测”转变为“谁考核，谁监测”，从体制上保障了监测数据免受行政干预。三是完善管理体系。印发了《国家环境空气质量监测网络城市站运行管理实施细则（试行）》，通过事权上收以后，运维主体发生了变化，我们对运维公司的数据质量管理提出了明确的要求。四是健全质控体系。着手构建国家、区域和运维机构三级环境质量监测的质控体系，采取多重措施确保数据的真实。五是强化司法的震慑作用。我们积极与“两高”（最高人民法院和最高人民检察院）协调，2017年1月起实施的“两高”《关于办理环境污染刑事案件适用法律若干问题的解释》中，已经将环境监测数据造假，以“破坏计算机信息罪”论处，有效解决了造假定罪难的问题。六是严厉查处数据造假问题。通过采取飞行检查等多种形式，对数据造假发现一起查处一起，涉嫌造假的严肃处理，对情节恶劣、证据确凿的依法追究责任，形成了强大的震慑作用。通过多重并举的措施，对保证数据的质量、加强监测质量管理，起到了很好的效果。谢谢。

刘炳江：中央提出探索研究京津冀跨区域机构的要求后，环境保护部立即牵头组织开展研究，一直紧锣密鼓研究探索之中，目前正处于可研阶段。下一步，环境保护部将加快工作进度，尽早拿出成果。

南方都市报记者：我想问三个问题。第一个问题，有消息称环境保护部与气象局将联合发布重污染空气预警，能否请您介绍一下接下来的发布机制，包括预警的标准是否会有所调整？第二个问题，我注意到在刚刚介绍的空气质量变化中，广州市 $PM_{2.5}$ 平均浓度与 2013 年相比下降 32.1%，整个珠三角区域的下降幅度也比较大，请问广州空气质量改善的措施有哪些？第三个问题，许多地方都开展冬季大气污染防治攻坚战，很多企业从 11 月就停产了，在这种情况下，红色预警要求企业停产，有点警无可警的感觉，能否取得实际效果？

吴季友：第一个问题，由于气象和环保部门在评价指标体系、分级标准和发布流程等方面存在差异，两部门发布的信息有时候存在不一致，给公众的认知和地方政府应对工作带来困扰。环境保护部与中科院合作研发了数值模拟系统，以空气质量监测数据和污染源清单为基础，结合污染源变化情况、扩散传输沉降条件、加上颗粒物组分监测的数据和雷达监测的数据，能够实时对我们的预报进行评估校准。且经过预测会商的结果，还要跟区域和地方进行会商，遇到重污染的时候，要求地方采取有针对性的预警措施，对重污染天气起到削峰的作用。

目前我们和气象部门正在进行研究，协商出台一个更完善的机制，把重污染的预警、分级、发布能够做得更完善、更有效，让公众和地方政府能够更好应对。

刘炳江：广州的问题放在珠三角考虑。整个珠三角包括广州市政府领导重视比较早，从2000年开始就率先提出大气复合型污染，制定规划早，执行也非常到位，主要特点三个。第一，产业结构调整比较到位。现在珠三角没有钢铁企业，没有大的重工业企业，从 2000 年开始没有出现重化工比例上升的趋势，不但没上升，反而下降，执行得比较到位。因为有一个“腾笼换鸟”政策，珠三角产业逐步升级，跟发达国家走的路子基本上是一样的。第二，能源调整比较早，而且执行比较到位。珠三角煤炭消费量在咱们国家是最早下降的，而且从 2005 年，全国天然气消费量珠三角的量是最高的。而且机动车控制也是卓有成效。第三，领导重视、管理比较到位。珠三角环境执法、环境管理的政策落实比较好，很多有利于环保的政策，首先是在珠三角形成的。这给大家一个很好的范例。

关于第三个问题，目前，各地为应对重污染天气，出台了一系列强化措施，切实保障人民群众身体健康。从我们的角度来看，首先关注的是红色预警减排措施必须落实，这是符合法律依据的。衡量减排的效果不是停产企业的数量，而是减少了多少污染物。有的地方说红色预警期间停产了几千家企业，量很大，很吓人。但从我们对各地红色预警期间用电量的调度来看，下降幅度一般不超过 20%。表面上说停了几千家，但没完全起到相应的污染减排效果，需要进一步按照企业污染物排放绩效情况，重点对污染严重、排放量大的企业采取管控措施。

其次，我们更希望地方采取科学的应对措施。有很多行业，比如水泥、制药行业，冬季产品需求量并不大，这些行业的企业完全可以科学安排生产周期，将检修时段从夏季挪到冬季，将生产时段放在空气质量好、环境容量比较大的季节，这就是比较科学的应对措施。为了保证人民群众身体健康，降低污染物峰值，大家应该合理科学安排企业的生产和检修，尽量调一调。

总体而言，第一要看实际的污染减排效果，不要光看停产的数量。第二现在有关行业应该科学地调度生产，实行精细化减排，措施要可核查、可定量。

凤凰网记者：在重点区域中，京津冀 $PM_{2.5}$ 和 PM_{10} 的下降幅度相比珠三角来说要高一些，但去年全年排名 10 个最差城市中还是有 9 个在京津冀区域内。请问在排名过程中是否会考虑每个区域本身所处的经济发展情况来看下降程度，而不是以简单的空气质量达标情况来排名？

刘炳江：排名是《大气十条》明确要求的，最好的十个和最差的十个，你说的问题是有道理的，因为产业结构、能源结构和发展所处的阶段不同，污染状况差异也很大。京津冀区域处在同一个空气流场里，环境空气质量一直处于高位，在 74 个城市排名中多数城市处在后面。我们内部也是有排名的，也有下降比例排名，下降比例最高的也基本在这个地方，因为它的绝对值高。正反两方面都要比，倒数前十位的给你压力，排名靠前的给你鼓励，大家切身感受最终还是与绝对值有关，但是这两方面的考虑都要有，地方政府都知道。

吴季友：我再补充一下。我们排名是 2013 年开始的，环境保护部已经着手在研究通过变化程度进行排名，我们已经制定了《城市空气质量变化程度排名方案》，今年不光要排客观的空气质量，还要排变化情况，让地方大气污染防治工作取得的成效在变化排名里面能够得到充分体现。

中央人民广播电台记者：目前大家普遍认为《大气十条》工作难点较多，尤其从前两年的情况看，即便前几个月的改善情况很不错，一到年底就收回去了，请问冬季还有没有更有力的大气治理措施？

刘炳江：《大气十条》的考核目标有两个，一个是相对值，一个是北京市的绝对值。相对值都完成了，现在盯的就是北京市的绝对值的问题。北京 2016 年 $PM_{2.5}$ 平均浓度是 73 微克每立方米，比 2015 年下降了 8 微克每立方米，下降了 9.9%，从 73 微克每立方米下降到 60 微克每立方米左右，大家测算一下确实有一定的困难，困难最大的就是冬季采暖问题。去年我们和地方政府出台了一个 2016—2017 年强化措施，进展非常好，也就是北京往南无煤区的建设进展比较好。去年刚开始，所以力度还不够大，但是今年力度会非常大，也就是说对 2017 年冬季采暖问题肯定会采取一些范围更广、针对性更强、力度更大的措施。

第一，摆在首位的是错峰生产。因为水泥、铸造、砖瓦比较成功地实施了错峰生产，在今年冬天要把老百姓采暖刚需增加的污染排放量，通过工业企业的节省压下来，所以这个错峰的力度和广度都会更加明显地增强。第二，中央有清洁采暖要求，做总体方案，工作层面已经开始对接。在传输通道上多个城市都有任务，而且今年清洁煤替代的力度会非常大，冬季采暖排放的污染物尽可能少增长一点。第三，对高排放车的管控，我们现在都知道柴油车排放污染严重，京津冀地区原料、辅料消耗量是最大的，1 吨钢要有 5 吨辅料，所以柴油车的管控包括劣质油品的打击，这些都是工作的重点。第四，调整产业结构的问题，国家有明确任务，在传输通道的城市尽可能提前完成，包括钢铁、玻璃和水泥。第五，重污染天气应对，现在我们对“2+18”个城市的重污染天气应对预案进行了评估，就是看在启动红色预警的时候减排比例是多少，目前基本评估完成，下一步将指导各地加快修订应急预案。同时，也要制定统一的减排比例，坚决防止“等风来”的思想，或者你减排10%、我减排5%、他减排3%的情况，要做大家都一起做，这个措施会非常有针对性，这是工作的重中之重。第六，很多措施的保障，我以前说过三类比较难啃的硬骨头，有机动车、采暖散煤和“散乱污”企业，很多大中型企业已经上了高端的治污设施，对没有上治污设施的“散乱污”企业进行大规模的整治，要通过环保的手段尽可能地减少“劣币驱逐良币”现象。

每日经济新闻记者：目前我们说“2+18”污染传输通道，现在有一种说法是“2+26”，要增加8个城市，请问这种说法是否属实？为什么要把这8个城市增加进来？

刘炳江：大家也都知道，“2+18”个城市已经公开了，从今年实践来看，每次重污染发生的时候绝不仅仅“2+18”城市，还有更多城市，这些城市到底是哪个，纳不纳进来，京津冀会不会有影响，大家都在研究之中。一旦要污染，所有城市出现同一个问题，同一个病，大家同一个药方。总体要考虑几个问题，第一是不是同一空气流场，第二每一次重污染来的时候是不是出现同一个污染水平，第三产业结构是不是处于同一个层次。至于到底多少城市，哪些加进来，等确定之后会有官方说法。

中国青年报记者：请问每次重污染过程是如何预测的？另外，监测事权上收后，一千多个国控点如何运行？第三个问题是，未来除了三个重点区域外，会不会把西安、成都这样空气质量比较差的城市也纳入规划？

傅德黔：第一个问题，《大气十条》发布以来，环境保护部联合中国科学院已建成具有国际最先进水平的空气质量高性能数值预报集群系统，结合国家空气质量实时监测网、国内外主流气象预报资料，每日对未来7～10天京津冀及周边区域空气质量形势进行分析和研判。建立了区域空气重污染预报会商机制，密切关注区域大范围重污染发生可能性动态和发展趋势，提前对重污染过程特征和指标进行预判，研判重污染开始、演变和消除关键过程，影响范围、严重程度、持续时间，以及影响城市和城市 $PM_{2.5}$ 小时峰值及出现时间等关键预报内容。

关于第二个问题，首先，运维质量的好坏关系到监测数据的客观性和权威性，环境保护部将加强对运维公司的监管和考核，确保运维质量。一是严格执行运维合同。城市站交接后，环境保护部将严格按照合同要求，对运维公司人员、车辆、设备配备、质控实验室设置等情况进行定期和不定期检查，对不符合要求的公司将开展约谈并责令限期整改。如在运维人员方面，我们要求运维公司的人员要接受培训，持证上岗，对运维人员、运维站点数也提出明确要求。在设备方面，要求所有进入国控站点仪器设备必须经过严格比对检验，合格的产品才能进入站点进行运行。二是规范运维操作。环境保护部对运维人员的运维和质控工作提出明确要求，要求运维公司严格按照相关规范，制定运维工作流程和管理制度，加强运维人员技术和职业操守培训教育，切实提高运维质量。三是建立监督考核机制。环境保护部将采用远程监控和实地抽查相结合、定期与不定期检查相结合、经费支付与运维考核相结合的监督机制，加强对运维公司运维质量的监督检查，确保运维质量。谢谢。

刘炳江：关于第三个问题，现在全国大气污染治理的重点是京津冀及周边、长三角、珠三角，但并不是其他地方不管，其他地方也在着力推动。关中地区确实存在严重污染，去年冬天就暴露出这个问题，包括晋南地区问题也比较突出。为推动这些地方加快治污进度，我们做的一项重要工作，就是推动空气质量未达标城市制定空气质量达标规划，落实地方人民政府的责任。

关于每个区域大气污染成因，目前看，无论哪一个区域出现问题，都不外乎几个原因，如产业结构以重化工为主、能源结构以煤炭为主、交通运输方式以柴油为主、管理不到位、执法不到位等，这些是共性问题。但是要分析具体城市的污染成因，每个城市有各自突出的矛盾。大气污染成因是多方面的，大家关注城市质量不达标，希望能明确责任归结于哪一个企业，这要科学来说话。如果说这个企业关掉，空气就能变好了，那政府肯定就下决心干了。所以要求地方政府编制城市达标规划，根据突出矛盾采取针对性措施，国家很多专家团队也在指导地方做这项工作。

新华社记者：我有两个问题。第一个问题，有人质疑北京把很多监测站点放在公园里，这样能不能反映真实情况，请问监测站点位置的选择是怎么确定的？第二个问题，我这次跟随环境保护部到地方督查，发现散煤问题在农村确实很严重，散煤对重污染的贡献率到底有多大？像煤炭清洁化利用、推广清洁煤方面环境保护部主要做了哪些工作？是否有下一步考虑？

吴季友：我先来回答第一个问题。我们从 20 世纪的七八十年代开始了空气质量监测工作，经过 30 多年的实践，对空气质量监测点的设计有了一套完善的制度和程序。从技术上，我们根据多年的实践并借鉴发达国家的标准规范，2013 年环境保护部发布了环境空气质量监测点位布设技术规范，对监测点位的设置、监测点位的数量都有了明确的规定。从管理上，我国的环境空气质量的点位的设置有严格的审批程序，点位的设置、变更和调整必须按照规范进行，并进行严格的审查审批。

一般来说，城市布设点位越多，点位越密集，越能客观反映城市的空气质量状况，但在实际工作中，我们既要考虑城市的规模、人口的数量，还有空间的代表性，也要考虑经济和技术等条件的要求。像北京目前共设有 35 个空气质量监测点，其中 12 个是国控的站点，分布在不同的城区，其点位的设置符合国家空气质量监测点位布设的技术规范要求。“十三五”期间，我们对 1 436 个国控网点还要进一步优化，可能还会进一步扩充，让它更有代表性，更能客观地反映我们实际的空气质量情况。另外还建设了 16 个空气的背景站点和 96 个空气的区域站点，而且还要建一些颗粒物的组分站和光化学监测站点，通过超级站的建设把空气质量站点布设得更加优化，更能体现它的作用。

刘炳江：第二个问题，从整个区域来说在采暖期间煤的贡献率是第一位的，不用任何怀疑。但是到了不同的城市，由于机动车保有量、工业结构差异较大，燃煤不一定占首位，如果要说定量的排放贡献率，各个城市有各个城市的数据，可能没法统一，但在整个区域煤的排放是首要的。

从煤炭利用结构来看，电厂的排放已经控制比较到位了，但散煤显得更加突出。冬季燃烧散煤采暖没有任何控制措施，这是冬季大气污染治理的一个突出问题。散煤有一个简单的数据：京津冀大约每年消耗 4 000 万吨的散煤，这个数据仅仅包括城中村、城乡接合部、广大农村生活用的散煤，基本上是用于居民采暖的 4 000 万的煤，不包括规模化畜禽养殖用的散煤，也不包括蔬菜大棚农业生产用的散煤。

2016年京津冀实施了200万吨“电代煤”“气代煤”，煤改清洁能源还有大量的工作要做。今年计划的电代散煤量是去年的数倍，力度是非常大的。无论“气代煤”还是“电代煤”，涉及电网基础设施的改造和天然气调峰措施，某种程度上是对农村基础设施建设的加强，需要在资金、政策方面加大支持，目前已经纳入有关规划。对电网、天然气管网等基础设施比较成熟的地区，要率先开展，尽最大努力来替代，这是今年的任务。另外，加强其他地区能源基础设施建设，尽可能更大程度用清洁能源替代老百姓家的散煤。另外一个比较有效的方法就是清洁煤替代，目前已经形成比较有效的推广方式。

经济日报记者：京津冀地区产业结构调整相对来讲有一个过程，在这种情况下，我们对于推进先进环保技术来治理大气污染有何安排和举措？

刘炳江：京津冀区域产业结构、能源结构的调整确实需要一个长期过程，但目前大力推行环保技术可以有效降低污染排放。在这个区域里仍有很多低效的治污设施，这些企业排放量也比较大。这些设施确确实实应该彻底淘汰，上高端的。以脱硫为例，很多专家都提出来，非电行业的治理是落后的，非电行业在京津冀地区主要有焦化、钢铁、建材、有色、窑炉和锅炉，这些行业的标准已经到位了，就可以开展大气污染治理技术深一轮的升级工作，我觉得这个时候确实到了。一些“散乱污”企业，要么没有设施，要么是治理设施十分落后，这些企业确实该淘汰了。你能承担更新运行环保设备的费用就继续在这个地区干，承担不了就得淘汰。现有企业设施里有的是国家最先进的，但也有落后的，现在某种程度上就是同一类企业里面，“劣币驱逐良币”的问题还是比较明显的。目前，我们正在全面实行工业企业达标排放计划。让所有企业无论规模大小，都具有基本上大致上公认的技术水平条件，这是环保调节的手段。

中国新闻社记者：发布材料中提到2016年空气质量达标只有84个城市，但长三角和珠三角$PM_{2.5}$浓度还是挺低的，为什么只有84个城市达标？

吴季友：京津冀现在还没有一个城市达标，长三角有舟山、丽水几个城市达标，珠三角要多一些。但所有监测338个城市，达标重点还是在西藏、云南、海南空气质量比较好的区域。京津冀、长三角、珠三角三个重点区域为什么有些达标天数不高呢？六项污染物里面还有臭氧，现在一些城市臭氧的问题开始显现，特别是在5—10月，夏季臭氧出现的超标的天数在增加，这也是我们下一步关注的重点，我们已经着手在推进这方面的工作，将采取措施来减轻臭氧的污染，使我们总的达标天数、达标城市有所提高。

刘友宾：传统佳节春节在即，感谢新闻媒体一年来对环境保护工作的大力支持，提前祝朋友们新春快乐，阖家安康！

今天的发布会到此结束。谢谢大家！

环境保护部
2月例行新闻发布会实录

（2017年2月20日）

2月20日上午，环境保护部举行2月例行新闻发布会，介绍我国自然生态保护状况，以及生态保护红线、自然保护区建设、生物多样性保护等重点生态保护工作进展。环境保护部自然生态保护司程立峰司长、南京环境科学研究所高吉喜所长参加发布会，介绍有关情况并回答记者提问。

环境保护部 2 月例行新闻发布会现场（1）

环境保护部 2 月例行新闻发布会现场（2）

主持人刘友宾：新闻界的朋友们，大家上午好。欢迎大家参加环境保护部今年第二次例行新闻发布会。自然生态保护是生态文明建设和环境保护的一项重要内容，也是媒体朋友们和社会各界非常关心的一个话题。今天的例行新闻发布会，将向大家介绍自然生态保护工作的有关情况，并回答大家的提问。

出席今天发布会的有环境保护部自然生态保护司程立峰司长、环境保护部南京环境科学研究所高吉喜所长，下面先请程立峰司长介绍有关情况。

程立峰：各位媒体朋友，上午好！

首先，感谢各位长期以来对自然生态保护工作的关心和支持！非常高兴今天有机会向大家通报自然生态保护工作情况。也借此机会，回应大家关切的一些问题。

近年来，环境保护部认真贯彻落实党中央、国务院的决策部署，自然生态保护工作取得了积极进展。主要体现在以下几个方面。

一、全力推进划定并严守生态保护红线。去年11月1日，中央深改组第29次会议审议通过了《关于划定并严守生态保护红线的若干意见》（以下简称《若干意见》）。今年2月7日，中共中央办公厅、国务院办公厅向社会全文发布。《若干意见》的制定和发布意义重大、影响深远，是党中央、国务院在新时期为实现可持续发展作出的新举措、新部署，标志着生态保护与监管增加了新手段，开拓了新领域，必将成为新时期生态保护工作的方向指引。《若干意见》明确了划定和严守生态保护红线的指导思想、总体目标和基本原则，指出生态保护红线是国家生态安全的底线和生命线，核心是要实现一条红线管控重要生态空间，确保生态功能不降

环境保护部自然生态保护司程立峰司长

低、面积不减少、性质不改变。为落实《若干意见》，环境保护部党组专门召开会议进行学习和部署，陈吉宁部长强调，“要以钉钉子精神抓好落实”，要求尽快形成推动落实的工作方案，抓紧组织实施。文件发布后，陈吉宁部长发表了署名文章，很多媒体进行了广泛宣传，做了很多很好的解读，这些宣传解读不仅精彩，而且精准，还很接地气，我印象最深的一篇报道，题目叫“生态红线要划在头脑里落实在大地上”，这个题目直击要义，司里已将媒体的解读进行了汇编，准备将来培训时发给大家。

二、自然保护区综合管理能力不断强化。目前全国已建立 2 740 处自然保护区，约占我国陆地国土面积的 14.8%。其中国家级自然保护区 446 处，总面积 97 万平方公里，仅“十二五”期间，就新建了 109 处国家级自然保护区。基本形成了类型比较齐全、布局基本合理、功能相对完善的自然保护区网络。自然保护区监管不断加强，建立了自然保护区天地一体化的遥感监控体系，定期对国家级自然保护区进行遥感监测，根据发现的问题线索，对违法违规活动进行严肃处理。公开约谈问题突出的国家级自然保护区当地政府和管理单位，会同有关部门先后组织对 396 处国家级自然保护区进行评估。开展了自然保护区基础调查，加强基础数据汇总、分析和整合，初步构建了自然保护区信息化管理平台。

三、生物多样性保护工作取得积极进展。党中央、国务院高度重视生物多样性保护工作，成立了中国生物多样性保护国家委员会，李克强总理、张高丽副总理先后担任主席。2010 年，国务院批准发布了《中国生物多样性保护战略与行动计划》，明确了生物多样性保护的指导思想、基本原则、战略目标和战略任务，划定了 35 个生物多样性保护优先区域。为落实《战略与行动计划》，环境保护部积极行动，按照国务院批准的《生物多样性保护重大工程实施方案》，积极开展生物多样性调查、观测，不断夯实生物多样性保护基础。完成了生物多样性保护优先区域边界核定，明确了生物多样性保护的重点区域，并提出了监管要求。联合中国科学院发布了《中国生物多样性红色名录》，提出重点关注和保护的物种清单。另外，我国于 2016 年 9 月正式加入《名古屋遗传资源议定书》，为加强生物遗传资源监管，国家委员会审议通过并发布了《加强生物遗传资源管理国家工作方案》，环境保护部联合五部门还印发了《关于加强对外合作与交流中生物遗传资源利用与惠益分享的通知》。

特别向大家介绍的是，在去年 12 月《生物多样性公约》第 13 次缔约方大会上，中国获得了2020年《公约》第15次缔约方大会的主办权。这次会议要总结前10年的全球生物多样性保护工作，制定2030年全球生物多样性保护目标。这里我要感谢的是，当中国获得大会主办权时，新华社、人民日报和央视等媒体驻墨西哥记者站第一时间做了报道，国内各大媒体也进行了转发，引起了各方的广泛关注。当我们在央视看到我们司柏成寿同志在现场代表中国政府致感谢辞的画面，全司同志都很振奋，也很激动。

四、典型示范引领作用不断显现。各地大力开展生态文明建设探索实践，争当“绿水青山就是金山银山”的践行者。环境保护部组织地方交流经验，通过典型示范引领，推动各地不断改善生态环境质量，努力推进绿色发展。我们举办了首届中国生态文明奖表彰暨生态文明建设座谈会，表彰了全国基层19个先进集体和33名先进个人。开展了国家生态市、县创建，183个地区达到标准并获得命名。组织开展生态文明理论研究，积极配合制定生态文明建设目标评价考核指标体系，前不久中央已印发。其中，《生态文明建设考核目标体系》共计23项指标，涉及环境保护工作的就有11项。

取得成绩的同时，我们也清醒地认识到，当前生态保护仍然面临着十分严峻的形势。部分地区生态系统退化严重，生物多样性品质降低的速度尚未得到有效遏制，破坏生态环境的违法行为仍时有发生。这些问题，都需要在今后工作中加以解决。

“十三五”期间，我们将深入推进自然生态保护工作，以改善环境质量为核心，以保障和维护生态功能为主线，划定生态保护红线并建立严格管控制度，进一步优化自然保护区布局，维护和保障国家生态空间安全；

以生物多样性提升为抓手，以生态保护和建设重大工程为依托，加强重点区域生态保护和修复；以建立天地一体化监测管控体系和完善政策法规体系为手段，持续提高生态环境的监管和执法能力，为国土空间生态安全提供坚实保障，为人民群众提供更多的生态产品。

谢谢大家！

刘友宾：下面进入提问环节，请各位媒体朋友提问。

中国青年报记者：我有两个问题，第一个问题是《关于划定并严守生态保护红线的若干意见》中，特别强调2017年完成京津冀地区和长江经济带沿线生态保护红线的划定，请问，第一，为什么确定这两个地区在2017年先划定？第二，为这两个地区划定做了哪些准备？第二个问题是，我刚才看了一个数据，说是从2000年之后，我们国家已经有13个省市划定了红线，但是我们指南是2015年才出来的，我想问一下之前划定红线跟我们现在要提出的划定时间表有什么需要对接和改进的地方？我们这次又提出京津冀的概念，京津冀分别由这三个城市自己做自己的呢，还是会再配合一起做？包括长江经济带也存在这个问题，各省比如说像刚才您提到的江苏省已经有自己的红线，怎么跟其他这些经济带省市协调，谢谢。

程立峰：谢谢您的提问，按照《关于划定并严守生态保护红线的若干意见》（以下简称《若干意见》）的要求，生态保护红线划定的总体目标是：2017年年底前，京津冀地区、长江经济带沿线各省（市）划定生态保护红线；2018年年底前，其他各省（区、市）划定生态保护红线；2020年年底前，全面完成全国生态保护红线划定，基本建立生态保护红线制度。建立生态保护红线制度是当前中央做出的一个非常重要的决策。我想向大家介绍的是，首先，京津冀和长江经济带是我们国家目前实施的两大重点发展战略，确定这两个区域率先划定生态保护红线，也是配合两大区域发展战略的重要步骤。同时，这两个区域也是最重要的生态保护的优先重点区域，特别是长江经济带，严格按照习近平总书记讲的“共抓大保护，不搞大开发”的要求，率先划定生态保护红线。

目前，各个省都在组织落实，我们已经在前期制定了《生态保护红线划定技术指南》，成立了专家组，对各个省市的红线划定进行了技术指导，初步提出了这些省生态保护红线的分布和重点区域。下一步，我们将会同国家发改委提出明确的红线划定工作程序、工作方法和技术指标等。这个划定指南，我们目前正在征求国务院有关部门的意见，准备按照《若干意见》的要求，在 6 月底前印发各省（区、市）。与此同时，我们与国务院有关部门将共同组建生态保护红线划定指导小组，提出各省生态保护红线分布的建议，推动各省生态保护红线的划定。也将按区域生态系统完整性要求，做好相邻各省的衔接。谢谢。

高吉喜：我来回答您的第二个问题。第一，过去已经有 13 个省市划定红线，其实不止 13 个省市，现在各省基本都在开展生态保护红线划定工作。大家可以对照一下刚刚发布的意见，和过去环境保护部发布的《生态保护红线划定技术指南》，其中对于生态红线的性质、要求、划定的方法基本上是一致的。所以说基本上不存在冲突的问题。

但是我们现在跟发展改革委在联合制定新修订的生态红线划定指南，里面可能会对技术指南有一些适当的调整。最后各个省市的红线划定，也要根据指南做适当的调整，但是调整的幅度不会很大。

第二，我们现在要求划的红线一定要做好边界的对接，最后一定是整体性的。红线划定虽然是以行政区划开展的，便于红线的划定。但是最后从国家层面上一定要保持生态红线边界的自然衔接，保持生态系统的完整性。所以我们可以说有两点，第一个是各个省都在划，第二个各个省划完以后，相互之间进行对接，国家层面进行衔接、汇总，形成一个整体。现在京津冀、长江经济带各省市都在划，那么国家层面也在开展生态保护红线划定顶层设计。所以既有行政层面，便于工作推动，也更考虑生态系统的完整性，从一个区域、一个流域完整性出发划定生态保护红线。

中国日报记者：我们注意到生态保护红线当中也设定一些区域，其实中国也有其他的保护区体系，其中也涉及这样的问题。可否介绍一下我们现在存在多种保护区域体系跟生态保护红线范围上的重合，怎么处理保护地之间的这种关系，主管部门这一块应该怎么界定责任。谢谢。

程立峰：您提的问题也是大家都很关心的问题，您说得非常正确，我们目前的多种保护地体系和生态保护红线，在空间上存在很大程度的重叠。应该说我国已经建立了自然保护区、风景名胜区、森林公园等多个类型的保护地，数量达到一万多处。这些保护地共同构成了我国的保护地体系，在保护生物多样性、维护国家生态安全方面发挥了重要的作用。毫无疑问，将来生态保护红线划定后，这些保护地将来就是生态保护红线的主体部分。

正如媒体朋友在《若干意见》解读中看到的，有一句话，“划定是基础，严守是关键”。我想介绍一下，地方在前期生态保护红线划定过程中的一些经验和做法。

以海南省为例，一是在划定生态保护红线之前，海南省开展了系统的科学评估，识别最亟须保护的生态功能重要区域和生态敏感区域，实现这些关键区域各生态要素的全覆盖。

二是与省域空间规划编制进行充分衔接。先通过科学评估确定生态保护红线，然后再布局城镇化、工业化和资源开发活动，真正发挥生态保护红线的“底线”作用。

三是解决各类空间规划不落地的问题。将主体功能区规划、生态功能区划、环境保护规划等提出的保护范围和目标，高精度地落实到具体地块。

四是着力解决陆海分割问题。通过划定生态保护红线，进一步解决海陆过渡区域管理权限不清、交叉重叠的问题，实现陆海统筹保护。海南省的划定工作体现了科学性和可行性，借此机会也提出，值得各地在下一步划定中学习和借鉴。

关于各部门和地方的责任，《若干意见》有明确的规定：“地方党委和政府是严守生态保护红线责任主体，各有关部门按照职责分工，加强监督管理，做好指导协调、日常巡护和执法监督，共守生态保护红线。”这就意味着地方党委政府要承担划定生态保护红线，严守生态保护红线的主体责任。还要求各部门按照职责分工做好工作，部门之间要相互配合、相互协调，同时中央和地方要上下联动，形成合力。谢谢。

第一财经记者：我记得去年中央督察查办了好几起有关自然保护区的违法案件，我想问一下环境保护部在加强自然保护区的综合管理方面具体采取了哪些措施，下一步有什么打算？谢谢。

程立峰：谢谢您的提问。大家对自然保护区的管理都非常关心，国务院《自然保护区条例》非常明确地规定，环境保护部是自然保护区的综合管理部门。多年来，在国务院有关自然保护区主管部门支持下，我们在综合管理方面主要做了以下几方面工作。

一、研究制定政策规定和标准技术规范。提请国务院和会同国务院有关部门制定了多项加强自然保护区管理的政策文件。比如说《国务院办公厅关于做好自然保护区管理有关工作的通知》《国家级自然保护区调整管理规定》《关于进一步加强涉及自然保护区开发建设活动监督管理的通知》等。已经初步建立起了自然保护区的监督检查、规范化建设、科学考察、生态环境监察等标准规范体系。

二、向国务院提出新建和调整国家级自然保护区的审批建议，发布国家级自然保护区的范围和功能区划。环境保护部已经组织了六届国家级自然保护区评审委员会，自评审机制建立以来，已经分 23 批向国务院报请批准建立了 379 处国家级自然保护区。

三、监督检查各类自然保护区。我们建立了国家级自然保护区天地一体化的遥感监控体系，通过监测及时发现问题，并督促整改。根据 2015 年的遥感监测和实地核查，我们对问题突出的 6 处国家级自然保护区所在地政府、省级主管部门和管理机构进行了约谈。去年年底又对 4 处国家级自然保护区进行了通报。

四、联合国土、水利、农业、林业、海洋和中科院，建立起了国家级自然保护区管理评估制度。截至 2016 年年底，完成了 31 个省、自治区、直辖市的 396 处国家级自然保护区管理评估工作。

当前，我国自然保护区事业所面临的最大问题，就是您刚才提到的，保护和开发的矛盾非常突出。尽管中央三令五申强调，保护自然资源和生态环境是一条不可逾越的底线,但是破坏保护区的违法行为仍然时有发生。这些不合理的开发活动，对生态空间的挤占日益增加，不断蚕食自然保护区，削弱了自然保护区的功能，降低了自然保护区的价值。

最近，新闻媒体陆续曝光了一批涉及保护区的违法违规行为，在社会上引起了强烈的反响。我们作为综合管理部门，也深感担子很重，更要努力把监管工作做好。下一步，我们要变被动应对为主动发现，及时发现和处理涉及保护区的违法违规问题，按照部领导提出的要求："早动手、早发现、早解决。"重点做好以下几方面工作。

一、全面强化监管。要继续强化遥感监测工作，从 2017 年开始，国家级自然保护区一年遥感两次，上半年一次，下半年一次。并且下沉省级自然保护区，对省级自然保护区遥感监测一次。对于遥感监测发现的问题，及时处理，及时查处。同时，我们正在制定《国家级自然保护区人类活动遥感监测及核查处理办法》，实现遥感监测制度化、常态化。特别是对于一些保护价值重大、社会关注度高的保护区，建立长期跟踪监控制度。对于违法违规问题突出的保护区要通过约谈、通报、挂牌督办方式，督促治理整顿，同时强化责任追究。我们会主动向社会公开自然保护区综合监管的政务信息。

二、深化管理评估。进一步完善联合评估工作机制，除了年度常规评估外，今年我们也确定了重点，和红线工作相一致，重点对长江经济带、京津冀和跨界的自然保护区开展评估。建立自然保护区监测评估网络体系，把握全国自然保护区保护现状和动态变化情况。

三、夯实工作基础。我们要建立自然保护区综合管理的数据库和监管平台。要会同有关部门核定保护区范围和功能分区，集成遥感影像、地面巡护、远程实时监控等管理数据，形成国家、地方、保护区三级贯通的信息化管理体系，实现综合监管的科学化、信息化和精细化。

四、推动立法进展。大家都知道，《自然保护区条例》已经颁布20多年了，应该说滞后于目前的发展需要。我们今年还有一项任务，委托南京所会同中国政法大学等单位，开展《自然保护区条例》实施后评估。要结合国家公园试点建设，提出了完善自然保护区立法的意见和建议，特别是要强化违法行为的法律责任追究。同时积极配合有关立法机关来推动自然保护区相关的立法工作，为保护区的健康持续发展提供法治保障。

最后，欢迎媒体朋友一如既往地关心和支持自然保护区工作，发挥新闻媒体的监督作用，通过上述措施及社会监督、媒体监督，让破坏自然保护区的违法行为“不敢为、不能为”，共同构筑起自然保护区生态安全的防火墙，谢谢。

南方都市报记者：我有两个问题，第一个是关于自然保护区的问题，我注意到我们之前发布的生态保护“十三五”纲要里面提出，拟建30～50个国家自然保护区，到2020年的时候自然保护区占比是在14.8%左右。我们现在自然保护区比例差不多是在这个数字，想请问一下是不是意味着之后自然保护区会有一些调整，有的可能会缩小，或者是撤销。第二个问题是关于国家公园的体制试点，国家发展改革委正在牵头开展试点相关工作，环境保护部也参与指导青海三江源等三个试点，国家公园跟我们现有的保护地有什么区别，主要是承担生物多样性保护的功能，还是承担什么样的功能？谢谢。

程立峰：谢谢您的提问，我想向大家通报一下这方面的情况，也介绍一下我们保护区调整方面的工作。应该说，经过六十多年的发展，我国自然保护区已经占国土面积的 14.8%，是世界上规模最大的保护区体系之一，在当前我国国情和社会经济条件下，我国的自然保护区数量、面积已经达到较高水平，占国土面积的比例基本是合理的。

国家级自然保护区是我国自然保护区中最精华的部分，新建国家级自然保护区，重点是解决保护空缺和保护级别较低的问题，通过新建国家自然保护区，有利于优化自然保护区空间布局，加大保护力度。我国新建国家级自然保护区，实行的是自下而上的晋级制度，国家级自然保护区是由省级自然保护区晋级而来的。因此从这个意义上来讲，新建国家级自然保护区，一般情况下是不会增加全国保护区面积的。

其实，大家对于晋级国家级自然保护区都是很支持的，主要是关心保护区调整的问题。我也想借此机会向大家介绍一下关于自然保护区调整的有关要求和情况。当前，我国自然保护区事业正经历从“速度规模型”向“质量效益型”的转变，早期在“抢救性保护”方针指导下，划建了一部分自然保护区，开展强制性保护，发挥了重大作用，但是一部分也存在着范围和功能分区不科学、不合理的情况。特别是有一些把人口密集的村镇，还有一些保护价值较低的耕地、经济林都划入到保护区范围。影响周边居民的生产生活，也不利于保护区的规范化管理。因此，在保护优先的前提下，对这些保护区进行适当调整是必要的。

但是，对自然保护区的调整是有严格限制的，规定了严格的前提条件和严格的程序，2013年，国务院印发了《国家级自然保护区调整管理规定》（以下简称《规定》），《规定》坚持了严格调整、分类处理、全程管理、强化责任的原则，将调整理由严格限定在三个方面：一是自然条件发生变化，包括鼓励扩大国家级自然保护区面积，现实中已有很多这样的例子；二是人类活动频繁；三是国家重大工程建设需要。同时，在限定调整年限、体现特别保护、完善调整程序和强化责任追究等方面作了具体的规定。

总之，国务院关于自然保护区的调整管理规定，给社会一个非常明确的信号：就是自然保护区的范围和功能区不得随意调整和变更，如确有必要调整，必须从严把握、科学确定。

建立国家公园体制，是生态文明制度建设的重要内容。党中央、国务院《关于加快推进生态文明建设的意见》和《生态文明体制改革总体方案》，对建立国家公园体制进行了总体部署。正如您刚才谈到的，国家明确由发改委牵头，成立了13个部门和有关地方政府组成的“建立国家公园体制试点领导小组”，印发了《建立国家公园体制试点方案》，确定在青海、湖北、福建、浙江、湖南、北京、云南、四川、陕西、甘肃、吉林和黑龙江等12个省（市）开展建立国家公园体制试点工作，选择三江源、神农架、武夷山、钱江源、南山、长城、香格里拉普达措、大熊猫和东北虎豹9个国家公园体制试点区。环境保护部作为建立国家公园体制试点领导小组的成员，积极推进建设试点工作，主要做了以下几方面的工作。

一是共同研究起草了《建立国家公园体制试点方案》，并经党中央、国务院批准后于2015年印发实施。二是全程参与了9个国家公园体制试点实施方案的审核和技术指导。三是会同中编办、发改委、国土资源部等有关部门对三江源、神农架、钱江源 3 个试点地区开展调研，督促检查试点推进情况。四是围绕如何建立和管理国家公园，开展建立国家公园体制建设研究，目前已形成初步报告。

目前，三江源、大熊猫和东北虎豹试点方案分别由中央深改组审议通过，其他试点方案也都经过批准，启动实施。按照总体推进工作要求，环境保护部牵头负责对三江源、神农架和钱江源三个试点区进行督促指导，4 月前还要进行一次督促检查和指导。按照领导小组的统一安排，今年上半年完成 9 个试点工作，国家在试点的基础上要形成建立《国家公园体制总体方案》（以下简称《总体方案》）。

这个《总体方案》将按照习近平总书记在中央财经领导小组第 12 次会议上强调的："建立国家公园，目的是保护自然生态系统的原真性和完整性，给子孙后代留下一些自然遗产，不是为了搞旅游开发，这个基本方向一定要把握住"，要"把最应该保护的地方保护起来，解决好跨地区、跨部门的体制性问题"的要求，对我国的国家公园体制进行顶层设计，相信《总体方案》将会解决您所关心的问题。谢谢。

新华社记者：您好，我有两个问题，第一个问题是刚才说到自然保护区的调整，有一个严格的规定，但是我们记者经过调研发现以祁连山保护区为例，之前有一些调整，大概 4 次的边界调整，所以其中有一些开发项目可能前期是拿到了合法的手续的，所以对于这种历史遗留问题，您怎么看待，未来怎么解决。第二个问题是，去年环境保护部生态司也发布了上半年的遥感监测情况，其中说 33 个自然保护区人类活动影响剧烈，89

个影响明显，指出一些自然保护区的价值和功能受到损害，个别的保护对象大幅减少甚至消失。我想请您能不能把严重保护区情况具体介绍一下。谢谢。

程立峰：对于自然保护区的调整，我已经把程序和要求向大家做了介绍。祁连山存在的问题，前一段时间媒体也进行了报道。这些问题已作为中央环保督察的重点。

对于保护区的核心区和缓冲区的违法违规问题，我非常明确地告诉大家，这是严重违法的，是绝不允许的。对自然保护区核心区和缓冲区内的开发建设活动，都要进行坚决取缔。为了加强自然保护区监管，特别是及时发现和坚决制止涉及自然保护区核心区、缓冲区的违法违规开发建设行为，我们将进一步加大监督检查力度，通过遥感监测定期巡查。

事实上，对于全国446个国家级自然保护区，环境保护部和中央各部门及各省都有明确的执法监督体系，国家级自然保护区的情况，有多少人类活动、发现的问题都及时向地方进行了反馈，所以，在这个问题上请大家放心，我们要加强对这些问题整改情况的督办和检查。下一步，环境保护部要在生态保护红线划定过程中，建立一个生态保护红线监管平台，2017年就要试运行，要对红线范围内的这些保护区的情况，进行监督、检查、监控，发现问题及时处理。对已经存在的历史遗留问题，也要列出清单，督促地方政府限期整改。

去年上半年，我们组织对全国446个国家级自然保护区2013—2015年的人类活动变化情况遥感监测，向社会公开通报了相关情况，同时要求各地依据遥感监测发现的问题进行核查核实，严肃查处违法违规问题，目前相关整改工作正在进行中。在遥感监测中我们发现一共有33处自然保护区的人类活动程度剧烈，其中问题最突出的是吉林白山原麝、湖北九宫山、贵州威宁草海和甘肃张掖黑河湿地这4个国家自然保护区。这4个相关省的环保厅会同地方政府和相关部门也及时组织了现场核查，明确了整改措施、责任单位、责任人和完成时限，地方将于今年5月底前报送环境保护部，我们将跟踪整改的进展情况、相关查处和整改结果，并及时向社会通报。

刚才我说了，我们要制定国家级自然保护区人类活动遥感监测和核查处理制度。去年年底发布的是2013—2015年的遥感监测情况，近期，我们还将发布2015—2016年的446个国家自然保护区人类活动情况遥感监测结果，要把发现的问题通报国务院有关部门，同时责成地方人民政府进行整改。

在这里，我表一个态，就是对于连续出现问题的国家级自然保护区，我们要作为将来监督管控的重点，包括对整改工作开展后督察。对问题较多、整改不力的，要公开曝光，要按照中央的有关规定，强化责任追究。谢谢。

经济日报记者：您好，我的问题是刚才您介绍去年12月我们国家获得了《生物多样性公约》第15次缔约方大会举办权。那么，我们想了解一下我国目前生物多样性保护的整体情况如何，您对这次大会有什么期待，谢谢。

程立峰：您提到两个非常重要的问题，一个是国内的生物多样性保护工作，一个是国际履约，这两个工作相互之间是紧密联系的。我们国家是生物多样性最丰富的国家之一，党的十八大以来，中央领导就加强生物多样性保护多次做出重要批示和指示，重视的程度和措施的力度前所未有。

在中国生物多样性保护国家委员会的领导下，各地区、各部门加快实施《中国生物多样性保护战略与行动计划》，组织实施生物多样性保护重大工程，生物多样性保护工作取得了积极进展。

目前，全国森林覆盖率提高到21.66%，草原植被覆盖度达到54%，各类陆域保护地面积达到170多万平方公里，约占陆地国土面积的18%，提前达到了《生物多样性公约》提出的到2020年达到17%的目标。我们超过90%的陆地自然生态系统类型，超过89%的国家重点保护野生动植物种类，以及大多数重要自然遗迹，在自然保护区内均得到保护。大熊猫、东北虎、朱鹮、藏羚羊等部分珍稀濒危物种野外种群数量稳中有升。

中国在生物多样性保护方面取得的成绩，得到了国际社会的广泛认可。我的同事告诉我，去年《公约》第13次缔约方大会上，当大会的主席宣布“第15次缔约方大会主办国是中国”的时候，会场响起长时间热烈掌声，多国代表团团长主动到我们代表团的座位去握手祝贺，在场所有的中国代表团成员都深感自豪和荣耀。我们之所以获得大会的主办权，首先应该取决于我们日益增长的综合国力，当然也与我国生物多样性保护方面取得的成绩，以及对全球生物多样性保护的贡献是分不开的。

我介绍一下《生物多样性公约》缔约方大会情况。《生物多样性公约》是全球最重要的关于生物多样性保护的公约。它是1993年12月29日生效的，目前缔约方一共是196个，获得第15次缔约方大会的主办权，是我国加入公约25年来第一次。缔约方大会是公约的最重要会议，每两年召开一次。第15次缔约方大会是《公约》历史上有里程碑意义的一次大会，在中国举办，意义非常重大。会议将总结前十年全球的生物多样性保护工作，要制定到2030年全球的生物多样性保护的目标和战略。这个会届时有6 000 ~ 8 000的缔约方代表、NGO和境外媒体来参会，将成为我国生态环保领域一次重要的主场外交活动。

2020年，我国将全面建成小康社会，这个时候在我国举办缔约方大会，既是为全球生物多样性保护贡献中国智慧、中国方案，同时也为我们讲好中国故事，提供了舞台，是我们与国际社会共谋全球生态文明之路的重要机遇。虽然现在距15次缔约方大会还有三年多的时间，但是这个会议筹备涉及国际、国内方方面面，任务非常重，时间实际上已经非常紧迫了。所以，作为自然保护工作者能够有幸参与组织筹备这次会议，深感荣幸，备受鼓舞，但更觉责任重大。目前我们已经启动了第15次缔约方大会的筹备工作，将会同有关部门，国际、国内各方，研究商议全球生物多样性保护下一个10年的战略目标和行动计划。

同时也借此机会，请在座的媒体朋友为我们献计献策，帮助我们做好前期工作的宣传报道，谢谢。

凤凰网记者：还是再回到生态保护红线的问题，您也介绍了地方党委和政府要负起严守生态保护红线的属地管理责任，具体怎么通过制度来确保严守？由于地方求发展的惯性，对于破坏生态红线甚至变相破坏，有没有离任审计、追责，或者在官员提拔方面有没有一些措施来防止？这方面有没有详细的方案？另外，环境保护部正在抓紧落实制定完善相关的配套制度，都有哪些？想请您介绍一下，谢谢。

高吉喜：生态保护红线划定非常重要，但是实行严格管理更为重要。怎样能够管得住？《若干意见》已经提出了明确措施。有些地方在划定生态保护红线的同时，也制定了管理办法。明确了怎么样更有效地保护生态保护红线。

怎么样让地方政府做好生态保护红线工作？生态保护红线划定以后，我们要开展日常的监测评估，每年通过地面和卫星相结合的“天地一体化”手段，监测生态保护红线的保护情况，然后再根据《若干意见》提出的“面积不减少，性质不改变，功能不降低”进行评估。将监测评估的结果作为对地方干部政绩考核最主要的依据，对做得不好的要进行问责。总的来讲，生态保护红线的管理，我们强调既要划得实，也要管得住，既发挥公众参与作用，也要发挥地方政府作用。

人民政协报记者：请问高所长，生态保护红线划定后，是否意味着不能再作调整了，如果要调整的话如何调整？谢谢。

高吉喜：《若干意见》里面已经写得非常清楚了，作为维护国家生态安全的底线，生态保护红线一定要体现在刚性上。如果可以随意调整的话，就不能叫作红线了。生态保护红线也被称为继耕地之后的生命线，这条生命线保护的价值意义非常重大，不能随意调整。《若干意见》明确提出，生态保护红线涉及重大民生保障、重大基础设施建设的，可以进行调整。第一，要经过科学的评估；第二，怎么样调整，要有严格的措施。总之，生态保护红线划定后，基本上是不能进行调整的。所以，我觉得要传达一个信号，生态保护红线一定要体现底线的作用，约束的作用，体现生命线的作用，大家不要想着划定以后的调整。

程立峰：我再补充一下，对于生态保护红线的调整有非常严格的限制，这里我要强调的是，对于生态保护红线的调整，就是要落实生态保护红线

“只能增加、不能减少”的要求。这是因为生态保护红线作为维护国家生态安全的底线和生命线，减少了就是破坏了底线、危及生命线。同时，随着国家对生态保护意识的增强、生态保护投入力度加大、监管能力的提升，特别是通过生态修复和恢复面积的增加，必然有一些区域要纳入生态保护红线予以严格保护，进一步提升生态系统的完整性。从我们自然生态保护工作的角度来讲，当然希望有更多的绿水青山得到保护，供大家分享，为子孙后代留下更多更好的秀美山川。

澎湃新闻记者：环境保护部是各类型保护区的综合管理部门，针对江苏盐城珍禽自然保护区等环境保护部本身作为行政主管部门的保护区，如何解决环境保护部既当运动员，又当裁判员的现状，谁来对环保部门进行监管？谢谢。

程立峰：您这个问题提得非常好，20世纪80年代以来，基于抢救性保护的需要，地方各级政府有关部门包括环保部门，在一些保护空缺区域建立了一批自然保护区，开展了规范化的建设和管理，起到了填补保护空缺、完善保护体系的作用。目前，根据《自然保护区条例》第八条规定，自然保护区实行综合管理与分部门管理相结合的管理体制。该条第四款规定，县级以上地方人民政府负责自然保护区管理的部门的设置和职责，由省级人民政府根据当地具体情况确定。

您刚才提到的江苏盐城珍禽自然保护区，实行江苏省环保厅和盐城市政府双重管理，日常监管以盐城市政府为主的管理体制。需要说明的是，环境保护部没有主管的自然保护区。

近年来，我们也对一批地方环保部门主管的自然保护区，比如内蒙古的锡林郭勒、山东马山都进行了挂牌督办。您刚才提到的盐城自然保护区，去年中央环保督察就将江苏盐城珍禽自然保护区列为督察重点，对发现违法违规问题提出了整改要求。

今后我们将继续加大对所有自然保护区的监管力度，只要发现存在违规违法问题，一定严厉查处，严肃处理。在这里，我们也希望媒体朋友和社会公众，加强对各级各类自然保护区工作的监督。谢谢。

财新传媒记者：刚才提到生态保护红线划定之后只能增加不能减少，那么生态保护红线到底怎么划，怎么能够科学地划，有没有一些指导性的原则，与地方经济发展的关系，怎么样进行生态补偿？这个想请高所长能不能给介绍一下，为地方政府划定的时候提供一些经验。

高吉喜：怎么样科学划定生态保护红线，之前环境保护部制定了《生态保护红线划定技术指南》，过去各个省划定生态保护红线，基本上以这个指南为主的，里面提出了具体划定办法。第一个是生态保护红线到底保护什么，第二在哪儿划，第三个问题怎么样来划，把这三个问题搞清楚，生态保护红线才能科学划定。

第一，对生态功能重要的区域划定，目的是提供生态产品。第二，对一些生物多样性非常重要的区进行划定，主要目的是保护物种自然资源。第三，对生态环境非常敏感脆弱的地区也需要划定，主要目的是减少自然灾害的发生，保障生态安全。

举一个例子，内蒙古的浑善达克荒漠，生态保护价值不是特别重要，但一旦破坏之后容易形成沙尘源，对华北地区产生很大的影响。所以这个地方虽然生态价值不是很高，但是它的生态环境非常脆弱，会产生环境影响，所以需要划定。具体怎么划，有具体评估模型，我们要对生态重要性进行评估与分级，对于重要的区域要纳入生态保护红线的范围。这个都是非常专业的，如果大家需要的话，我们可以提供一些书面的材料。

刚才提问的生态保护红线划定与经济发展的关系，好多人认为划定生态保护红线以后，可能会对当地经济发展产生影响，但是我觉得这是一个错误理解。从环境保护上来讲，大家很长时间认为环境保护与经济发展是对立的，我觉得环境保护，生态保护，生态红线的划定，与经济发展一定不是对立的。

这涉及两个问题，第一，局部利益和整体利益的关系。比如说我们在长江源，如果在长江源进行放牧的话，局部地区可以获得收益，但是放牧以后会产生一些危害，是没有利益的。所以，我们看到一些地方划定生态保护红线以后的所谓影响，只是看到了很小的范围。那么，影响局部的利益怎么办？要进行生态补偿，通过生态补偿来解决局部地方和整体利益之间的关系。所以生态红线的划定要从整体利益来考虑。

第二，涉及一个价值的衡量标准，我们现在所说的影响经济发展，只是看到这个地方开发以后能够增加多少钱，但是实际上没有考虑产生的生态价值，如果把生态价值也算进去的话，那我们划定红线以后产生的价值一定是更高的。比如说在神农架，有些地方开发，大家算过账，如开发一亩地一年会产生多少钱，但其产生的生态价值是更高的。所以说对生态与经济之间的关系，大家没有看到整体性，没有看到一个综合效益。

大家特别关心生态补偿以及补偿多少钱。从江苏、福建的实践来看，他们有一些核算标准。比如说红线里面，林地补偿多少钱，湿地补偿多少钱，草地补偿多少钱，给予了具体的价值核算。还有钱从哪儿来？一方面，地方拿出了很多钱进行补偿，像江苏省每年拿出20亿元来。国家层面的补偿，重要生态功能区转移支付每年有400多个亿，以后向生态红线区域进行转移，这样的话能够对生态保护红线地区限制发展的地方，通过建立生态补偿，不影响它的发展。那么补偿怎么用？一是给予直接经费；二是通过给予补偿作为一个造血功能，来发展对于当地适合的产业，这更有利于生态保护，也更有利于当地经济发展。

我给大家举一个例子，江苏吴中划定生态保护红线后，当地居民的收入没有减少，反而增加了。这个地区通过生态补偿，发展与资源禀赋更适合的产业，促进经济发展。

刘友宾：今天的发布会到此结束，谢谢大家！

环境保护部
3月例行新闻发布会实录

（2017年3月20日）

3月20日上午，环境保护部举行3月例行新闻发布会，介绍我国水污染防治工作总体情况，以及长江经济带大保护、黑臭水体整治、农业农村污染防治等重点工作进展。环境保护部水环境管理司张波司长参加发布会，介绍有关情况并回答记者提问。本场新闻发布会首次在环境保护部官方微博平台“环保部发布”进行“图文直播”。

环境保护部 3 月例行新闻发布会现场（1）

环境保护部 3 月例行新闻发布会现场（2）

刘友宾：新闻界的朋友们，大家上午好！欢迎大家参加环境保护部3月例行新闻发布会。2015年4月，国务院印发《水污染防治行动计划》，受到社会各界的广泛关注和期待。今天的发布会我们邀请到环境保护部水环境管理司张波司长为大家介绍《水十条》执行情况，并回答大家关心的问题。

张波：感谢各位媒体朋友关注水污染治理问题，相关材料已发给大家，我就不再介绍了，下面我愿意回答大家的提问。

刘友宾：下面请大家提问。

每日经济新闻记者：大江大河两岸化工企业和工业聚集区饮用水水源的安全隐患不容忽视，关于水源地保护这一块，提到了工业污染还有化工企业比较多，我们未来在水源地保护会有哪些做法，还有现在水源地保护遇到了哪些问题和困难？

张波：饮用水水源保护一直是环保工作的重中之重，各地对饮用水水源的保护总体来说都很重视。从目前的监测数据来看，饮用水水源水质达标率还是比较高的，地级及以上城市饮用水水源水质达标率在90%以上，但仍有一些隐患不容忽视。您提到的问题，有些是历史原因造成的，比如有的地方是先有了企业，后来人口集聚需要供水，才在附近确定了水源，这些经济社会发展产生的历史问题和现实的水源保护之间的确有一些矛盾。但另一方面，一些地方对饮用水水源的保护不够重视，导致保护区内仍存在违法企业和排污口。饮用水水源的保护关键在规范化建设和执法监督。首先，要把水源保护区范围划出来并严格落实保护制度，绝不允许出现新的污染企业尤其是重污染企业落地饮用水水源保护区的情况，如果出现要坚决“亮剑”；

环境保护部水环境管理司张波司长

其次，逐步清理化解已存在的隐患，一些历史遗留问题可以由当地党委政府统筹经济社会环境等方面来妥善处理；最后，各地政府一定要有底线思维，发现饮用水水源地确实有问题，要么督促企业搬家进行整治，要么置换新的水源，不能在这个问题上犹豫不决，我们也会做好监督工作。谢谢！

新京报记者：我的问题是关于河长制的，今年两会期间水利部的部长也谈过河长制，最近进展得是比较快的，我看环境保护部也和水利部联合印发了一些实施方案，想问一下在河长制的推行中，环境保护部和水利部职责怎么分工，在合力治污过程中怎么发挥作用，如果没有尽职怎么追责？

张波：河长制是立足我国国情，系统解决水资源、水生态、水环境问题，建立的一个重要工作机制。实际上它的核心思想还是要让各级党委政府把主体责任担起来，而且不仅仅是笼统地说党委政府，而是要党委政府当中领导成员具体地把某一河段的流域治污任务担起来，这样责任就更清晰了。但是河长制不是一个人在治理，这是一种协调机制，就是通过党委政府，尤其是领导成员的协调能力发挥政治制度的优势，动员党委政府各个部门，以及社会各界形成治水工作的大格局。

环境保护部推动河长制工作，可以概括为“一个落实，三个结合”。首先是贯彻落实党中央、国务院的要求，会同水利部门和相关部门一起落实河长制。目前河长制已经纳入中央环保督察，各地河长制的落实工作我们都要监督。目前来看，大多数地方有了较好的进展。

“三个结合”。一是要与依法治污有机结合，要跟《环境保护法》《水法》及正在修订的《水污染防治法》结合，建立健全标准规范体系，依法治污。

二是要与科学治污有机结合，我们发布了《“十三五”生态环境保护规划》，近期还要发布重点流域水污染防治规划，依据上述规划和《水十条》要求，不达标水体要制定达标方案。我们盖房子是一块砖一块砖盖起来的，流域治污是一个项目一个项目堆出来的。只有科学治污，科学地提炼项目，我们才能扎扎实实地往前推进治污工作。

三是要与深化改革有机结合，大家知道，按照生态文明体制改革总体要求，中央深改组最近审议通过《按流域设置环境监管和行政执法机构试点方案》，提出在流域监管上实现“五统一”。通过深化改革也为河长制提供了很好的补充和支撑。谢谢。

人民日报记者：我想就河长制追问一下，我在浙江了解到一些情况，行政任命河长制出现责任落实不到位、积极性不够的情况，浙江的一些县市创新了河长制，进行河长聘任制，不仅村主任、镇长当河长，普通的市民也可以当河长，你对这种情况怎么看，我们全面推行河长制有没有考虑到这种情况呢？

张波：推行河长制各地都有很多创新，基层创新的经验也很重要。我们现在也注意到各地调研，及时发现一些好经验、好做法，加以提炼提升，在全国进行推广。河长制一定不要理解成一个人去治污，如果一个人去治污，市委书记当河长和其他某一个副职当河长，调动的资源就不一样，这样只有市委书记当河长那条河能够治好，其他领导当河长的河则让人担忧，所以一定不要变成一种单纯的人治，这也就是我刚才讲的，河长制实际上是协调机制，一定要形成党委政府主导，部门齐抓共管，全社会共同参与的大格局，把政治体制优势充分发挥出来，如果仅仅变成了一个领导同志利用他能够调动的资源去治理这条河，这条道走窄了。谢谢。

中国青年报记者：您刚才谈到可能未来我们按流域进行环境监管和行政执法机构设置，可以详细讲一下吗，以后是怎么样的一个管理制度？另外关于洱海治理，现在出现比较大的反弹，是否可以用这个案例给我们解析一下中国湖泊治理进展怎么样，如何解决？

张波：总的来说，一个大区域上的水污染防治工作要靠流域来推动，流域的工作要靠小的区域来落实，区域和流域是有这么一个辩证关系的。水上的工作必须按流域来做，因为监督考核的可能是某个河流的某一个断面，这个断面上游有很大的汇水区域，如果不按流域来推进工作，就会形成行政辖区和行政辖区的标准不一致，步调不一致。我理解，“五统一”

的统一规划，就是要有流域统一的水环境保护规划，并且由更加权威的上级政府或机构来发布。

统一标准并不是说整个流域执行一个标准限值，而是要按照流域的环境承载力，区分敏感的地方、不敏感的地方，建立与水质目标相衔接的污染物排放管控机制。

水质的监测实际上关系到各级党委政府主体责任有没有落实，工作做得怎么样。如果数据采集不准确，考核工作就要大打折扣。通过统一监测，实现“谁考核，谁监测”，这样数据才更加可靠。

统一环评，不是把环评权力都收上来，而是说规则要统一，机制要统一。

流域环境监管必须遵循流域的生态规律，要有整体性、系统性，如果说环境监管仅仅是监管污染物排放，流域生态破坏监管停留在概念上，流域环境保护工作是做不好的。所以一定要统筹污染治理和生态保护这两个方面，统一执法监督。

党中央、国务院非常重视洱海保护，当地党委政府也很重视，但也面临一些挑战。那一带是旅游胜地，外来人口多，外来人口要吃住、消耗，相应就带来很多其他行业如养殖、种植等规模的增加。这些行业既要消耗，也要排放。因此，各地都要牢固树立一个环境承载力的概念，这个地方能承载多少人、能支撑多大的产业。当然，这也跟生产生活方式有关，较集约的方式可能承担多一点，较粗放方式可能承担少一些。

你刚才说的中国湖泊还有没有治，我是谨慎的乐观派。首先我坚定相信是能治的，我们一定能治好。第二，确实任务很艰巨。流域治污、湖泊治理都要深刻领会习近平总书记“山水林田湖是一个生命共同体”的重要观点，这句话体现了一个系统的观念。流域治污实际上是“一点两线”，“一点”就是水环境质量状态点，“两线”一条是减排，一条是增容。现在对污染物减排方面做的工作相对较细、较实，法规标准、监管办法、治污设施也较多，但法律法规对增加环境容量、水生态保护的规定相对较原则，标准、监管方法可操作性也不是很强，包括职责也不是特别明确，这就使得水生态保护容易停留在概念上。

流域治污当前特别需要统筹减排和增容，确实做到两手抓，两手都要硬。破坏浅滩湿地的行为，要纠正；河流湖岸坡硬质化单纯考虑人的需求，也应该纠正、避免；一味迎合高耗水需求，建那么多的水库，层层截留，导致一些地方汛期河湖湿地都得不到水的补充，也要纠正。原来工业污染比较严重，条条河流鱼都绝迹了，现在水质好了，开始养殖了，投饵养殖造成污染，还有一些地方用挖泥船挖螺蛳，把水下搞得像沙漠一样，这样的流域生态破坏行为必须遏制。因此，我们下一步工作重点要统筹减排和增容，两手抓两手都要硬，包括这次《水污染防治法》修订的一个重点就是强化流域水生态保护。当前，要把增容放在一个更加突出的位置，加以谋划和推动。

中国新闻社记者：我想问一下张司长，包括全国地表水水质的问题，我想详细了解一下Ⅳ类水质比例是多少，并请介绍一下水环境保护不平衡的问题？

张波：《水十条》考核是按好水、坏水分别制定保护目标。Ⅰ～Ⅲ类就是好水，劣Ⅴ类就是坏水，Ⅳ类水质比例是变化的，好水多了Ⅳ类水质比例可能少了，坏水好了Ⅳ类水质比例就多了，我们关注的是两头。现在看来，《水十条》确定的年度目标总体上是完成的，2016年Ⅰ～Ⅲ类水质比例为67.8%，比上年增加了，劣Ⅴ类水质比例下降了，2016年目标完成了。

但是全国进展不平衡，有一些地方不仅没有改善，还在恶化，而且是明显的反弹。这就说明部分区域出问题了，我们及时发现一些工作滞后地区，以及突出的问题，然后进行综合督导，我们去年对两个地级市主要负责同志进行了约谈，因为他们水环境质量明显反弹，中央电视台还报道了，影响比较大。我们现在的模式是每个月进行水环境形势分析，对于反弹的地方我们会发预警，并进行通报。但是如果到一个季度还没有改，还在反弹，甚至比较严重，环境保护部就要采取通报、约谈、限批等综合性措施，而且会向媒体通报。在这里我也希望各地也要参照环境保护部的做法建立起每个月的水环境形势分析制度，只有这样才能及时发现问题，识别工作滞后的地区。我们各级都这样做，哪些断面出现反弹，甚至哪个企业开始偷排偷放，我们就可以及时地锁定和采取措施。同时把公众发动起来，加强公众参与和监督，我相信《水十条》确定的水质目标和重点任务是一定能够如期实现的。

第一财经日报记者：我追问一下有关黑臭水体的问题，我注意到黑臭水体数量不仅没有减少，反而总数还在增加，而且治理进度缓慢，好像时间过半，但是完成的也没有达到一半，特别是重点的区域。还有我们在参加环保督察的时候发现，比如说汕头，我所见到的城市周边的河流都是黑臭水体，没有见过干净的，下一步黑臭水体怎么治理？

张波：黑臭水体的整治是《水十条》确定的一项重点内容，而且也有明确的时间节点。今年的任务就很艰巨，一些重点城市年底前要基本解决黑臭水体。

这项工作环境保护部配合住建部门来开展，从环境保护部的角度主要做这么几项工作，一个是从全国现有 1 940 个国控考核断面识别哪个地方水质比较差，之后我们通过督促地方制定不达标水体的达标方案，涉及的黑臭水体作为一个重点就列进来了。从我们角度，一个是加强监测，一个是水体达标方案编制项目的提炼。

黑臭水体的问题本质是污水直排环境问题，再本质一点是环境基础设施不配套的问题，管网不配套等问题，所以整治起来有它的难度，尤其是一些老城区，城市建成区里面过去历史欠账比较多，建设管网的时候可能涉及拆迁，这不单纯是资金问题，情况有的比较复杂。但是《水十条》一定要把这些事情解决。从环境保护部角度来讲，我们通过中央环保督察促进黑臭水体治理，督察到的地方黑臭水体都是我们的重点，据住建部同志反映，所有督察到的地方黑臭水体进展比较快，这是我们做的第二个方面工作。

第三，通过环境保护部环境卫星来识别一些地方的黑臭水体，可能原来没有列进来的，通过环境卫星又发现了，我这里还有一个数字。利用卫星从北京等 20 个城市发现 272 个疑似黑臭水体，地方确认有 96 个，并纳入黑臭水体整治清单，这是利用天上的手段。我们同时研发微信公众号叫“城市水环境公众参与”共受理了 3 600 多条举报信息，目前已经办结了 3 474 条，涉及黑臭水体 316 个，经过核实 50 个为新增黑臭水体，也纳入地方整治范围，黑臭水体越整治越多，也有这个原因。地方开始没有查全，现在可以说天人合一了，上面卫星监督，下面公众参与，两边一结合，又把一些黑臭水体拎出来了；另外原来整治的黑臭水体，整治完了，也要接受公众监督，如果公众监督包括卫星监督整治完又反弹了还不行，还要放进来，这也是一些地方黑臭水体又多了的原因。

加强监测，督导制定水体达标方案，科学提炼项目，这是一个手段。利用中央环保督察来进行督导，这是第二个手段。利用卫星和公众参与进行黑臭水体的筛查和监督，这是第三个手段。通过这样几个手段，我们配合有关部门共同抓好这项工作。但是这项工作可以说是很艰巨的，各地必须高度重视，今年年底要交差，不交差的地方我们可能也会采取一些限制性的措施，必须高度重视。

上海证券报记者：关于下一步水环境治理方面的一些重点工作安排上，今年年底之前将核发印染行业许可证，并且建成全国排污许可证信息平台，这个工作可以具体介绍一下吗？比如说这个行业具体怎么考虑的，目前准备工作怎么样了？

张波：排污许可证在涉水的行业一共有十大重点行业，刚才说的造纸、印染是其中之一，也还有其他的一些涉水行业。

因为行业很多，我们总得先抓重点，先通过十个行业的突破带动其他行业逐步纳入排污许可体系。排污许可这个制度是下一步我们固定污染源管理的一个核心制度，这方面环境保护部领导发了文章谈得比较多，我就不再重复了。我们水环境管理司要配合好这项工作，今年还要在一些标准体系上做一些完善和理顺的工作，使得排污许可证和流域性标准、行业性标准形成很好的配合，总之要建立一个与流域水环境质量改善目标相衔接的固定源排放管控机制。

中国日报记者：我想问一下关于长江经济带保护的问题，陈部长在两会记者会上提到了长江的一些威胁，能不能具体介绍一下长江现在的污染情况，今年有哪些工作部署？

张波：长江干流总磷确实已经上升为首要污染物，这个现象背后有深刻的问题，首先一点就是 COD、氨氮不再是长江流域的首要污染物，这就意味着我们经过多年的大力治理，以 COD、氨氮这样一些指标为代表的工业和城市污染总体上得到了遏制，原来它们都是排首位的，氮磷排不上，现在首位和次位下来了，原来的次要矛盾上升为主要矛盾，这是一个深层次的问题。

当然对工业和城市的污染也不能疏忽，我们依然有很多工作要继续深化，继续完善，但是一定要意识到原来的次要矛盾现在正在上升为主要矛盾。接下来磷的问题，还有氮的问题，这个原因是什么？我想主要是两个，一个是农业面源污染，根据我们环境统计的结果来看七成左右来自农业面源。根据相关统计数据，2015 年化肥的使用量是 6 022 万吨，相比 2000 年增长了 45%，也就是这 15 年总量增长了 45%，氮磷上升为首要污染物，有这么一个大的背景。

现在农业部门也采取了很多措施，来积极控制农业面源污染，但是还需要进一步加大力度，加快步伐。

第二个方面的原因也非常重要，就是水生态的问题。长江流域，尤其是中下游历史上比较富庶，屯垦活动频繁，围湖造地，然后把湿地改造成耕地这种情况比较多，比如说前几天我去巢湖调研，巢湖历史上是2 000多平方公里湖面，现在还有700多平方公里，一半多没有了，没的是什么呢？都是浅滩湿地，整个长江流域的环境承载力实际是严重下降了。本来这些营养性物质，通过浅滩湿地是可以进行净化的，但是由于这种生态破坏问题，使得环境的自净能力下降了。我们下一步要高度重视农业面源污染的防治工作，同时也还要高度重视流域的生态保护工作。谢谢。

科技日报记者：我想问一个关于生态补偿的问题，北京、浙江等省市已开始实施全省区域内的生态补偿，请问现在生态补偿机制进展情况如何，未来会有什么样的计划？

张波：我们现在讲的生态补偿实际上有两类，一类是跨行政辖区的生态补偿，比如说取水口在下游，水源汇水区在上游，我们要求上游采取各种措施保障下游饮用水水源的水质，下游对上游有一个监督的作用，但同时也应给予上游一定补偿，我们协调有关行政辖区来签订这样的补偿协议，比如新安江、九州江、汀江－韩江等流域的上下游省份。

另一类是行政辖区内部用了生态补偿的概念，但实际上并不是严格的生态补偿。比如北京的水环境区域补偿，补偿金包括跨界断面补偿金和污水治理年度任务补偿金两部分，跨界断面补偿金按月核算，污水治理年度任务补偿金按年核算，年终市财政局与各区财政局结算补偿金。区属断面水质污染反弹了，要给市财政交钱，改善了市财政给钱，重点任务完成得好也会受到奖励，完成不好不仅要通报，还要罚钱，核算结果信息向社会公开，涉及各区政府面子里子。这种机制就会有效地调动各级党委政府治理水污染的积极性、主动性，这是一种很好的工作机制。

为什么要在全国推广这些机制呢？因为这是一种四两拨千斤的长效机制，可能比开多少会、下多少文效果都好。下一步要花一点力气来推广这些地方创造的好经验、好做法。

中国证券报记者：关于黑臭水体我想补充一个问题，刚才提到2017年年底前直辖市、省会城市、计划单列市要基本消除黑臭水体，这个体量很大，有没有专项资金支持这个目标呢？

张波：黑臭水体的整治任务非常艰巨，体量还是很大的。具体数字材料里都有，包括目前一共有多少条，完成了多少条，多少条正在制定整治方案，我就不再重复了。确实也涉及资金问题，资金筹措是多方面的，包括综合水价等多种渠道。

各级财政也应该拿出更多的钱来支持这项工作，但是单纯依靠财政来支持这项工作还是不够的。一是负担重，二是总量可能还不够。就是要像党的十八大要求的那样，发挥市场的决定性作用，更好地发挥政府的作用。污水处理费、水价等政策能够启动市场机制，政府财政也要拿出钱来，同时还要加强监管，确保黑臭水体整治治标又治本，扎扎实实从根本上解决问题。

人民政协报记者：刚才您说下一步要重视农业面源污染防治，据我们了解，现在众多的河流中磷含量超标是普遍现象，某些水源地也存在这些现象，请您具体阐述一下用什么行动来治理磷超标。我们在采访中一些当地政府官员认为目前磷的标准过于严格，应该修改，您对此如何看待？

张波：磷的来源比较多。农业面源污染防治方面，我们配合农业部门和相关部门做好工作。从环保部门的角度，当前我们主要还是从点源角度来加强控制，比如说城市污水厂，还有工业企业，原来标准当中也有氮和磷指标，由于大家更多关注COD和氨氮，所以氮磷控制的力度相对小一点。另外，在监督执法上也不够严格，下一步要严格执行城市污水厂，以及有关行业氮磷的控制标准，按照有关标准的规定来进行环保执法监督。

在农业面源污染防治方面，我想可能还要做好两篇文章，一个是“融”的文章，一个是“用”的文章。第一，所谓“融”就是要把氮磷这样一些面源污染的防治跟农业绿色发展、美丽乡村建设、农民增收有机结合起来，要把这项工作融入“三农”工作的各方面和全过程，因为单靠末端治理是很难的，工业和城市单靠末端治理都很难，农业就更难了，所以一定要做好“融”的文章。

第二，要做好“用”的文章。农业农村的废弃物，包括秸秆、垃圾污水都有两重性，既是污染物，也是资源，农民也有两方面的角色，一方面是污染的制造者，另一方面还是资源的拥有者。我们一定要想办法做好“用”这篇文章，让农民在用的过程中受益，在受益的同时履行应该履行的责任，不要简单地把工业和城市的污染治理模式搬到农村去。做好了“融”和“用”这两篇文章，我想农业面源污染防治工作道路一定会越走越宽，也会越走越好。

还有我刚才说的一个很重要的问题就是要高度重视水生态保护，我们这些年在这一方面欠账太多了，大家一定要在这方面有足够的重视，要加大力度做好这方面的工作。

南方周末记者：我想问关于饮用水水源地保护的问题。过去在一些采访当中发现，个别地方政府可能为了招商引资一些项目，人为地通过各种各样的手段，撤销饮用水水源保护区。请问这种撤销饮用水水源保护区的规定是什么，有什么样的办法避免这个问题？

张波：基层的情况比较复杂。第一，根据法律规定，只有省级政府才能批复饮用水水源保护区的划定或调整方案，不是能够随意撤销的。

第二，存在一些饮用水水源保护区需要调整的情况。比如有的地方当初划饮用水水源保护区的时候不太科学，甚至有点随意，划大了，不该划的地方也划进来了。像这样的地方，实事求是地在确保饮用水水源安全的情况下是可以进行调整的，但是必须严格依法按程序办理。

第三，关于违法行为。饮用水水源保护区在法律上有严格的要求，为了避开这种约束，为了上马污染企业，调整饮用水水源保护区，这是绝对不允许的。如果出现这种情况可以向我们举报。欢迎公众和媒体加强这方面的监督。

南方都市报记者：关于水污染防治区域协调问题，目前执行情况怎么样，下一步将采取什么措施？

张波：我们积极推动水污染防治区域协调机制，比如说京津冀、长三角、珠三角、长江经济带等区域已建立了相关协作机制。成立协作机制主要是提供一个平台，解决一些跨行政辖区的水污染防治问题。目前任务还比较艰巨，关键是要把条块的角色科学定位清楚，责任明晰，同时协调督办还要权威、高效，怎么样达到这样一种要求，我们正在努力，各地也很努力，我想一定会不断地取得新的积极进展，我们也会把有关情况及时通报大家。

法制日报记者：现在大气污染形势严峻，有一种观点认为水污染形势也很严峻，您怎么看？2006年左右，环境保护部曾经搞过一次大江大河化工企业的调查，现在是什么情况？《水污染防治法》修改到了什么程度？

张波：你刚才问了一个我也很关心的问题，大家都关心大气污染防治，别把水污染防治给忘了。从世界各国，尤其是一些发达国家的经历来看，流域污染治理更难，所以对水污染防治应高度重视，党中央、国务院一直对水污染防治高度重视，《水十条》就是重要措施之一。

关于大江大河沿岸化工企业布局问题，其背后首先是个理念问题，一定要牢固树立流域环境承载力的理念，要把思想统一到“共抓大保护、不搞大开发”“山水林田湖是一个生命共同体”等习近平总书记的重要讲话精神上来。现在一些地方之所以出现企业布局乱、生态破坏比较严重等问题，根子上还是没有真正确立起环境承载力的概念。流域环境承载力不同，有的地方特别敏感，比如说江边河边、重要河湖湿地等都是有很高生态价值的区域，这都是各地区的宝贝，应该划定红线保护起来。如果没有这样的认识，就会觉得湿地不就是一些水草吗，填掉以后造出地来搞工业区、城市建成区，还可以多卖钱呢。所以理念是第一位的，我们一定要把理念统一到习近平总书记的重要讲话精神上来，统一到党中央、国务院关于生态文明建设的要求上来。

其次，划定和严守生态红线。各地要按照有关规定，把高生态价值区域、非常敏感的地方划定红线，依法打击生态破坏行为。围湖造地、屯垦活动是现在中央环保督察的重点之一。另外，部分江河上游一些地方一味迎合高耗水需求，建了太多的水库和水电设施，下游的生态流量难以保障，一些重要河湖生态水位都没有办法保障，比如京津冀去年汛期做了一个调查，有卫星影像的333条河流中227条是断流的，不是老天爷不下雨，而是下了雨后被层层截留了。各地丰水也好，缺水也好，一定要确保一定比例的水资源用于生态保护需求，也就是保障生态流量，只有这样，河湖湿地的水生动植物才能够生存，才能保证环境自净能力维持在一定水平。如果不注意这些方面，肆意的破坏流域生态环境，环境承载力就会持续下降。蓝藻水华等这些问题都是大自然对人类的报复，所以划定和严守生态红线是非常重要的。

下一步，我们在制定规划时会重点考虑这些方面，再就是会把执法方面作为重点，对水生态破坏的问题追究责任。谢谢大家。

《水污染防治法》已经全国人大一审了，全国人大6月还要进行二审，这个期间也是进一步融合各方面意见，进行完善的一个阶段。

凤凰网记者：我想问一下关于农村污水治理的问题，城市管网包括污水处理还是比较完备的，农村有一个普遍问题，就是污水怎么排的问题，整体的污染还是比较严重的，这方面有什么样的措施？南水北调过程中怎么样防治水污染？

张波：这还是两个问题。一个是农村的污水处理一定要防止“一刀切”，不要简单地把工业、城市的污染治理模式搬到农村去。实际上农村更多的还是要因地制宜，分类指导，有一些农村已经变成小镇了，比较发达，甚至就在城中村，就在城市旁边，可以采用城市污水集中处理一样的模式来做。有一些人口比较多，甚至乡村旅游还比较发达，也可以考虑用这一类模式来进行治理。还有一些交通也不方便，人也不多，都出去打工了，这类村庄一定要因地制宜，分类指导。农村污水中的人粪尿是很好的有机物，如果把这些剥离开来，剩下的污水一般很难形成径流，如果形成径流我们用人工湿地的办法也可以解决。我最近在湖北的梁子湖调研，看到当地一个很好的经验，村子里 1 000 多平方米的塘子，地方叫“当家塘”，里面种了很多水草，密度比较大。老百姓在塘里洗洗涮涮，不断有污染物进去，也没有特别的治理措施，但是因为有那么多水生植物在里面，所以它的自净能力很强，我目测透明度应该在 1.5 米左右。把农村人粪尿分开来，单纯处理其他方面的废水，可以用这样很简单的方式来进行处理。总之，农村的环境保护工作一定要坚持因地制宜，分类指导。

南水北调调水都是专用的渠道，两边又有防护区。你说的问题可能还是出现在源头，比如说丹江口水库面源污染怎么防治，当地一些行业怎么样进行规范，这也跟其他的河湖一样，防治面源污染，城镇污染，这方面有一个有益的经验，叫环水有机农业，效果还是不错的。基层有一些好的经验我们要注意总结，谢谢。

光明日报记者：关于污水治理，城镇和农村的重点和难点有所不同，您觉得重点和难点分别是什么，是否能够做到平衡呢？

张波：无论城市和农村，水污染防治问题核心还是要在“用”字上做文章，如果不在循环利用上做文章，仅仅在末端治理上下功夫，往往是事倍功半。年龄大一点的同志可能有印象，过去城市都是有挖大粪的，那时候城市粪尿要送到农村去使用，现在进了污水管网、污水处理厂，处理完后再排放；污泥养分比较多，但是担心有重金属，多数不能进入农田，实际上是把人的废弃物、农业利用之间的循环链条打断了。水也是这样的，处理过的水透明度比较高，完全可用于绿化。但是由于污水处理厂比较大，几十万甚至上百万吨的日处理能力，水处理之后回用比较困难。污水处理厂建设还是要适度分散一点，要考虑再生水的循环利用，如果把这项工作做好了，也许就不需要那么多的远距离调水，不需要上那么多工程。

做好这项工作，水的综合价格一定要提高到适当位置。一些地方担心会不会影响低收入老百姓的生活，只要采取适当措施是不会的。低收入百姓用水量都不是太多，在一定的规模以内，水价可以保持稳定。关键是对高耗水行业，一定要把水价涨到相应程度，用价格遏制高耗水行业发展，激发再生水循环利用市场，保障生态流量落到实处。

城市水污染防治涉及方方面面，只要方向正确了，一步一步往前推，前途一定是宽广的。

刘友宾：今天的发布会到此结束，谢谢大家！

环境保护部
4月例行新闻发布会实录

（2017年4月21日）

4月21日上午，环境保护部举行4月例行新闻发布会，介绍2016年全年和2017年第一季度全国环境监管执法情况。环境保护部环境监察局田为勇局长参加发布会，介绍有关情况并回答记者提问。本场新闻发布会首次邀请路透社、美国有线电视新闻网等外媒参会。

环境保护部 4 月例行新闻发布会现场（1）

环境保护部 4 月例行新闻发布会现场（2）

主持人刘友宾：新闻界的朋友们，大家上午好！

欢迎大家参加环境保护部4月例行新闻发布会。2014年4月，全国人大常委会审议通过了新修订的《环境保护法》，这是依法治国的重要组成部分，是加强环境保护推进生态文明建设的重大举措。《环境保护法》于2015年1月1日实施以来，得到社会各界的广泛关注和期待。今天的发布会我们邀请到环境保护部环境监察局田为勇局长为大家介绍《环境保护法》的执行情况，特别是2016年和2017年一季度全国环境监管执法情况，并回答大家关心的问题。

下面先请田为勇局长介绍有关情况。

田为勇：各位媒体朋友们，大家上午好！感谢大家长期以来对我国环保事业的关心和支持，特别是对环境执法工作的关心和支持。按照今天发布会的主题，重点介绍2016年《环境保护法》实施情况和2017年第一季度《环境保护法》实施情况。

在这之前我想简单地向大家介绍一下我们环境监管执法到底做了什么事。

在环境保护部，我们叫环境监察局，在地方称为环境监察局或总队、支队、大队。这支队伍是受各级环保部门委托，专门从事现场执法的一支队伍，包括开展现场执法、监察、稽查、区域纠纷调处，还包括收费征收等。最核心的内容还是现场执法，也就是包括现场检查、行政强制、行政处罚等。

在部党组的坚强领导下，在部长的亲自指挥下，近年来环境执法监察工作应该说取得了明显进展。可用四句话概括这几年来在环境执法方面

环境保护部环境监察局田为勇局长

所取得的成绩。

第一，执法力度不断加大。

第二，执法手段不断丰富。

第三，执法方式不断创新。

第四，执法能力不断提升。

具体包括几个方面：

第一，执法力度不断加大。从案件数量到罚款金额，2016 年创造了历史新高。2016 年全年处罚决定书下达了 12.47 万份，处罚金额是 66.33 亿元，比 2015 年有了明显的提升，案件数量增加了 28%，罚款数增加了 56%。

2015年实施的《环境保护法》，特别是新赋予的几项手段，包括按日计罚、停产、限产、移送拘留等这些案件数量也是明显的加大。

第二，执法手段不断创新。过去比较多的是运用了行政手段。2015年以后，《环境保护法》赋予了几种新手段，都在不断应用。强化运用约谈、挂牌督办、区域限批等行政手段。在这几年中广泛使用。这是行政手段。

这几年我们也不断扩大，通过刑事和民事的手段保护环境。2013年“两高”（最高人民法院、最高人民检察院）司法解释和2016年新的“两高”司法解释，得到广泛运用，在打击各种违法犯罪取得了很大成绩。另外，我们鼓励公众参与和公益诉讼，对不法企业通过公益诉讼的方式提出赔偿，促进企业更有效守法。

第三，执法方式不断创新。这几年，我们用了很多现代化执法手段，用在线远程监控，相当于我们对污染企业24小时不间断监控，有什么情况随时传到我们环保部门。最近我们在大气污染治理方面，前段时间大家也关注了，我们搞了14个热点网格。过去执法，面积这么大，执法对象在什么地方，“敌人”藏在什么地方不知道。通过热点网格，我们把排放量最大的地方找出来，用卫星反演技术，把整个京津冀按照3km × 3km一个网格进行划分，共划了36 000多个网格。在这个网格里面，我们按照排放量由高到低排序。挑出来2 970个网格，大概占了整个排污量的80%。这就是我们监管重点，我们重点查处对象就是在这个范围内。还用一些信息化手段在执法过程中留痕，留记录。

第四，执法能力不断提高。通过三年轮训实行执法人员培训“全覆盖”。通过大练兵，不断强化规范执法行为，另外，去年“两办”（中共中央办公厅、国务院办公厅）印发垂改意见，在执法地位、车辆保障、着装等方面提供了非常坚实的保障。这些方面对整个推动我们执法工作非常有好处。

欢迎大家有什么问题可以提问。

刘友宾：下面欢迎各位记者朋友提问。

中央人民广播电台记者：正在进行的京津冀“2+26”个城市大督查是历史上最大的一次，我想问一下目前推进情况怎么样？督查出来的问题主要有哪些？如何保证这些问题得到有效解决？

田为勇：你刚才提的问题就是我们最近正在开展的一项大的行动，就是对京津冀“2+26”个城市进行为期一年的大督查。这个督查在2月曾经搞过一个月，从这个行动来看，对保证空气质量确实起到了一定效果。通过不断强化督查，能够实现我们既定的一些目标。在今年的政府工作报告中李克强总理提出要坚决打好蓝天保卫战，实施重点行业污染专项整治，要对所有的重点工业污染源实现24小时的在线监控，确保监控质量，到期不达标的企业要坚决依法关停，这是两会期间李克强总理向全国人民做的一个郑重承诺。

如何做好这项工作，环境保护部党组做出了重大决策，开展为期一年的蓝天保卫战，所以这次大督查核心就是蓝天保卫战。

这次大督查从4月5日开始，受陈部长的委托，翟青副部长做了一次全国动员。从全国抽调了5 600人，开展25个轮次督查，每次督查安排是，28个城市，每个城市8个人。每轮次的衔接工作非常重要，第一组两个星期，第二组两个星期，如果说两个组都不衔接，第一组检查的，第二组不知道。所以采取了压茬式的方式，就是把第一组的工作和第二组有效地衔接起来，然后第二组的工作和第三组的工作也是要有效地衔接起来。

今天是 21 日，正好是这次大督察正式启动的两个星期，从 7 日到现在是两个星期。从 21 日到 28 日是交接周，是第一组和第二组的交接。要把很多的内容都交代清楚，前面查了哪些内容，发现了哪些问题，已经交给地方办了哪些事情，地方都是怎么办的，要全面交接给第二组。第二组是在第一组基础上做，而不是从头做。

第三组将来和第二组也是这种方式交接，留一半人员，到 28 日以后，第一组的人完全撤退，28 日以后就是第二组的人在这儿，按这种方式，全年开展 25 轮次的督查。

截至昨天晚上 24 点，28 个督查组共检查了各类企业是 4 077 家，发现各类环境问题 2 808 家，占了整个检查总数的 69%。按照预定目标，4 月重点是要检查各类的“散乱污”企业，这次检查发现了 763 个有问题的企业，占到了整个总数的 27%。其他还有包括没有安装污染设施和设施不正常的 512 家，占了 18.2%。还有超标排放的 15 家，自动监控设备弄虚作假的 8 家，还有防扬尘一些措施没有落实或不完善的 687 个，还有其他一些问题。这就是我们这次督查第一个轮次两个星期大家发现的重点问题，这些问题现在都已经交给地方办理。这次我们实行挂账，每个城市是拉清单的，每个问题到期完不成我们是要追究责任的。地方一定要到期完成这些问题，实行销账制度，把这些工作做得更加扎实。

中央电视台记者：我们了解到近日在华北等地发现了多处污水渗坑，有一些渗坑在多年前就开始治理了，但是治理效果不明显，到底是什么原因造成了这些渗坑的存在，危害究竟有多大？环境保护部有没有做过相关调查，类似于这样的渗坑目前还有多少？为什么经过这么多年的治理效果不明显？接下来还有哪些具体措施来解决这些问题？谢谢。

田为勇：你问了一个最近大家比较关注的问题。这个事情环境保护部19日早上得到的消息，我们立即组成工作组赶赴现场进行调查。应该说媒体反映的事实还是存在的，所以我们也在第一时间向媒体做了公开。应该说我们首先要感谢媒体监督，有了你们的监督，我们很多的问题能够及时发现、及时处理。

天津和河北这两起渗坑事件，现在正在全面调查之中，但是至少涉及两个方面的违法行为。第一，用渗坑渗井等逃避监管的方式排污。不管渗坑怎么形成的，历经多少年形成的，都是在非法排放污染物。第二，非法倾倒排放危险废物，从立法来看，比如说渗坑、渗井的问题，早在2008年《水污染防治法》修订的时候就已经列进去了，就是说那个时候对此类违法行为在法律上就已经有明确规定了。到了2013年，“两高”（最高人民法院、最高人民检察院）司法解释把它作为入刑的一种，这样是要判刑的。2015年《环境保护法》实施以后，更多手段可以用了。《环境保护法》的五种新武器都可以适用这种问题，就说明这种问题已经相当严重，必须要采取更加严厉的措施。这种行为从国家来说是要严厉打击的。

这件事出了以后，环境保护部高度重视。首先，环境保护部正在组织全国详查，结果将来会向大家公布。其次，在此表个态，环境保护部对此类问题是发现一起严肃处理一起，绝不姑息。第三，我们欢迎广大媒体和公众对这类问题进行举报。像这种问题有些是在很偏僻的地方。我们有“12369”微信举报，这个微信举报关注量是24万人，希望大家呼吁呼吁，通过我们微信举报，大家更多来投诉、来关心、来支持环保工作，使违法犯罪的行为无处可藏。谢谢大家。

路透社记者：您好，最初对于渗坑问题的反映，应该是来自重庆一个非政府组织的研究和报告。我们注意到，在媒体报道之后，当地环保局采取了非常快速的响应措施，这是非常值得肯定的。在以往的经验中，地方政府在进行环保督查和执法监管过程中，有时也会遇到阻挠，所以我想了解一下，在这一过程当中，各级政府如何看待和发挥非政府组织的作用？

田为勇：我们非常欢迎各种各类NGO、公众、媒体对环境问题的监督，鼓励大家可以向社会公众发布，也可以向各级环保部门举报、投诉这类问题。这是从环境保护部来说的，首先是这个态度。

第二，我们也更多地希望NGO能够支持和关心一些环境问题的解决。刚才前面介绍过，我们在推动企业守法方面，我们更多地希望利用NGO的力量来监督，另外一个方面的监督，就是公益诉讼，帮助推动企业守法。在政府和NGO、媒体大家共同的努力下，环保问题能够在今后的一段时间得到好的解决。

刘友宾：我再补充一点，NGO的有关工作在宣传教育司，环境保护部党组对这项工作高度重视。

一是前不久我们刚刚和民政部一起向全国环保系统和民政系统印发了《关于加强对环保社会组织引导发展和规范管理的指导意见》。这是我们第一次和民政部门一起就进一步做好环保社会组织工作、充分发挥社会组织在推进环保工作中的重要地位和作用发的文件。这个文件的核心目的就是要求各地环保部门和民政部门充分重视环保NGO的作用。

二是每年我们都要组织环保NGO培训，比如说前不久我们刚刚在广州组织了全国环保NGO的培训，环保NGO参加了我们的培训活动。

三是我们每年要进行一些小的资助，去年资助了几家，今年我们还将继续。

四是我们也将努力打造政府部门和NGO交流的平台，定期举办一些座谈、交流。今年前不久专门邀请了北京地区有代表性的十几家NGO座谈。这次渗坑问题最早也是环保社会组织发现的，我们有关部门迅速采取措施，迅速回应。

财新传媒记者：4月4日，环境保护部陈吉宁部长带队对燕山石化实地调研时发现企业没有有效治理VOCs，请问这家企业VOCs设备存在哪些具体的问题？是否在石化企业普遍存在？监督检查VOCs的过程中会遇到什么难点呢？该如何解决？

田为勇：陈部长在前一段时间对燕山石化进行实地调研的时候，确实发现了燕山石化未能有效治理VOCs的一些问题。其中包括橡胶车间配套的三套水洗除浆等存在工艺设计缺陷，VOCs重新进入系统回收利用并没有得到有效消除，再一次挥发造成了二次污染。目前对这套系统在中石化的干预和组织下，已经进行了改造，问题也得到了较好解决。

应该说VOCs的治理问题一直以来都是石化行业的一个比较突出的问题，此次燕山石化暴露了整个问题的一个方面。主要有几个比较困难的事，一个就是VOCs的监管相对工作量比较大，像燕山石化各种漏点加起来，我上次调研过一次，涉及80多万个可能存在的地方，要一个一个去鉴别，一个一个地去甄别，这是很困难的。

VOCs也涉及行业问题，各种喷涂、包装印刷等很多东西都产生，甚至有一些农业源也会产生VOCs。对于这些问题，下一步部里将采取几个方面的措施。

第一，强化源头控制，限制各类企业VOCs排量，把这个事情做好，要进行整体管控。

第二，由点到面，就是从石化、有机化工、包装印刷等涉及VOCs排放量比较大的行业要先行管控，先行治理。

第三，突出重点，着重从设备的密封点、存储、装卸等关键部位开始管控。

第四，提高执法水平和执法效率。装备一些便捷式的执法仪器，强化管控。过去管靠闻，有的闻得出来，有的闻不出来，还是要靠仪器设备进行管控。

第五，加大信息公开，向社会公众公开，也鼓励大家积极地参与，形成监督和被监督的良性循环。

南方周末记者：我想问一下，咱们这次大气污染防治强化督查选调各地督查人员的标准，把外地人员抽调到京津冀，会不会导致其他地方的人手不足？您刚才提到了这两个星期查处了很多的企业，这次咱们大气污染防治督查是以查企业为主还是通过对企业环境污染违法行为的查处举一反三，最后督促政府落实环境污染治理的整体责任？

田为勇：这次是从全国抽调人员，更多的是京津冀自身的人员。这5 000多人当中有3 000多人是京津冀地区的执法人员。剩下的近2 000人是从京津冀之外的省份抽调的。人员大概是这么一个组成，第一个是省里面推荐的，推荐的人员都是有丰富的执法经验的，而且必须是支队长和副支队长，支队长是各个城市一级的管执法的领导，他们当组长来带队，进行检查。第二，我们要求各个组，派到哪个城市，要首先了解这个城市的工业特点、产业特点，就是你派的这个人擅长查造纸，让他去查钢铁可能不行，所以组织人员方面要有相匹配的专业知识，这样的话选出来的人到地方很快就能适应工作。

另外，很可能对地方有一个较大的带动作用。这次派出的浙江组、杭州组，大家过去做了很多的打假工作，这次打假工作主要是他们完成的。这就是在挑选队员，针对我们执法对象的范围，是精心挑选，这样出来的执法人员就更加有针对性。

第二个问题，这次大督查既有督政也有督企，是两者结合。这次大督查的内容，包括七项任务，第一项就是督促各级政府，特别是市县政府完成京津冀污染防治确定的各项任务，任务落实情况都是这次大督查重点要关注的问题。

这些任务完不成，他们也要负责任，最后是由各级政府来负责这项措施。这个任务有清单，都是要交给他们的，这项任务到底谁落实？是政府及政府的相关人员。

督企这一块大家也看到了，督查的力度很大。督查的重点是高架源在线监控情况，再有一个就是固定源污染设施运行情况和主要污染物达标排放情况，对大企业，要让它稳定地达标，这是我们今年要努力的一个重要方面。

还有就是“散乱污”企业，京津冀地区还有很多的“散乱污”企业，这次要求“2+26”城市自己排查，3 月底排查完，拿出来的清单是 56 000 家的小“散乱污”企业，这些企业到今年的 10 月要全部淘汰清理，一个一个地清理，最后都要淘汰掉。

冬季重污染天气不能生产的一些企业，在空气比较好的时候多生产一点，在污染比较重的时候不能生产，这个错峰生产的要求也在落实，但是一定是有计划的，一定是报备的。再有就是 VOCs 的治理等。

我们这次督查的任务既有督政又有督企，这两个是结合起来的。

新京报记者：刚才提到了京津冀这种“散乱污”的企业很多，督查人员毕竟有限，一年的督查结束以后，怎样保证“散乱污”企业复产情况不会发生？

田为勇：你问到了一个很关键的问题，就是督查的效果怎么巩固。这次我们在督查设计的时候，督查不代替地方监管责任，督查发现了问题交给地方，必须要挂账完成。有没有完成怎么看呢？我们后面有后续组，有交接的问题，后续组要看前面组交办的事情完成没有。

第二个方面，我们要不定期地派出若干个巡查组，我们说的督查组是 5 600 人，还有若干个巡查组，我跟大家透露一个消息，我们还抽调了十多个精兵强将，抽调了一批办案高手和办案能手，将来不定期地要下去进行巡查。既要对过去查到的问题落实情况进行督查，也要查还有没有新的问题。我们督查组干得怎么样，两个方面都要查。多角度、多方位地来促进，使问题能够有效地解决。

部长曾经提出，他也要带队去查一次。最后完不成，发现了有反弹，那就是你地方政府要有一个说法了。我们可以采取约谈、限批等措施，包括按照生态损害、责任追究办法、追究相关人的责任等，保证这些措施和这些问题得到解决。

中国日报记者：在强化督查情况通报中有很多企业违法行为以及企业拒不配合情况，这种问题怎么解决？怎样保证执法的有效性？或者是保证执法人员的安全？一些城市设立了环保警察，环保警察的责任是什么？环保部门和环保警察之间如何配合呢？谢谢。

田为勇：在督查当中，遇到过执法受阻等一系列问题。在这次大督查当中，我们有几类情况。一类是阻挠执法，大家看到了包括济南的、邢台的，把我们的人滞留了一个多小时。还有更多的是属于拒绝执法的行为，一看督查组来了，就把门关起来，怎么叫也不开，把生产也停了，这种情况也很多。

再有比较严重的，就是暴力抗法。这几类在处理的方式上是有所不同的，比如说拒绝执法，按照我们相关法律的规定，可以进行罚款。对于阻挠执法，我们可以联合公安部门进行行政拘留，5 ~ 10 天的拘留，治安管理法有专门的明确规定。暴力抗法性质更严重，要判刑，可以处三年以下的有期徒刑。

这些量刑的标准出来以后，将来就要实行，适用哪一种就按哪一种执行。公安部门有了很多的环保警察，有了公安的环保警察队伍的支持，我们的环保执法更加有效。

刚才我讲的很多手段包括刑法手段，这些都是我们要依靠公安的力量才能实现的，我们环保部门发现了会移送，交给公安部门进行立案，进一步查处，包括行政拘留、追究刑事责任等手段。通过公安强有力支持，保证了我们正常的环境执法能够走上一个更高的水平。

特别是去年，我们跟公安部，跟最高人民检察院共同出台了“两法”衔接的办法，就是我们行政执法和刑事司法怎么有效地衔接，该移送的就要移送，该接收的就要接收，这样可以保证很多的违法案件可以得到及时有效的处理。

北京青年报记者：去年9月中共中央办公厅和国务院办公厅印发了《关于省以下环保机构监测监察执法垂直管理制度改革试点工作的指导意见》（以下简称《意见》），目前这项改革进展如何？

田为勇：这是一个大的改革方案，包括环保机构监测监察执法等几大块内容的改革。这个《意见》是对我们执法工作非常强有力的支持，有几个方面的内容我介绍一下。

第一，明确了我们环境执法要纳入政府行政执法序列。这是过去多年我们环保部门努力想实现却没有实现的。中央文件明确了环境执法要纳入政府的序列。

第二，赋予环境执法现场检查、行政强制、行政处罚等权力。《意见》当中非常明确提出来了要赋予一定的权力，就是为了更好地支持执法工作。

第三，明确统一着装。这对我们环保部门来说是非常振奋人心的事，环保部门穿衣服是穿了脱、脱了穿，好几次了。大家提到的很多阻挠执法的问题，没有服装是一个非常大的问题。有了服装大家一看这是正规军，过去的执法还有一点游击队的感觉，还没有成气候，自己穿自己的衣服到企业去，人家当然不太重视。

《意见》当中还明确了要给予执法车辆的保障。环境执法对象点多面广，特别是中西部地区地域广，没有车辆很难做到及时赶赴现场，所以必须要在车辆上面予以保障。我们人员的资格管理、队伍的标准化等也是在这次意见当中有明确的规定。

按照中央的指导意见，我们在逐项地细化落实每一项工作，每一项工作都有具体的方案，在一步一步地落实。相信通过这个指导意见的落实，执法队伍能力建设会上一个新的台阶。

界面新闻记者：我们看到一些地方企业看到督查组来检查时，就运行环保设备，督查组离开以后重新排污。前一段时间部长去地方检查的时候，采取了不打招呼的策略，我们这一次强化督查会给地方打招呼吗？我们将如何彻底改变企业被迫式达标的现状？谢谢。

田为勇：怎么能够让企业守法成为常态，实际上是一直困扰我们环保执法的一个重要事情。企业违法或者是说不达标排放，确实普遍存在。数据显示，《环境保护法》实施的这两年，从过去拿一部分样本来做比较，拿一部分样本来做分析，全国重点排污单位都装了在线的监控设备。我有一张图，可以给大家看一下。这个图是从 2015 年的一季度开始，达标企业是 53.1%，到了今年的一季度，提高到 71%。从国控重点污染源来说，达标的水平是在稳步提升。

如果把超标 10% 的这一部分算进来，达标率就更高了。从 2015 年的一季度的 78% 提高到今年一季度的 90%。通过《环境保护法》这几年强有力的实施，前面讲了用司法、行政等多种手段促使企业守法成为常态，达标率在稳步的提升。

特别是京津冀地区，刚才你讲的也是大家最关注的，我们也做了一个统计，从去年的1月开始，到去年12月底，超标率在逐步下降，由年初的31%超标到年底的3.79%，也就是说达标率从69%提高到96%，京津冀的达标水平要比全国的高一些。这些数据来看，就是达标率在逐步提高。

尽可能地减少运行成本，有的企业选择逃避监管违法排污。我们也采取了很多措施。一个就是以前说的，对大的企业实施在线远程监控进行监管，对小的企业，要加大频次。大企业我们不一定天天去，因为有远程监控。如果没有在线的监控，我们加大抽查的频率，不断地去。为什么这次搞大督查，就是对这类企业反复地督查，让它没有机会喘息，这样就能持续地坚持下去，可能这种违法状态就会有一个好转。

人民日报记者：最近几天强化督查，包括以往的一些执法活动中，经常能够发现一些企业在污染物排放监测上造假，对这种情况有什么手段来解决和遏制？

田为勇：污染源造假问题我们一直非常关注的，特别是在线监控设备造假的问题，是我们重点要打击的。大家感觉到造假的比例高，我给大家说一个数。整个京津冀到昨天为止的检查有问题的2 808家企业当中，我们发现了有8家确认的是造假，占了整个违法企业的0.3%。从比例上来说，是比较小的。虽然比较小，有一个客观原因，就是打假这项工作难度比较大，这需要很强的专业知识和技术来做。

企业在线作假有三个环节。第一，采样环节。取样的时候没有取到正式的样品，或者是漏了，这一块是容易作假的。第二，分析环节。标定出现一些问题。第三，传输环节。在上传的时候，因为这是远程的，有的设置了一些高限，超过多少就不传了，而且造假手段在不断翻新。

下一步，首先还是鼓励大家安装在线监测设备。如果说我国的环境监管在世界上能够领先的，就是在线的技术。我们装了一万多家在线的国控的大的企业，有了这个东西，等于是在前方装了哨兵，我们能够及时发现问题。打假是另外一个环节。我们要开展专项打假行动，制定一些打假秘笈，专门搞了一个手册，把各种可能作假的情节、环节都列出来。通过数据的分析，能够初步判断是不是作假的行为。有很多控制手段，让假的难以实行。更多的要靠社会公众来监督。数据都要向社会公开。我们有些地方也开展了一些尝试。在水的方面要定时取样，保存下来。比如，这是3点钟取的样，在监控室看到了排放是多少，回头取回样本，在实验室做检验，看看一致不一致。这些都是要确保在线数据的稳定性。

中国新闻社记者：我们按季度公布的违法案件增速较高。比如说2016年国内案件同比增长93%，原因是什么？是企业存在侥幸心理，一直不安装环保设施，还是执法力度加大了？

田为勇：大家是不是关注了昨天中国政法大学对《环境保护法》的实施情况做了一个评估，这个评估是一个客观公正的反映。还有前两天人民大学对我们4个配套办法，就是我们相关的、具体的办法也做了一个评估。去年的时候，美国的摩根士丹利对《环境保护法》的实施也做过评估，他们也对外公布了。

大家对《环境保护法》实施的情况都非常关注。我专门在网上下载了政法大学昨天对《环境保护法》评估用的几句话。第一句话，地方党政领导对环保工作的重视程度空前。第二句话，环境监管执法力度明显加大。

第三句话，社会各界关注环保、参与环保的氛围明显地提升。这是3个主体的结论，还强调了一下《环境保护法》规定的各项制度和措施的执行的力度、遵守的程度、产生的影响超过了过去环保史上任何一个时期。

我从几个方面介绍一下为什么《环境保护法》可以得到这么一个评价？从我本身做这个工作的角度来说，我是这么想的。

第一，现在《环境保护法》适用更加深入。从2015年1月1日新的《环境保护法》正式实施，到今年，我们是连续开展了3年的《环境保护法》实施年活动。今年的《环境保护法》实施年是明确要求所有的县市区要全面适用《环境保护法》的具体措施、手段。去年是所有地市都有这四个方面、五个类型的案件适用，今年是所有的县、区都要有，这是《环境保护法》真正落到实处的保证。

第二，各类案件逐年在大幅度提升。五种类型的案件去年是22 730件，增长了93%。今年一季度给大家再报告一下，今年增长得更快，一季度跟去年同期相比增长了195%。查封扣押，去年是9 976件，增长了138%，停产限产，去年是5 673，增长了83%。移送拘留是4 041件，增长了94%，移送涉嫌犯罪是2 023件，增长了20%。这是各类的案件在提升。

第三，违法行为的反弹率，去年和前年基本上保持在一个低位。抓了它以后，下次它又违法了，再抓它，这就是反弹了。2016年是2.86%，2015年是2.57%。

第四，达标排放在稳步上升。刚才我给大家介绍了这两张图，从78%变成了90%，京津冀从69%增长到96%，都是达标率稳步的明显的提高。

环境质量与执法活动更加紧密地结合在一起，去年我们公布了五个环境质量不达标，质量又不降反升的城市，这些城市执法案件偏少等问题。这些问题都是我们要加大督查，促使这个地方各类的违法案件进行解决。通过这些措施，全面推动《环境保护法》的落实。

法制日报记者：人大法学院做的评估里面讲到了按日计罚执行率只有40%多，是否属实？行政拘留到底能发挥多大的作用？我看去年的行政拘留好像比2016年、2015年翻倍，这项措施是不是真正发挥了作用？另外，有的本应该拘留企业负责人，他派一个员工顶替，有没有这种情况？

田为勇：按日计罚，目前来说适用率在五个类型当中是最低的，这五个类型当中，刚才讲了去年是22 730件案件当中，1 017件是按日计罚的。各地在去年执行过程中，也对这个问题提出了意见，实际上谈到了我们制度设计上的缺陷。这个制度是从美国的法律中引进的，美国的制度设计是，现在去检查发现企业有违法或者是超标行为，往前追溯到上次检查，按这段时间都是违法计，除非你自己能够证明是守法的，是达标的。我们《环境保护法》中做了一些修改，在修改的时候，明确发现这种违法行为，首先要下达一个责令整改通知书。责令整改通知书以后再去检查，如果没有改正，再实施按日计罚。前几天陈部长答记者问的时候谈到了这个问题。所以在这个问题上，我们在制度设计上面存在着一个重大缺陷。这样就导致了我们在执行当中，适用性就比较差。

刚才我在讲五类案件的反弹率来看，按日计罚是最多的，按日计罚占到了多少呢？是占到了9.81%。按日计罚罚了以后，回过头来我还去检查又有问题，按日计罚。就说明这项制度的威慑作用不够。其中比较好的像行政拘留，反弹率是1.4%多，不到1.5%，抓了以后下次再抓的可能性只有不到1.5%，按日计罚下次再罚的近10%。这就反映出了我们在按日计罚的制度上还是有一些设计上的缺陷，将来我们再完善一下，在制度设计的时候我们再不断地改进。

行政拘留，按照规定要对直接责任人员和主管人员进行行政拘留。我没有具体的案例，你说的这种情况肯定会有，核心问题就是甄别。我知道你刚才提的意思，可能是幕后的老板指使他干了这个事，干了以后被拘了，被判刑了，回过头来老板说多给你一点钱，补偿补偿，就把责任给逃避掉了。这类问题肯定是有，但是我们没有抓到。现在的问题就是我们怎么能够抓到幕后指使人。没有任何证据证明幕后指使人是老板，从法律来说很难追溯到幕后人。实际上还是要从法律的角度完善这个事情，企业老板要承担连带责任还是相关责任，这是要明确的。

刚才你提到的这个问题，更多的是涉及公安部门要做的事情。因为涉及行政拘留和刑事犯罪的问题，这类问题要通过环保和公安联动解决，环保将来更多的是提供证据，为公安环保警察甄别、判断谁指使的提供更多的依据。

中国青年报记者：“散乱污”企业大概有56 000家，强化督查这么多的精锐力量来对付这些“散乱污”企业值不值？我记得之前也公布过一些信息，像北京市会把一些像服装店等都纳入进来，您能不能具体讲一下这些“散乱污”的贡献率是多少？我们怎么考虑的？按要求10月不达标的都要关了，还要费这么大的力气吗？谢谢。

田为勇：京津冀“散乱污”的数据报上来，我们看到了也吓一跳。报上来的数据是56 000多家，这次督查又发现了700多家。这说明了一个什么问题呢？我们大家在“散乱污”标准的设定上，看法是不一样的。我们把单子拿来，一些地方是虚报的数，不知道是什么目的，到现场一看发现企业根本就不存在，或者是几年前就已经关闭了。还有一类就是把那些小服装店、小超市也都纳到“散乱污”里面来了，大家掌握尺度上确实不一样。

核心是把“散乱污”的名单准确地确定下来，主体还是各地政府，明确应该取缔关闭的或者是根本达不到标准的有哪些。10月的时候，列入单子，取缔不到位，那就是你的责任；没列入单子的，如果说后来发现仍然是达不到要求，也要追究责任。不是说你列的单子完成就可以了，尽量少列单子，这是不行的。还有的为了虚报，说我的成绩很大，报一些根本就不存在的，这也不行。两个方面，我们都要严肃查处，要保证最后“散乱污”企业在今年取得决定性的进展。这是解决京津冀大气污染或者是说解决这次蓝天保卫战的一个重要手段、重要环节，为下一步整治和取缔工作奠定基础。

刘友宾：今天的发布会到此结束，谢谢大家！

环境保护部
5 月例行新闻发布会实录

（2017 年 5 月 23 日）

5 月 23 日上午，环境保护部举行 5 月例行新闻发布会，介绍《国家环境保护标准“十三五”发展规划》情况。环境保护部科技标准司邹首民司长、中国环境科学研究院环境标准研究所武雪芳所长参加发布会，介绍有关情况并回答记者提问。

环境保护部 5 月例行新闻发布会现场（1）

环境保护部 5 月例行新闻发布会现场（2）

主持人刘友宾：新闻界的朋友们，大家上午好！欢迎大家参加环境保护部 5 月例行新闻发布会。

环境标准是国家环境保护法规的重要组成部分，是制定环境保护规划、计划，以及环境保护主管部门依法行政的重要依据，对改善环境质量、减少污染物排放、推动环境保护科技进步和维护人民群众身体健康具有重要意义。

今天的新闻发布会，我们邀请到环境保护部科技标准司邹首民司长、中国环境科学研究院环境标准研究所武雪芳所长，向大家介绍我国环境标准的有关情况，特别是《国家环境保护标准“十三五”发展规划》情况，并回答大家关心的问题。

邹首民：新闻界的朋友们，大家上午好！环保标准是改善环境质量、减少污染物排放和防范环境风险的重要抓手，是环境管理和监督执法的重要依据，是维护人民群众身体健康的重要保障。截至目前，我国累计发布国家环保标准 2 038 项，其中现行标准 1 753 项，依法备案的现行强制性地方环保标准达到 167 项。两级五类的环保标准体系已经形成，分别为国家级和地方级标准，类别包括环境质量标准、污染物排放（控制）标准、环境监测类标准、环境管理规范类标准和环境基础类标准。

长期以来，社会上对于环保标准的宽严问题，控制污染物项目的多少问题十分关注。我国现行国家环境质量标准 16 项，已经覆盖了空气、水、土壤、声与振动、核与辐射等主要环境要素；现行国家污染物排放（控制）标准 163 项，其中大气污染物排放标准 75 项，控制项目达到 120 项；水污染物排放标准 64 项，控制项目达到 158 项。总体而言，我国大气、

环境保护部科技标准司邹首民司长

水污染物排放标准中控制的污染物项目数量和严格程度与主要发达国家和地区相当。

下面我非常愿意回答记者朋友们所关心的问题，谢谢。

刘友宾：下面请大家提问。

南方都市报记者：据国家环境保护标准“十三五”发展规划，2017 年年底前发布农用地、建设用地土壤环境质量标准。请问这两个标准和现行标准会有什么区别？如何体现“分类管理”的要求？

邹首民：我国现行的《土壤环境质量标准》是 1995 年发布的，当时主要目的是防止土壤污染，保护生态环境，保障农林生产，保护人体健康。因为标准发布比较早，没有对建设用地环境质量标准进行规定。近年来，我们陆续发布了一些场地的调查、监测、评估、修复的系列技术规范，为污染场地的治理和修复提供一些技术支撑。

但是由于标准发布的时间比较长，《土壤环境质量标准》还存在着适用范围小、污染物项目少、部分指标定值欠合理等问题，为此，我们从三年前加速了《土壤环境质量标准》的修订，一个重要变化是对现行标准进行结构性调整，分成《农用地土壤环境质量标准》和《建设用地土壤污染风险筛选指导值》两个标准，分别适用于农用地和建设用地土壤环境质量管理。从 2015 年以来，已陆续向社会征求了三次意见，目前还在进一步完善中。

这个标准与原有标准的最大区别是针对土壤污染的特点，基于土壤环境风险管理理念制定，体现土壤环境管理思路的转变。在体现分类管理的要求方面，一是体现在修订标准根据土地类型分农用地和建设用地分别制定；二是体现在对土壤污染程度的分类管理方面，针对污染物超标的程度以及土地的用途，可采取修复、改变土地使用用途、种植不同作物等措施。如不适合种蔬菜可以种一些粮食作物，粮食作物不适合的，可以种一些果树；对于建设用地，不适于居住的，用于工业，工业不行的用于公园，根据不同的污染来源，控制它的暴露途径，减少对人群的健康危害。《土壤环境质量标准》跟水和气的环境质量标准是不一样的，用途的管制可以发挥很大的防护作用，修复仅是一方面工作。我们希望今年年底能把这两个标准按计划出台。

英国金融时报记者：您好，美国退出巴黎协定会不会影响中国未来环保计划，中国会不会采取一些不一样的措施？关于在中国西北区域我们见到很多煤炭产业出现，比如说煤化工产业，还有煤电产业，环境保护部如何看待这个现象？

邹首民：这个问题超出了我的专业，我也了解到美国有可能退出巴黎协定。但是如果大家关心这项工作，我尝试简单回答一下。中国将坚定不移走自己的发展道路，对于巴黎协定的执行言必信、行必果，对于签署的巴黎协定的义务和要求，按照共同但有区别的原则，中国将会一如既往地落实我们的承诺。因为巴黎协定属于气候变化工作，主管部门是发改委，具体情况可以向发改委了解。

第二个关于煤化工和煤电产业发展，环境保护部正在制定《煤化学工业污染物排放标准》，已经发布的《火电厂大气污染物排放标准》是世界上最严格的排放标准，目前一些电力集团还在进行超低排放改造。具体到产业布局，根据社会的发展情况，以及当地的环境状况，我们会开展环境影响评价，如果符合国家产业发展政策，符合项目布局要求，在哪建工厂是企业的自主行为。作为环保部门需要利用标准，严格执法，监督企业排放满足国家环境要求。

界面新闻记者：有媒体报道称，环境保护部正在开展雾霾成因及治理的大项目，目前环境保护部是否方便透露相关的结论？有业内人士认为，湿法脱硫脱硝技术对雾霾产生了一定负面影响。环境保护部是否认同这个观点？目前，我国干法、湿法脱硫脱硝技术分别占到多大比例，湿法脱硫脱硝技术对雾霾的贡献有多大？

邹首民：大家都非常关心雾霾的问题，并且李克强总理在今年两会期间也曾表示，希望加大科技攻关。总的来说，“十二五”以来在国家各类科技计划，包括环境保护部的一些科研计划支持下，对雾霾的成因做了大量的前期研究，也形成一些对重污染天气，特别是秋冬季重污染天气成因的基本认识：高强度污染物排放是内因，不利气象条件是外因，二次化学转化增强是动力，这个是目前在科学界基本达成的共识。

但是为什么现在新闻媒体、老百姓对整个雾霾成因还有一些不清楚的地方呢？就是现在没有达成一致的科学共识，雾霾成因的一些机理详细研究没有达到一定深度，所以李克强总理要求环境保护部会同相关部门召集中国优秀的科研团队进行集中攻关，主要解决三方面的问题：一是到底重污染机理成因是什么，基本能达成一个全社会的共识；二是详细研究重污染天气污染物排放的清单，以及相应的管控技术；三是要求有关部门研究在重污染形成过程中，居民的健康防护问题，给老百姓作一些科学的解答。

目前环境保护部正会同科技部、中科院、农业、气象、卫生、高校等有关部门和单位组织编制实施方案，开展前期研究，我估计到明年两会期间，会有一个初步的结论和说法。但是大家也知道，雾霾或者重污染天气不是一时形成的，想了解它的原因和解决办法还有很长的路要走。

第二个问题，关于湿法脱硫造成雾霾加剧，目前这方面的研究较少，科学界尚没有形成共识，现在还没有最终的结论，谢谢。

澎湃新闻记者：环境标准是国家法律标准的一项重要组成部分，在环境保护部的一些执法过程中，包括前段时间中央环保督察接到群众举报情况来看，存在这样的问题，比如说群众去举报某家企业扰民，但是环保部门检查的时候，发现各项指标是达标的，这个问题较为普遍性，包括在水的问题上，去年江西发生水污染事件，日常水质检测中各项指标却是达标的，无法检测到特定污染物，您怎么看待这个问题？第二个问题想问一下刚才材料中提到在“十三五”我们国家环境标准将要与排污许可证等新的制度相协同，进行调整，请您详细介绍一下接下来我们环境标准如何跟这些新制度相配套相协调。

邹首民：污染物排放标准是衡量一个企业是否达到标准的一把尺子，也是我们俗话说的超标即违法。目前环保法律已经明确规定，任何排污单位必须遵循相关的法律法规和标准要求。你所说的这种情况，一般是我们的执法部门去检查的时候，企业有可能是达标的，但是老百姓说对他有影响，认为企业超标，这要两方面看。一是企业在正常的生产过程中，它的污染物排放，有可能存在一定的波动，我们环保执法部门执法时达标不能证明它始终达标。也有一些企业故意隐瞒，在知道执法人员去的时候，把自己的生产和治污调整得非常好，这种情况下，暂时麻痹了执法人员。针对这种情况，我们采取了不同的手段，包括利用卫星遥感，无人机，和一些重点企业安装自动监控设备，目的就是避免恶意的违法超标。同时我们还有热线电话“12369”，希望老百姓举报，及时举报的情况下，执法人员可以及时到达现场，就是我们所谓的抓现行。

此外，影响人体健康的一些特征污染物，限于地方环境监测能力和执法人员监测能力，有可能在执法过程中没有发现。目前，我们已经要求对污染物标准进行全指标监测分析，但是这有一个过程，因为地方的监测能力是不足的。

第二个问题，排污许可证是固定污染源排放的唯一合法证件，是一项基本制度。在许可证的发放过程中，对各个企业排放的一些状况以及企业应该遵守的要求有明确的规定。为实现标准与排污许可证相关衔接，第一，排污许可证这项新的管理制度，一些标准需要补全的，我们尽可能补全。第二，对于排污许可证本身的一些技术管理规定，需要制定标准的，我们尽快制定，保证未来标准和许可证的无缝衔接。

路透社记者：为了确保“十三五”环境标准可以实现，在今后五年有多少资金的投入？《大气十条》的实施，将要达到它的目标时间，针对接下来的4～5年，中国政府是否有计划制定和实施一个相似的方案？中国政府是否有信心真正做到所有污染物的达标排放，在这方面下一步的规划和进一步的投入计划是什么？

邹首民：“十三五”期间环境标准本身制定的投入，我们大致有一个需求，一年3 000万～5 000万左右，因为制定标准需要一定的经费，具体满足所有的标准，总共全社会需要多少投入这个很难计算出来。我们力争在“十三五”期间出台800项左右标准，具体规划里面有，主要是补齐标准不足的短板，同时对一些标准评估之后进行修订，一般情况下对实行五年以上的污染物排放标准进行修订。其中“十三五”重点是一些大气污染物排放标准加严，支持空气质量的改善。

第二个问题，今年是《大气十条》最后一年，有关部门对《大气十条》实施情况正在进行评估，评估之后会有一个结论。是否再做一个《大气十条》滚动计划，大家不用担心，国务院已经批复了“十三五”生态环境保护规划，里面对到2020年的大气目标和主要任务也有涉及，不会出现断档。

第三个问题，环境保护部出台了《关于实施工业污染源全面达标排

中国环境科学研究院环境标准研究所武雪芳所长

放计划的通知》，利用五年时间，到2020年年底，各类工业污染源持续保持达标排放。这里面有一个过程，大家知道企业的技术改造、排放标准的变化、企业的投入情况正在发生积极变化。现在大家可以看到，恶意违法超标排放的企业正在减少，为2020年实现污染物的全面达标排放奠定了基础。

光明日报记者：“十三五”期间土壤环境质量标准制定进展如何，在制定过程中，面临什么样的困难？

武雪芳：刚才邹司长其实已经回答了一点，咱们国家现行的土壤质量标准是1995年发布的，之后为了配合国内亟须对污染地块的环境管理，配套出台了有关场地的系列标准。因为土壤质量标准制定年限比较早，标龄比较长，1995年到现在，环境保护部在几年前就启动了土壤环境质量标准修订，召开了20多次工作会议和研讨会，讨论土壤标准体系的设置，将来怎么使用。到目前为止形成了两个标准：一个是农用地土壤质量标准，另一个是建设用地的土壤质量标准。

目前为止已经进行过三次征求意见，这个难度也是比较大的。现在正在紧锣密鼓进行完善。按照“十三五”规划要求，我们今年要发布实施。具体难点的话，就是土壤的污染跟水和气不一样，它可能要采取风险管理的理念来制定这个标准。

中央电视台记者：政府工作报告提出，今年力争对北方地区完成300万户“煤改电”和“煤改气”的工作。请问，这项工作完成的进度如何？未来在雄安新区建设上，环保标准和现行标准有没有区别？

邹首民：第一个问题大气司回答更合适。据我了解，各地正在紧锣密鼓地落实，因为这有一个详细的责任分解表，到2017年会考核的，包括北京应该改多少，河北应该改多少，天津改多少，我相信各级地方政府对大气污染防治、冬季重污染天气防治非常重视，大家看新闻媒体经常报道，对一些管理不严的有关政府进行约谈，所以这项目标我认为完成的问题不是特别大，具体现在进度如何可以采访大气司。

第二个问题，建设雄安新区是中央的重大发展战略，也是未来十年的重大部署。将来雄安新区是否应该执行更加严格的标准，目前还没有相关安排。需要指出的是，保定本身就是一个大气重污染区域，目前需要执行大气污染物特别排放限值。水污染防治方面，为了保护白洋淀，河北做了很大的努力，执行水污染排放标准也是比较严的，目前还没有针对这个区域制订标准的计划。

法制日报记者：我们出台了那么多国标，现今标准执行怎么样。还想问一下国标和控制标准有什么区别，我们这个标准能不能适应现在的管理需求，有没有空白？

邹首民：关于标准执行，从前年开始，我们对重点污染物排放标准进行评估，特别是标龄比较长的，五年以上的我们已经完成了造纸、火电等十个行业的标准评估。总体来说执行情况尚可，管理部门执行标准较好，都可以严格按照标准执行，进行现场执法检查、环评、管理。企业执行标准过程中，有个别企业有困难，有反映标准太严，标准实行过程中存在一些问题，但是这需要一个过程。标准在制定过程中已经考虑了人体健康和技术改造，不可能标准出来所有企业都能轻轻松松达到，必须付出一些代价。

关于达标的情况，企业达标比例在提高，具体环监局有相关数据，我不详细说了。总体来说，标准的宽严程度和污染物覆盖项目是符合国情的，也是符合发展阶段的，企业经过努力是可以实现达标排放的。

关于国标和控制标准的区别，实际上对于多数行业，我们制定的是污染物排放标准，但是对于固体废物处理，由于标准中除了限值要求，还有许多技术和运行要求，我们将其命名为污染物控制标准，如《生活垃圾焚烧污染控制标准》，其本质含义基本是一样的。

关于标准是否存在空白，的确存在一定的空白。一是随着科学技术的进步，老百姓的期望在提高，有些新出现的污染物需要我们来控制，有些标准是不能适应现在的管理需求，存在一些管理空白。二是有些标准执行一段时间后不能满足现在质量改善的需要，需要加严。三是随着技术进步的发展，有些标准针对性不强了，需要定期修订。我们力争在“十三五”把相应的重点标准补齐，特别是一些配套的监测方法标准。

健康报记者：去年召开了全国卫生与健康大会，提出健康中国战略目标，我想请问我们这次“十三五”发布的环保标准里面，有哪些是和百姓健康直接相关的？

武雪芳：《环境保护法》第一条里已经提出，国家环境保护目标是改善环境，防治污染，保护公众健康。我们在定标准的时候，出发点就是保护公众健康，这是非常重要的考虑之一。我们在制定环境质量标准的时候，包括大气环境质量标准，地表水质量标准，刚才提到的土壤质量标准等，制定依据之一是保护公众健康，其次还要保护环境，定标准时已经考虑这方面因素了。

定排放标准时候，我们在制定有毒有害污染物限值的时候也考虑健康因素。随着汽车的普及，汽车跟公众生活联系越来越密切。早在2011年环境保护部就发布了乘用车的车内空气质量评价指南，环境保护部这两年也启动了这个标准修订工作，已经征求过一次意见了。里面对于部分污染物限值要进行调整，具体来说主要是甲苯、二甲苯，还有乙苯等，这些对人体健康影响比较大的，对它限值进行调整，这是第一个。第二个，加强汽车出厂前的一致性检查要求，第三是现行标准是推荐性的，这次力争变成一个强制性的标准，这个标准按照“十三五”规划的要求力争今年发布实施。

中国新闻社记者：我们国家修订发布了环境空气质量标准，增加$PM_{2.5}$臭氧指标，污染物标准与国际标准接轨，具体是哪个机构的标准？

我们的浓度指标跟它是一致的吗?

邹首民：是世界卫生组织（WHO）。总体上，我们现行的空气质量标准相当于较宽松的WHO第一阶段目标指导值，与印度、墨西哥等发展中国家的标准值相当，但是低于欧盟、美国的标准值，各国根据环境质量状况和经济发展情况制定相应标准。现在采用WHO第一阶段标准值情况下，我们还有很多城市无法达标，特别是重污染天气过程中，离这个标准值相差还很远。初步评估，如果达到我国环境空气质量标准，冬季的重污染天气就不会这么频发了。

上海证券报记者：“十三五”重点工作里面，包括发布一个国家污染物排放标准实施工作指南，有没有日程表？指南有哪些亮点?

邹首民：我们已于2016年9月发布了《国家污染物排放标准实施评估工作指南》，大家可以在我们标准网站上找到。

武雪芳：这个标准实施评估是国家环保标准工作的一个重要举措，也是《大气污染防治法》和相关法律法规规定的，对环境质量标准和污染物排放标准定期开展实施效果的评估。标准实施效果到底怎么样，标准的适用范围、污染物项目的筛选、限值的科学性怎么样，标准实施的可操作性怎么样，还有在现场监督执法中遇到什么问题，我们做了一个系统评估，在指南里面有具体的方法和要求。我们根据评估的结论确定排放标准，质量标准是不是要进行修订。

人民日报记者：提出健康为核心的环保标准修订宗旨，有何考虑？为何“十二五”规划修订有一些标准没有完成制修订任务？“十三五”时期对排放标准的修订前瞻性如何?

邹首民：《环境保护法》明确规定环境保护的宗旨和落脚点就是保护公众健康。因此，我们在所有标准制定过程中，特别是质量标准和排放标准，考虑对人体健康的影响，水的质量标准包括污染物项目和限值，基本都是来源于环境基准，以及参考国内国外其他的环境质量标准制定情况确定标准值，目标是保护人体健康，同时兼顾对生态环境的影响。水环境质量标准，既要考虑保护人体健康，又要考虑对特定水生生物的影响，我们在特定指标值里面有明确的规定。

第二个问题，大家关注到我们的“十三五”规划中对于“十二五”规划的评估，有一些标准没有完成制修订任务，有客观的原因。

第一，以前我们在制定标准过程中前瞻性考虑不足，标准制定的周期比较长，随着社会经济的发展以及环境管理需求变化，对标准提出新的要求，边研究，边制定，边有新的需求出现，造成标准制修订的困难。

第二，在标准的执行过程中，技术发生了很大的变化。科技发展是非常迅猛的，有些发展是增加了指标项目，特别是行业标准增加了指标项目，增加了新的技术，需要重新完善相关标准。

第三，有一些承担标准的项目单位，人员的变动，以及重视程度不够，这些人为的因素造成标准没有按计划进行。所以我们在“十三五”规划中将采取针对性措施，加强项目管理，不但把“十二五”未完成的标准完成，还要补充一些急需的标准，形成完整的标准体系，对环保部门执法、企业的守法提供技术支持。

新京报记者：刚才提到了标准的制定有一个很大的初衷是保证公众的健康，大家很关注室内空气质量标准和空气净化器标准，能不能介绍一下这两项标准？环境保护部环境发展中心发布空气净化器中国环境标志标准，1月1日开始实施，请问咱们在这方面有没有考虑？

邹首民：室内空气质量标准是国家标准，但是标准牵头单位是卫生部，环保部门是参与，因此，标准修订需要由卫生部门会同相关部门开展，目前尚不清楚他们有无修订计划。空气净化器是产品，其标准制定应由质检部门负责。环境保护部发布了《环境标志产品技术要求 空气净化器》，跟同类产品比，符合标准的产品无论是性能指标还是环保指标都更为先进，该标准可以在环境保护部网上找到，是推荐性标准，给社会大众在消费过程中一个引导，作为参考。

刘友宾：我们的发布会，得到了新闻媒体越来越多的关心支持，马上就到环境日了，今年环境日的主题是“绿水青山就是金山银山”。环境日是法定的日子，设立环境日的重要目的就是向社会宣传环境保护，鼓励公众积极参与环境保护，提高全民环境意识。我们殷切希望媒体朋友们以环境日为契机，多宣传环境保护的科学知识、法律知识等，引导公众积极参与环境保护。今天发布会到此结束，谢谢各位！

环境保护部
6 月例行新闻发布会实录

（2017 年 6 月 21 日）

6 月 21 日上午，环境保护部举行 6 月例行新闻发布会，介绍 2016 年以来土壤环境管理工作进展情况。环境保护部土壤环境管理司邱启文司长会同南京环境科学研究院土壤污染防治研究中心主任林玉锁研究员参加发布会，介绍有关情况并回答记者提问。

环境保护部 6 月例行新闻发布会现场（1）

环境保护部 6 月例行新闻发布会现场（2）

主持人刘友宾：新闻界的朋友们，大家上午好！欢迎大家参加环境保护部6月份例行新闻发布会。

土壤是经济社会可持续发展的物质基础，土壤环境质量关系人民群众身体健康，关系美丽中国建设。土壤污染防治是生态文明建设和环境保护工作的重要内容。2016年5月，国务院印发了《土壤污染防治行动计划》，简称《土十条》，对我国当前和今后一个时期的土壤污染防治工作进行部署，得到社会各界广泛关注。

今天的新闻发布会，我们邀请到环境保护部土壤环境管理司邱启文司长、南京环境科学研究所土壤污染防治研究中心主任林玉锁研究员，向大家介绍《土十条》实施情况，并回答大家关心的问题。

下面先请邱启文司长介绍有关情况。

邱启文：大家上午好！感谢大家长期以来对环保工作的关心和支持！土壤环境质量关系经济社会可持续发展和人民群众身体健康，土壤污染防治是推进生态文明建设和维护国家生态安全的重要内容。党中央、国务院高度重视土壤污染防治工作，去年5月28日，国务院印发了《土壤污染防治行动计划》（《土十条》），这是当前和今后一个时期我国土壤污染防治工作的行动纲领。一年来，环境保护部重点开展了以下工作：一是建立工作机制。牵头成立全国土壤污染防治部际协调小组，制定了工作规则和近期工作要点，印发各单位实施。有关部门分别制定了重点工作实施方案。

二是全面启动土壤污染状况详查。会同财政部、国土资源部、农业部、卫生计生委编制《全国土壤污染状况详查总体方案》印发各地实施。详查有关技术文件编制、实验室筛选和人员培训等工作正有序推进。

环境保护部土壤环境管理司邱启文司长

三是推动完善法规标准体系。积极配合全国人大开展《土壤污染防治法》立法工作。颁布《污染地块土壤环境管理办法（试行）》，将于7月1日实施。联合农业部制定《农用地土壤环境管理办法（试行）》，已广泛征求各方意见，将按程序报批后尽快颁布实施。修订编制农用地、建设用地土壤环境标准，3次公开征求意见，计划年底前出台。

四是开展土壤污染防治试点示范。在首批启动14个试点项目基础上，指导各地新启动一批土壤污染治理与修复技术应用试点项目。指导地方编制完成6个土壤污染综合防治先行区建设方案。

五是建设土壤环境监测网络。编制土壤环境监测总体方案和国控点位布设方案，已确定2万个左右基础点位布设，覆盖我国99%的县、98%

的土壤类型、88% 的粮食主产区，初步建成国家土壤环境监测网。

六是强化《土十条》目标考核。组织编制《土十条》主要目标任务分解方案，推动与各省（区、市）签订目标责任书。

下一步，我们将围绕全面推进《土十条》各项任务实施，重点开展以下工作：一是全面实施土壤污染状况详查，摸清家底。二是继续配合做好土壤污染防治立法工作，加快标准制修订工作。三是加快构建管理技术体系，强化农用地分类管理和建设用地准入管理。四是扎实推进土壤污染治理与修复试点，以及土壤污染综合防治先行区建设。五是出台《土十条》评估考核办法，强化督查评估考核。

从国内外实践看，土壤污染的形成非一朝一夕，问题的解决也不可能一蹴而就。土壤污染防治工作既要做好打攻坚战的准备，更要具备打持久战的耐心。我国土壤污染防治工作尚处在起步阶段，需要夯实基础、突出重点、底线思维、扎实推进。我们希望、也有决心，在社会各界的支持和共同努力下，如期完成全国土壤污染防治目标。

谢谢大家！

刘友宾：现在请记者朋友们提问。

每日经济新闻记者：网上说《土十条》带动土壤修复市场的空间超过 5 000 亿元，越来越多的企业开始进入土壤修复行业，国家将采取什么措施来推动治理修复产业的发展？

邱启文：谢谢你的提问。去年 5 月 28 日，国务院印发了《土十条》，要求土壤污染防治要坚持预防为主，保护优先，风险管控的方针。不主张盲目地大治理，大修复，而是重点针对拟开发建设居住、商业、学校、医疗和养老机构等项目的污染地块，有序开展治理和修复。这个思路汲取了国外几十年土壤治理修复的经验和教训。

目前，国内土壤修复行业刚刚起步，需要从环境调查、风险评估、风险管控、治理与修复，还有修复效果的评估等环节，构建和完善整个产业链条，需要形成若干综合能力强的龙头企业和一批有活力的中小企业来推动我们土壤污染治理与修复工作。

这个市场刚刚起步，国家将从以下几个方面来强化监管。一个就是信息公开。环境保护部发布了《污染地块土壤环境管理办法（试行）》，要求关于污染地块的调查报告、风险评估报告、风险管控方案、治理与修复工程方案、治理与修复效果评估报告等，主要内容都要在网上公开，接受社会的监督。二是加强信用的约束。规范土壤污染治理与修复从业单位和人员的管理，建立健全监督机制，将技术服务能力弱、经营管理水平低、综合信用差的从业单位名单，通过企业信用信息公示系统，向社会公开。三是强化责任追究。环境保护部正在抓紧制定土壤污染治理与修复的终身责任追究办法，计划年底出台。谢谢。

南方都市报记者：公安机关数据显示，近年来跨界倾倒危险废物案件逐年增多，有跨区域、产业化的趋势，跨界非法倾倒危废为何屡禁不止？如何有效遏制异地倾倒现象？

邱启文：谢谢。我们国家危险废物环境管理始于20世纪90年代，也就是通过履行《巴塞尔公约》，借鉴欧美国家好的经验和做法，经过20多年的实践，构建了今天的危险废物法律法规制度体系。近年来，环境保护部主要从以下几个方面来推进危险废物的环境管理。一是完善危险废物的环境管理体系。联合有关部门发布了《国家危险废物名录》，建立了危险废物的豁免管理制度，配合全国人大修改《固体废物污染环境防治法》。二是推动各地危险废物处置能力建设。目前全国环保系统共颁发危险废物经营许可证是 2 034 份，全国持证单位核准经营规模达到 5 263 万吨每年，比 2010 年增加了 2 938 万吨每年。三是强化危险废物的规范化管理考核。“十二五”期间，我们抽查了 8 000 多家涉危险废物的产废单位和经营单位，整体抽查合格率提高 15 个百分点。四是加大执法监管力度。2016 年，我们联合公安部开展打击涉危险废物环境违法犯罪行为的专项行动，共检查涉危险废物单位 46 397 家，立案查处的案件是 1 539 起，移送公安机关追究刑事责任 330 件。

当前我们国家非法转移、处置危险废物事件频发的主要原因是个别企业利欲熏心，铤而走险，偷排漏排，非法转移危险废物，实质上还是企业守法意识淡漠，主体责任不落实。

下一步，环境保护部将从以下几个方面来强化危险废物的监管。一是加快完善管理体系，抓紧推动修订《固体废物污染环境防治法》等法律法规，明确危险废物产生单位无害化处置和终身赔偿责任。二是落实企业主体责任和政府的监管责任，建立企业环境保护信息公开平台，将违法企业公开曝光，联合惩戒。要将危险废物管理情况纳入督政和环保责任终身追究，强化党政领导干部责任追究。三是强化执法，建立打击危险废物犯罪的长效机制。我们要进一步强化行政执法与刑事司法的衔接，持续保持高压的态势，要对涉危险废物违法犯罪行为零容忍，联合公安机关严厉打击和查处各类危险废物环境违法行为。谢谢大家。

英国金融时报记者：我理解现在很多地方的政府不希望公开当地一些土地的污染情况，因为如果这些信息公开的话，可能会导致人们不去购买当地的产品。我想问在这方面会在多大程度上公布相关的污染细节？谢谢。

邱启文：谢谢你的提问。关于土壤污染状况信息公开，我想世界各国，包括中国在内，对这个问题都高度关注。目前，我们正在组织开展全国土壤污染状况的详查，详查这项工作是《土十条》的一项重点任务。其主要任务就是要在2018年年底前，摸清农用地污染的面积、分布及其对农产品质量的影响，掌握重点行业企业用地中的污染地块分布及其环境风险情况。按照《土十条》的要求，到2020年完成全国土壤污染状况详查以后，我们会按照一定的程序，将详查的结果向社会公开。至于刚才你问要公开到什么程度，我想会根据调查的结果，按照世界各国通行的做法来进行公布。总而言之，我们要尽可能信息公开，并采取有效的管控措施。谢谢大家。

国际广播电视台记者：我看前几天环境保护部发布最新公告，涉及大气还有水相关方面的情况，土壤方面的信息并没有公布，可否介绍一下目前我国土壤污染面积及治理相关情况？

邱启文：谢谢你的提问。2014年，环境保护部会同国土资源部公布了《土壤污染状况调查公报》。调查结果显示，全国土壤污染状况总体不容乐观，部分地区土壤污染较重，耕地土壤环境质量堪忧，工矿业废弃地土壤环境问题突出，全国土壤总的点位超标率是16.1%，其中轻微、轻度、中度和重度污染比例分别为11.2%、2.3%、1.5%和1.1%，要说明的是，以上是点位超标率，由于土壤具有较大的空间特异性，这个比例并不代表污染面积的比例，仅能从宏观上来反映我国土壤污染的总体情况。目前，我们正在会同有关部门抓紧开展全国土壤污染状况的详查，进一步摸清土壤污染的面积和分布，为土壤污染防治工作提供坚强的基础支撑。

您刚才关注到的今年环境质量状况公报里，土壤环境质量信息比较少。每年土壤环境数据的获取和发布取决于国家土壤环境质量监测网络的建设情况，目前，我国的土壤环境监测网络正在建设当中，例行的监测尚处在起步的阶段和试点的阶段。我开场已经说过，我们布了两万多个点位。到 2020 年年底前，我们要实现布设点位覆盖所有的县（市、区）。我想随着我们国家土壤环境监测网络的建设和完善，环境质量状况公报中同步公布土壤环境质量信息将很快能实现。谢谢。

路透社记者：土壤污染防治在财政和政策上有什么配套的措施，能不能具体讲一下最近成功治理土壤污染的例子，尤其财政资金的例子上，治理的时间和成本是多少？

邱启文：谢谢，中国政府高度重视土壤污染防治工作，在财政方面，中央财政设立了专门的土壤污染防治专项资金，从去年到今年上半年，中央财政下达资金大约是 146 个亿，支持地方开展土壤污染防治工作。科技部等有关部门制定了专门的科技支撑工作方案，今年准备优先启动土壤污染防治的重大专项。总之，在财政、科技各方面，有关部门都在加紧出台和实施相关政策，支持土壤污染防治工作。

你提到的成功治理土壤的案例和事例，成本怎么样？使用得怎么样？效果怎么样？这个问题我想请专家林玉锁主任给你一个更专业的回答。

南京环境科学研究所土壤污染防治研究中心主任林玉锁研究员

林玉锁：大家好，大家都知道土壤的治理修复是世界性的难题，当然国外在土壤治理修复方面比我们中国要早一点。所以我们现在在面对中国的土壤污染治理修复的时候，一方面学习国外已经取得的成功经验，包括好的案例，另一方面我们也在总结中国在土壤改良、土壤污染防治方面已经形成的成功经验和案例。

刚才您问我们中国有没有成功的案例，我想简单地介绍一点情况。在农用地土壤污染这块，中国应该说有非常好的经验和案例，我举一个例子，原来我们农田的土壤，在20世纪七八十年代受到六六六污染，面对这样一种污染形势，中国政府在1983年禁止使用六六六等，从源头切断污染源。采取这样一项措施以后，我们遵循了有机污染物在土壤里面自然降解的规律，加强监测，加强土壤的改良。30多年过去了，我们每十年都在监测耕地土壤中六六六残留水平的变化情况，我们发现目前已经回到了安全的水平。这是我们中国在农田污染风险管控方面比较成功的案例，在国际上也得到非常好的认可。

另外，我们中国在近20年的时间里，针对农田的重金属污染，积极探索修复的技术，现在中国的研究水平包括在大规模的农田应用水平，应该说是国际上处于领先的。所以这方面，我们认为也是非常好的。在污染场地修复方面，我们最近十年，在中国发展得比较快、目前也是比较好的、适用于污染场地土壤与地下水的修复技术，已经成功地在国内很多大型的复杂的污染场地案例中得到了应用。比如说像化学氧化的技术等，无论从技术本身的应用还是国内设备的研发，包括专业化的服务体系的形成，都已经在中国取得了很大的发展。我就先简单做这些介绍，谢谢大家。

澎湃新闻记者：第一个问题，您提到土壤污染网络建设情况，请问这些监测点位的布设如何与农业部、国土资源部已有的点位相结合？第二个问题，涉及贵州、湖南、重庆三省交界的“锰三角”地区重金属污染。2017年4月12日，中央环保督察重庆反馈意见时，我们注意到，有提到重庆秀山18家电解锰企业的渣场没有进行防渗处理，我们4月到“锰三角”地区走访发现，贵州松桃境内的电解锰企业也存在类似情况，且渣场下游现场取样检测的水、土壤中锰等重金属含量严重超标。根据《土十条》的要求，要开展污染调查并且掌握土壤污染质量状况，请问目前环境保护部针对哪些行业开展了污染详查？对已经发现的企业以及区域的污染问题，下一步会采取哪些措施？

邱启文：这个问题非常长，我试着回答你。本次全国土壤污染状况详查主要围绕有色金属矿采选、冶炼、石油开采、石油加工、化工、农药、焦化、电镀、制革等土壤污染重点行业展开，其中就包括电解锰行业。目前，“锰三角”地区当地环保部门已牵头完成了土壤初步布点及重点污染源初步确定工作。“锰三角”地区是《重金属污染综合防治“十二五”规划》重点区域，环境保护部已按规划要求指导开展了电解锰行业相关污染治理工作，取得了初步的成效。下一步，环境保护部一是将推动建立“锰三角”综合防控协调机制；二是进一步督促地方政府加大对小“散乱污”企业的整治力度，治理锰渣场等历史遗留污染；三是要强化企业主体责任，加强执法监管，确保电解锰行业污染源稳定达标排放。同时，我们会结合土壤详查结果，边查边用，针对农用地土壤污染风险高的地区，督促地方政府研究制定工作方案，及时采取风险管控措施，确保农用地和建设用地的土壤环境安全。针对土壤污染风险高的企业地块，将结合地块详细调查，提出有针对性的污染防治、风险防控等措施。

您还提到监测点位跟其他部门是怎么衔接的问题。刚才我也介绍了，环境保护部正在按照国务院的总体工作部署，牵头抓紧编制全国的土壤污染环境监测总体方案，开展土壤环境的监测点位布设。现在环境保护部也在与农业部、国土资源部等相关部门协调配合，按照统一规划、统一标准、统一信息采集和统一信息发布的原则，由农业部和国土资源部筛选土壤国控例行监测点，也就是，他们筛选出一些基础点位，与环保部门牵头建设的土壤环境监测网有机衔接，实现共享。

界面新闻记者：请问邱司长，根据现有的调查基础，我国农用地的修复所需成本大概是多少？从现有的规范性文献来看，我国土壤污染修复主要坚持“谁污染，谁治理”“谁开发，谁治理”，污染者不愿意承担费用怎么办?

邱启文：谢谢你的提问。我想农用地的治理与修复，与污染地块相比有一些不同的地方，因为污染的农用地要求治理修复以后，不能丧失作为农用地的功能，这样，农用地的治理修复技术也受到一些限制。农用地土壤污染治理修复的成本因污染物的类型、污染的程度以及治理与修复技术选取的不同，成本的差异是比较大的。根据专家们测算和地方的案例，农用地治理与修复成本每亩从几千元到几万元，这是你刚刚说的成本的问题。

按照“谁污染，谁治理”的原则，污染者要承担治理与修复的主体责任;如果责任主体灭失的，或者说是责任主体不明的，那么要由当地的县级人民政府依法承担相关责任。

土壤污染的治理与修复，难度大、投入大、周期长，要根据土壤的用途来合理确定土壤的治理与修复的目标。拟开发为居住用地的，或者是医院、学校、养老机构这些公共设施的，必须进行环境调查、风险评估、治理和修复，达到相应的土壤环境质量要求，才能进行开发和利用。暂时不开发的，或者目前的条件还不具备的，主要采取风险管控措施。比如设定管控的区域，进行环境监测。一旦发现污染扩散，要采取隔离阻断等措施，防控风险。所以我想土壤污染防治核心是管控风险。谢谢。

新京报记者：刚才您提到土壤污染治理和大气、水不同，不搞大治理大修复这种，对已经污染的土壤我们怎么把风险管控住？对于没有污染或者正在污染的土壤，怎么防治和管控？刚才提到六六六农药污染问题，通过自然降解回到安全水平，受污染的土壤怎么处理的？还使用不使用？第二个问题，土壤污染防治法草案近期在人大常委会审议，能不能介绍一下草案的亮点，您刚才提到对于污染责任主体不明的土壤是由当地县级人民政府承担主体责任，这个要求会不会写入《土壤污染防治法》。另外，对风险管控区会不会有禁止开发的明文规定？

邱启文：好的。您提了三个问题，我来回答第一个和第三个问题，中间的请林主任来回答。第一个问题，关于风险管控的问题，我想土壤污染防治的核心是管控风险，这个是与大气、水污染治理不同的地方。这里有一个对风险的理解问题。构成风险有三个要素，一个是污染源，就是源；一个是途径，就是暴露途径；还有就是受体，就是保护对象。保护对象就是保护人、保护农作物，这是对象。对土壤污染来讲，治理和修复是把源搞干净，但是我们不能仅仅局限在源上，我们还要关注怎么切断暴露途径，怎么根据保护的目标来合理确定我们的策略。切断暴露途径的道理和大家涂抹防晒霜防止紫外线的损害是一样的。一旦阻断隔绝暴露途径，我们人接触不到污染的土壤了，那么风险也就防控住了。

对于农用地来讲，可以通过农艺调控，替代种植，还有种植结构调整，退耕还林还草等措施，有效实现土壤的安全利用，防控风险，确保农产品安全。刚才说的替代种植，比如种水稻不行，我们是不是可以种玉米，粮食作物不行，是不是可以种植棉花等。对于建设用地来说，比如说采取隔离阻断的措施，上次我们在德国考察一个废弃物堆存场地，就是在场地上覆盖土工膜防止雨水下渗；同时，抽取地下水降低水位，让地下水不跟废弃物接触，这样就不会造成地下水污染，地下水污染的风险就管控住了。

此外，我们要采取一些监测措施，监控污染地块周边的地下水。通过地下水的监测，发现污染扩散的情况，马上采取一些措施。所以我想总的来说，风险管控就是要根据土壤的不同用途，分别采取不同的管控措施，核心是要管控住土壤污染的风险，实现土地的安全利用，而不是简单地靠巨大的资金投入，搞过度的治理和修复。当然，必须要治理的，一定也要治理到位。刚才我也强调了，治理不足的肯定也不行，我们的核心就是必须保证安全。关于六六六问题我们请林主任来回答。

刚才你提到的第三个问题，就是《土壤污染防治法》的问题，土壤污染防治法立法这项工作，全国人大高度重视，把《土壤污染防治法》列入一类立法计划，并且工作抓得很紧，成效非常好。近日就要提交全国人大来进行分组审议。我们也了解到，这几天全国人大有关部门要专门召开吹风会，会发布更权威的信息，请记者朋友们关注。

林玉锁：刚才记者提的问题我再做进一步说明。针对刚才邱司长讲到的，我们现在讲风险管控，并不是简单地说不管。风险管控是基于对污染的特征、变化规律的认识，进行科学的风险管控。比如说刚才问到，当年我们六六六为什么采取了风险管控的措施，六六六禁止使用以后，我们土壤耕地照样要生产，照样要种作物，是因为我们对六六六的认识比较全面。首先六六六对粮食的污染，主要还是在使用过程当中，直接喷洒在作物上，这是六六六对粮食污染的主要途径。所以禁止使用了，那么很大程度上就确保了粮食不被农药影响。这是一个考虑。

第二个考虑是土壤六六六残留怎么办。我们对六六六的认识，它是一个有机的污染物，尽管六六六属于相对比较难降解的，但是毕竟在农田里面，在微生物的作用下，还是可以降解，能进行降解并消失。所以随着浓度的降低，对农作物的影响也会逐步减轻。

还有一个认识是，六六六在土壤里，可以成为结合态的六六六，这种形态起到很大的解毒的作用。我们的农业部门、环保部门每隔十年左右要监测土壤里六六六残留。上次全国土壤污染状况调查，在公报里也公布了六六六情况，目前已经不会成为我们土壤里面主要的污染物，也不会成为影响农产品安全的污染物，所以这个也是我想再强调的一点，我们现在讲的风险管控，应该说是在科学认识的基础上，再根据实际情况来做出最好的选择。

中国新闻社记者：请您介绍一下全国土壤污染状况详查有关情况？2005 年与 2013 年调查相比，现在的情况是有所缓和还是有所加重，污染原因是什么，是不是跟我们追求粮食产量，加大使用化学制剂或者化肥产量有关？

邱启文：谢谢你的提问。全面准确掌握土壤污染状况是开展土壤污染防治与监管工作的重要基础。2005—2013 年，环境保护部会同国土资源部开展了首次全国土壤污染状况调查，初步掌握了全国土壤污染的宏观总体情况。目前，我们在已有调查基础上开展土壤污染状况详查，进一步摸清农用地土壤污染的面积、分布及其对农产品质量的影响，掌握重点行业企业用地中的污染地块分布及其环境风险情况，获取权威、统一、高精度的土壤环境调查数据，建立国家土壤环境信息化管理平台，为全面实施土壤污染防治行动计划提供科学依据。目前，经过各部门共同努力，总体进展情况相对比较顺利。一是编制完成了详查工作总体方案，报经国务院批准后已印发各地组织实施。目前 31 个省（区、市）已经完成本地区实施方案的起草工作。二是组织制定一系列详查技术规范。详查是一个系统工程，技术专业性强，要出台一系列的技术文件来指导这次详查工作。目前已正式发布 1 项、编制完成待发布 4 项、正在修改完善 8 项、组织编制 8 项。三是完成详查工作信息化管理平台和信息终端的开发和调试工作。四是建立质量控制体系，组织筛选详查实验室，已初步确定 37 家质控实验室和 200 多家检测实验室，近期将向社会公布。五是组织开展人员培训。从今年年初开始，会同国土、农业部门培训业务骨干近千人，各省也陆续组织开展本省的业务培训。六是组织开展有关技术规定的试点验证工作。我们先后在河北雄安新区、广东、河北、湖南、重庆、广西等地开展了技术规定的试点工作，为全面推进详查工作奠定了基础。下一步，我们将按照既定的方案加紧推进。

这次详查跟上次的调查有所不同。本次详查的一个最大的特点就是环保、财政、国土、农业、卫计委五个部门联合组织，并且环保、国土、农业三家精诚配合，充分利用三个部门现有调查结果，避免工作重复、提高工作效率，也提高了工作的精准度。二是增加了调查对象，第一次调查主要是一次普查，涉及 630 万平方公里，是普遍的网格性的布点。此次既对农用地、还对重点行业企业用地土壤污染状况进行调查。三是改进了调查方法。根据污染来源及扩散途径，划分调查单元，在调查单元内进行布点，提高点位代表性。四是提高了调查精度。第一次调查布点精度是针对耕地按 8 000m × 8 000m 网格、草地按 32 000m × 32 000m 网格布点。本次农用地详查重点区域借助 500m × 500m 网格布点，一般区域借助

1 000m × 1 000m 网格布点，精度大大提高。五是实现了“五个统一”。本次详查，按照“统一调查方案、统一实验室筛选要求、统一评价标准、统一质量控制、统一调查时限”来稳步推进。

中国青年报记者：您提到农用地的调查到2018年才有结果，但是最近好多媒体在报道某省小麦出现污染的情况，大家很担心，以后会不会有应急的调查？

邱启文：谢谢你的提问。确实，最近出现一些镉麦报道，大家非常关注。据了解，河南省政府对此次镉麦报道高度重视，已经责成河南省农业厅牵头，按照国家发展改革委2016年发布《粮食质量安全监管办法》，以及国家粮食局发布的《关于推进落实粮食质量安全保障机制的意见》，启动了粮食安全应急机制。河南省农业部门已组织相关专家，实地查看了疑似“涉镉”麦田，提取疑似“涉镉”小麦、土壤样品，分别送农业部农产品质量检测中心（南京、武汉、郑州）检测，目前检测结果尚未正式发布。新乡市当地政府对媒体反映地块“涉镉”小麦收割、运输、仓储情况进行全程监控，收割完毕后，已全部入仓储密封，安装监控设备，安排专人看管。下一步的具体情况可能需要相关权威部门再进一步发布。您刚才提到，一个地方突出土壤环境问题怎么及时发现，发现了怎么及时采取措施，我们这次详查，特别是确定详查范围的时候，就有一条原则，就是各地市、县人民政府必须把当地突出的土壤问题区域纳入本次详查的重点范围，确保摸清情况，并且根据详查的结果，分别采取不同的管控措施，来确保农用地的环境安全。

中国日报记者：我们注意到湖南地区重金属污染问题，可否介绍一下目前治理情况如何？常德市纳入土壤污染防治先行区的范围之内，请问有没有具体的、可推广的实践或者经验？

邱启文：您提到重金属污染防治的问题，国家高度重视，“十二五”期间，国家出台了《重金属污染综合防治“十二五”规划》，总体来说，成效比较明显。这里有一组数据，截至2015年年底，全国五种重点重金属污染物（铅、汞、镉、铬和类金属砷）排放总量，较2011年下降1/4左右，这是非常大的成效。从突发的涉重金属事件来看，2012—2015年平均每年发生涉重金属突发环境事件不到3起，与2010年、2011年每年十几起相比明显下降，这也体现了治理的成效。重金属污染确实有它的特点，一个是积累性，问题是长期积累形成的。你刚才提到的湖南地区重金属污染，也都是多年积累形成的问题的。问题的治理、预防和消除不利影响需要一个过程，不是一朝一夕可以解决。下一步，环境保护部将结合《土壤污染防治行动计划》的实施，继续加大重金属污染防控力度，改善重点区域环境质量，解决人民群众关心的环境风险隐患。

你提到有些什么好的经验，或者一些好的做法，我想针对重点地区的重金属污染综合治理，主要有以下几点工作经验：一是明确责任。要坚持“分区施策、控新治旧、政府引导、企业主体”原则，建立环境保护责任体系，既要解决老的问题，也要控制新的污染。二是以环境质量改善为目标，各部门齐抓共管，突出重点区域污染集中整治。三是着力推进产业结构调整、优化产业布局、提升工艺水平。四是创新投融资机制，多渠道筹集治理资金。在政府加大投入的同时，进行投资机制方面的创新，吸引社会资本。总的来说，下一步，国家还将在“十二五”工作基础上继续加大重金属污染防控工作力度。

科技日报记者：农业种植、土壤氮肥超标还有农药过度使用会导致农产品农药残留并影响百姓餐桌安全，请问有没有从末端治理进行倒查源头的监督机制，经调研发现，农村没有土壤监测包括农产品农药残留监测的概念。目前是否有相关监测数据，据我了解这方面透明度不高，是不是未来有一种体系可以通过检测农产品，倒查源头看土壤的问题？

邱启文：谢谢您提的问题。我想说土壤污染防治，一开始讲的，它要坚持“预防为主，保护优先，风险管控”的方针。土壤不能只重视末端治理，更要从源头去把控。为什么？土壤污染以后，你要真正地去治理、去修复是非常难的，投入的成本是巨大的。从国际上的经验来看，有 1∶10∶100 的关系，污染预防可能只要花一块钱，风险管控可能要花十块钱，在末端你去治理的时候要花一百块钱。所以从这个角度来说，我们必须要牢固树立预防为主的政策或者说方针。这是土壤污染防治最鲜明的特点。土壤污染了，完全清除干净是很困难的。为什么一直在强调要实行风险管控，要考虑暴露途径，保护对象，根据用途不同来确定不同的修复目标，都是这个原因。

你刚才说大家对食品安全非常关注，我跟大家一样，也非常关注这个问题。食品安全问题，我们国家有关部门采取了很多非常有效的措施，制定了一系列的监管办法。比如说对于超标粮食，有专门的监管办法和处理机制，包括怎么发现问题，怎么监控，怎么收储，怎么处理处置一系列的安排。但这块有专门的管理部门，我们就所了解的，给你解答供参考。

第一财经日报记者：前些天河北无极发生倾倒废液污染事件，请问环境保护部有没有派专业人员去现场调查？最新调查结果怎么样？

邱启文：谢谢你的提问。无极事件性质非常恶劣，发生这种事件我们也非常痛心。部里非常重视，迅速组织我们环监部门和土壤司人员到现场去指导、督促地方政府进行事故应急和事故调查处理。当地政府也采取了及时的处置措施，现在污染已经相对固定，不会出现扩散，下一步还要根据现场取样化验的情况，分析原因，采取有针对性的措施。现在，调查工作还在进行过程中，我想等到总体调查有了结果以后，我们会及时向社会公开有关的详细情况。

刘友宾：今天的发布会到此结束。谢谢大家！

环境保护部
7月例行新闻发布会实录

（2017年7月20日）

7月20日上午，环境保护部举行7月例行新闻发布会，介绍环境保护国际合作情况。国际合作司郭敬司长、环境保护部环境保护对外合作中心余立风副主任、中国－东盟环境保护合作中心张洁清副主任参加发布会，介绍有关情况并回答记者提问。

环境保护部 7 月例行新闻发布会现场（1）

环境保护部 7 月例行新闻发布会现场（2）

主持人刘友宾：新闻界的朋友们，大家上午好！欢迎大家参加环境保护部7月例行新闻发布会。

大家知道，1972年，联合国召开了人类环境会议，开启了现代环境保护的征程。只有一个地球，环境保护是全人类共同的责任，成为国际社会的广泛共识。中国政府派出代表团参加了联合国人类环境会议，并于1973年在北京召开了第一次全国环境保护会议。作为发展中的环境大国，中国政府致力于解决国内环境问题的同时，积极参与国际环境事务，为促进全球环境与发展事业做出了应有的贡献。

今天的新闻发布会，我们邀请到环境保护部国际合作司郭敬司长、环境保护部环境保护对外合作中心余立风副主任、中国－东盟环境保护合作中心张洁清副主任，向大家介绍中国开展国际环境合作情况，并回答大家关心的问题。下面先请郭敬司长介绍情况。

郭敬：45年前的1972年，联合国在瑞典斯德哥尔摩召开了第一次人类环境大会，环境问题首次上升到全球合作层面，开启了环境保护国际合作的大门。距离这次人类环境会议的召开迄今已经过去近半个世纪，环境与发展仍然是全球和世界各国面临的重大挑战，落实联合国2030年可持续发展议程所面临的形势依然严峻。中国目前也面临发展与保护的矛盾，环境压力仍然巨大，生态环境已经成为全面建成小康社会的突出短板。

在努力解决自身环境问题的同时，中国高度重视、积极参与并不断深化环境保护国际合作。环境保护部履行国家赋予的环境保护国际合作职责，与100多个国家开展了环保交流合作，与60多个国家和国际组织签署近150项合作文件，与多个国家、国际或区域组织建立合作机制，打造合作平台，已经形成了高层次、多渠道、宽领域的合作局面，在促进国内环保工作、履行国际履约义务、帮助其他发展中国家等方面发挥积极作用。

中国在推进全球环境治理和可持续发展方面发挥积极作用，履行国际环境公约成效显著。《关于消耗臭氧层物质的蒙特利尔议定书》被认为是迄今为止国际社会达成并实施的最为成功的多边环境公约，在其框架下中国累计淘汰的消耗臭氧层物质占发展中国家淘汰总量的50%以上，受到国际社会高度肯定。

近年来，中国已经从环境保护国际合作的一个学习者、参与者、受益者，逐步变成分享者、推动者、贡献者。过去5年，中国提出建设生态文明、推进绿色发展等一系列新发展理念，对全球环境治理贡献中国智慧和中国方案，产生积极影响，受到国际社会重视。联合国环境署2016年发布的《绿水青山就是金山银山：中国生态文明战略与行动》报告指出，中国是全球可持续发展理念和行动的坚定支持者和积极实践者，中国的生态文明建设将为全球可持续发展和2030年可持续发展议程做出重要贡献。中国在建设生态文明方面的大胆实践和尝试，不仅有利于解决自身资源环境问题，还将为后发国家避免传统发展路径依赖和锁定效应，提供可资借鉴的示范模式和经验，有利于推动建立新的全球环境治理体系。

中国是南南环境合作的积极倡导者、支持者和实践者。中国自身是一个发展中大国，在力所能及的情况下，为全球南南环境合作提供支持，与发展中国家共享经验，共同促进可持续发展。中国实施了南南环境合作绿色使者计划，支持联合国环境署设立南南合作中国信托基金，与东盟国家共同制定环境合作战略和行动计划，发起中非环境合作部长级对话，与

环境保护部国际合作司郭敬司长

南亚、阿拉伯、拉美及南太平洋国家开展政策交流。

中国通过多年来与美国、日本、德国等发达国家的环保合作交流，学习借鉴先进的环保理念和经验，促进了环保技术水平提升和环保产业的发展，对中国的生态环保工作发挥了积极作用。中国在中日韩三国、金砖国家、上海合作组织、亚太经合组织、东盟和中日韩（10+3）、西北太平洋、东亚海等区域次区域合作框架下，积极参与区域环境合作倡议，贡献中国力量。

“一带一路”倡议是重要的国际公共产品。生态环保合作是绿色“一带一路”建设的重要内容，环境保护部正在积极落实习近平总书记在“一带一路”高峰论坛提出的建设生态环保大数据服务平台和建立绿色发展国际联盟的倡议。

积极参与和务实促进国际环境合作，既是中国实施绿色发展战略、加强生态环保的内在需求，也是中国参与全球治理、构建人类命运共同体的责任担当。中国将继续拓展和深化环保国际合作，积极参与全球环境治理，加强南南环境合作，推动绿色“一带一路”建设，在支持国内生态文明建设和环境质量改善工作的同时，为全球及区域实现联合国2030年可持续发展目标做出应有贡献。

刘友宾：下面请大家提问。

人民日报记者：《水俣公约》将于今年8月开始生效，请问贵部做了哪些准备？是否有所欠缺？发达国家有无履约支持？

郭敬：谢谢，国际环境公约的履约是环境保护部开展国际合作的一项重要工作与职责。过去多年来，无论是中国政府还是研发机构都做了大量工作，取得了明显成效，也得到了国际社会高度肯定。你提到的具体问题，我很荣幸有两位高层专家加入今天的会议。我想邀请余立风先生回答这个问题。余立风先生是环境保护部环境保护对外合作中心副主任，对外合作中心同时也是环境保护部环境公约履约技术中心。

余立风：正如你所说，《水俣公约》将于今年8月16日生效，中国是最早的签署国之一。在此之前我看到有媒体解读这项公约时说，从2021年起，荧光灯和含汞电池的生产和进出口都要被淘汰。的确如此，但整套公约履约工作远远不是那么简单。

环境保护部环境保护对外合作中心余立风副主任

根据汞公约要求和前期评估，我国的履约时间表大致是这样的：到2020年，淘汰含汞电池、荧光灯等未申请豁免添汞产品的生产和进出口，停止含汞体温计和血压计的进出口，实现聚氯乙烯单体（VCM）单位产品汞使用量比2010年减少50%；到2032年，关停所有原生汞矿开采；针对燃煤电厂等大气汞排放源，2020年将初步完成排放清单编制，明确重点管控来源，确定减排目标和措施。

环境保护部前期已开展大量准备工作，包括：会同相关部门修订出台多项涉汞排放标准，评估了10个涉汞行业状况，启动了国家战略和行动计划编制工作，开展了包括履约能力建设在内的多项双多边合作。

下一步将开展的工作具体是：编制并实施国家战略和行动计划；以控源、减量、发展替代技术等措施共同推进用汞行业减量化、无汞化；分行业、分阶段推动汞排放和释放削减；有计划、分步骤开展含汞废物和污染场地环境无害化管理。

作为汞生产和使用大国，客观来说，当前中国的履约任务很重，但之前的一些基础工作和我们在履行其他公约中积累的经验，使我们有信心做好这项工作。

首先，我国“十二五”初期就已将汞列入了5种优先管控的重金属之一，在正式履约前，部分行业的汞污染控制工作已经开展，相对于其他化学品公约，汞公约履约起点较高。

其次，从《蒙特利尔议定书》到《生物多样性公约》，再到《斯德哥尔摩公约》，作为发展中国家，中国在“共同但有区别的责任”原则下，形成了一套成熟的履约经验，也为汞公约的履行提供了可借鉴的范本。

这些成熟的履约模式包括：每一个公约在中国都有一个配套的国家实施方案，确保履约全国一盘棋。其次，每一个公约都有一套由相关部委、地方共同参与的国家协调机制，确保履约行业和地区的全覆盖。第三，履约的相关规范被纳入国内环境管理体系，推进了国内环境管理制度建设。

履约对中国的发展来说也是双赢的过程，履约的同时也倒逼我们淘汰落后产能、提升相关行业的技术水平。

这里有几组数字来说明中国环境履约的成绩单：

《蒙特利尔议定书》方面，累计淘汰消耗臭氧层物质超过25万吨，占发展中国家淘汰量的一半以上；

《斯德哥尔摩公约》方面，全面淘汰了滴滴涕等 17 种持久性有机污染物的生产、使用和进出口；重点行业二噁英排放强度降低超过 15%；清理处置了历史遗留的上百个点位近 5 万余吨含持久性有机污染物的废物，解决了一批严重威胁群众健康的持久性有机污染物环境问题；

《生物多样性公约》方面，我国各类陆域保护地面积达 170 多万平方公里，约占陆地国土面积的 18%，提前达到《生物多样性公约》要求的到 2020 年 17% 的目标；超过 90% 的陆地自然生态系统类型、89% 的国家重点保护野生动植物群落以及大多数重要自然遗迹在自然保护区内得到保护。

未来几个公约的履约目标是，到 2020 年，计划在生产和消费行业分别淘汰消耗臭氧层物质约 9.3 万吨和 8 万吨；按照公约要求的时限，淘汰全氟辛基磺酸、硫丹、六溴环十二烷等新增受控持久性有机污染物；实施生物多样性保护重大工程，开展以县域为单元的全国生物多样性调查和评估，建立监测评估与预警体系，构建生物多样性保护网络等。

以上是我对中国履行汞公约等环境国际公约情况的介绍。谢谢！

英国金融时报记者：中国今年颁布了《境外非政府组织境内活动管理法》，我想借今天的机会问您对境外非政府组织，尤其是环保领域的非政府组织，未来在中国开展活动大概会是什么样的前景？下一步在审批环保非政府组织在中国开展活动方面，有什么计划和想法？

郭敬：中国改革开放以来，特别是 20 世纪 80 年代以来，境外环保非政府组织（NGO）在中国境内开展了很多活动，总体来讲对中国生态环保发挥了积极作用。中方特别是环境保护部对境外环保 NGO 来华开展活动，一直持积极、开放、欢迎的态度。大家都知道，今年全国人大批准的《中华人民共和国境外非政府组织境内活动管理法》已经生效了，这是法律，必须严肃认真执行。

环境保护部按照国家统一部署，就这项工作建立了工作机制，成立了专门的工作团队，设立了对外服务窗口平台。总的要求是严格依法审核，稳步推进境外 NGO 境内活动的管理和服务。目前我们已经取得了阶段性进展，由环境保护部担任业务主管单位的第一批境外环保 NGO，已经有两家于 6 月底在北京市公安局完成了登记。

借这个机会，我也说明一下境外环保 NGO 申请环境保护部作为业务主管单位的审核程序。境外 NGO 申请环境保护部担任业务主管单位时，首先要满足法律的规定，也就是《境外非政府组织境内活动管理法》等一系列法律法规的要求，还要满足境外 NGO 境内活动管理机关，也就是公安部发布的《境外非政府组织代表机构登记和临时活动备案办事指南》等要求。

其次，申请由环境保护部作为业务主管单位的境外环保 NGO，其主要业务领域应该符合公安部颁布的《境外非政府组织在中国境内活动领域和项目目录、业务主管单位名录（2017 年版）》有关环境保护部的职责要求。名录里规定了从事哪一类活动的境外环保 NGO 可以申请环境保护部作为业务主管单位。环境保护部对应的职责范围主要包括环境污染防治、生物多样性保护等领域。

我们都知道，环境是一个很大的概念，我们在审核的时候会看境外 NGO 在国内国外的工作领域和项目活动有多大的比例是在环境保护部对应的职责范围里。

我们下一步也会继续按照法律的要求，按照工作流程，继续把这项工作做好，我们也欢迎境外友好的 NGO 在华工作，在华开展活动，在法律的框架下能够发展得更好。谢谢。

今日俄罗斯国际通讯社记者：中国未来是否要在“洋垃圾”和固体废物进口方面采取一些措施?

郭敬：在过去特定发展阶段，有一部分进口可用作原料的固体废物在弥补国内资源短缺方面发挥了一定作用。但随着我国经济社会发展水平的不断提高，进口可用作原料的固体废物暴露出不少问题，污染了环境，损害了群众的身体健康。尤其是“洋垃圾”，已经到了人人喊打的地步。

一些国家通过多种方式将废物转移到其他国家，有的甚至是非法出口。为有效管制危险废物在各国间转移，国际社会 1989 年制定了《控制危险废物越境转移及其处置的巴塞尔公约》，中国也是这个公约的缔约方。这个公约规定，出口危险废物必须事先征得进口国主管部门的同意，这也是控制“洋垃圾”的国际手段。我们也必须看到国内国外都有一些少数的不法商人为了自己的利益非法进口、夹带走私“洋垃圾”，造成不少环境问题，必须进行严厉的打击和查处。

党中央、国务院高度重视生态环境保护与固体废物进口管理工作。特别是今年 4 月，习近平总书记专门主持召开了一次重要会议，审议通过《关于禁止洋垃圾入境推进固体废物进口管理制度改革实施方案》。会议指出，要以维护国家生态环境安全和人民群众身体健康为核心，完善固体废物进口管理制度，分行业、分种类制定禁止固体废物进口的时间表，分批、分类调整固体废物进口管理目录，综合运用法律、经济、行政手段，大幅减少进口固体废物的种类和数量。同时，要加强固体废物回收利用管理，发展循环经济。

也正是为此，我们先行将环境污染风险高，群众反映强烈的来自生活源的废塑料、未经分拣的废纸、废纺织原料、钒渣等24类固体废物禁止进口，并根据WTO有关透明度义务的要求，在相关委员会项下进行了通报。

今后我们将不折不扣、认真贯彻落实中央决策部署，顺应人民群众的新要求、新期待，切实维护国家生态环境安全和人民群众的身体健康。

刘友宾：我补充一句，自7月1日开始，环境保护部启动了打击进口废物加工利用行业环境违法行为专项行动，您可以看“环保部发布”官方微博、微信公众号，我们每天对外发布专项行动查处情况。

新京报记者：习近平总书记在5月的“一带一路”国际合作高峰论坛上提出“践行绿色发展新理念，倡导绿色、低碳、可持续的生产生活方式，加强生态环保合作，建设生态文明，共同实现2030年可持续发展目标。”请问环境保护部在这方面做了哪些工作？“一带一路”对外投资过程中如何促进当地可持续发展？

郭敬：首先“一带一路”倡议同落实联合国2030年可持续发展议程高度契合。“一带一路”沿线多为发展中国家和新兴经济体，发展与保护的矛盾比较突出。共建绿色“一带一路”，既是“一带一路”建设的内在需求，也是落实联合国2030年可持续发展议程的重要举措，符合各国的共同利益。

中国十分重视“一带一路”建设中的生态环保合作。习近平总书记多次强调，要加强生态环保合作，共建绿色“一带一路”。今年5月，中国举办了“一带一路”国际合作高峰论坛，习近平总书记在这次论坛上专门提出要设立“一带一路”生态环保大数据平台，并且倡议建立“一带一路”绿色发展国际联盟。

环境保护部围绕建设绿色“一带一路”和“一带一路”生态环保国际合作做了这么几件事情：

一是我们与外交部、发展改革委、商务部联合发布了《关于推进绿色“一带一路”建设的指导意见》，从加强沟通交流、保障投资活动生态环境安全、搭建绿色合作平台、完善政策措施等方面明确了绿色“一带一路”建设的总体目标和主要任务。

二是环境保护部发布了《“一带一路”生态环保合作规划》，这也是“一带一路”生态环保国际合作的一个顶层设计规划。围绕着政策沟通、设施联通、贸易畅通、资金融通和民心相通等“五通”方面的生态环保工作提出了58项具体任务，积极推动中国生态文明和绿色发展的理念与实践融入“一带一路”建设的各个方面。

三是启动了生态环保大数据服务平台建设，正在同联合国环境署商讨，共同筹建“一带一路”绿色发展国际联盟。环境保护部还致力于推动打造一些平台，比如我们启动了建设“一带一路”环境技术交流与转移中心，推动开展务实合作；实施了绿色丝路使者计划，过去5年为发展中国家培训了1 100余名环境部门官员以及青年、学者、企业代表。

关于生态环保大数据服务平台。它的总体定位是支持沿线国家绿色转型、促进绿色贸易、绿色投资和绿色基础设施建设，将逐步建设成一个信息交流的旗舰式窗口，建成知识和技术的分享平台和共享平台，建成信息支撑和决策支持平台，推动“一带一路”沿线国家的惠益共享。

关于“一带一路”绿色发展国际联盟。环境保护部和联合国环境署根据领导人的倡议，在双方2016年签署的《关于建设绿色“一带一路”的谅解备忘录》基础上，已经开始启动这个联盟的筹建工作。它的主要建设目标：一是要搭建国际平台、分享各国绿色发展的理念、政策与实践，共同提高区域的绿色发展水平。二是要开展国际和区域层面的研讨与对话，为绿色“一带一路”建设提供政策咨询建议。三是要推动各国的商界、企业界发挥积极作用，提高互联互通和国际产能合作的绿色化水平。四是要提高沿线国家可持续发展和公众生态环保意识，提升沿线各国实现2030年可持续发展环境目标的能力。“一带一路”绿色发展国际联盟是开放的、包容的，欢迎“一带一路”沿线国家、政府、企业、社会组织，包括国内的相关部门、地方政府、研究机构、社会组织，积极参与联盟的建设。

关于中国对外投资“走出去”的环境风险，实际上环境保护部和商务部在2013年，也就是“一带一路”倡议启动的时候，已经共同发布了《对外投资合作环境保护指南》，用来指导中国“走出去”的企业遵守当地的环境法规标准和要求。刚才我提到的四部门联合发布的《关于推进绿色“一带一路”建设的指导意见》里面，专门就落实这个指南、推动企业履行社会责任提出了相关的要求。

2016年年底的时候，环境保护部、发展改革委、商务部支持多家企业联合发布了《履行企业环境责任　共建绿色“一带一路”倡议》。

实际上，近年来中国相关企业的对外投资合作中，企业环境保护社会责任的意识不断地增加，很多项目获得了当地政府和民众的高度肯定。比如中方企业承建的印度古德洛尔燃煤电站项目，2016年获得了印度推进规模发电基金会颁发的环境保护奖。中方负责建设的巴基斯坦萨希瓦尔燃煤电站项目，二氧化硫和氮氧化物的排放量分别为180毫克每立方米和300毫克每立方米，远远低于当地排放标准。中方还承建了中国－白俄罗斯工业园一期市政基础设施污水处理站，也是今年5月刚刚完工，是白俄罗斯处理能力最强、处理工艺最先进的污水处理站。这些案例说明中国大部分企业在境外对“一带一路”沿线国家的投资活动中，遵守了当地的环保法律，得到了当地政府和公众的认可。

第一财经记者：中国一直是南南合作的倡导者和实践者，请问在环保领域主要开展了哪些工作？取得了哪些成果？

郭敬：十分感谢，这个问题提得非常好。中国在过去几年做了很多工作。中国－东盟环境保护合作中心就是专门为推动南南合作成立的，有7年了。这个中心同时还是中国－上海合作组织环境保护合作中心。中国－南南环境合作的主要业务由这个中心牵头承担，环境保护部其他部门也在参与。我想请东盟中心的张洁清副主任介绍一下这方面情况。

张洁清：谢谢。中国为什么要开展南南合作？中国和很多发展中国家面临非常相似的环境挑战，所以说对于环境合作有共同的利益。另外南南环境合作本身有助于发展中国家相互之间分享在环境和可持续发展方面的经验，一方面是提升自己在环境保护和可持续发展方面的能力，另一方面也可以推动发展中国家更加深入地参与到国际环境治理进程中，所以中国政府一直都是高度重视，并且积极地推动南南环境保护合作。

中国－东盟环境保护合作中心张洁清副主任

首先建立了专门机构，就像刚才郭司长说的，我们建立了中国－东盟环境保护合作中心、澜沧江－湄公河环境保护中心，通过这样的机构，专业性开展南南合作。

其次开展具体的合作活动。第一个方面，我们和广大发展中国家开展政策交流活动，比如举办中国－东盟环保合作论坛、中非环境部长对话会、中国－阿拉伯环境合作论坛，通过这些机制和发展中国家互相交流，分享环境保护方面的政策和经验，相互了解、相互借鉴。

第二个方面，制定合作战略，在共同感兴趣的合作领域开展具体的合作活动。我们和东盟国家共同制定了中国－东盟环保合作战略及中国－

东盟环保合作行动计划，并每年开展具体环保合作活动。在湄公河流域制订了绿色澜湄计划，未来将根据澜湄计划的具体内容，逐项开展活动。

第三个方面，开展环保产业和技术合作。依托国内生态环保园区，建设环保产业国际合作示范基地，通过示范基地向发展中国家推介我们的环境综合解决方案，从而推动中国和发展中国家共同提高环境保护能力。

第四个方面，开展联合研究。如与东盟专家共同编制并发布了《中国－东盟环境发展展望报告》，一方面探讨中国和东盟面临的环境问题，另一方面探讨共同合作的领域。

另外一个非常重要的工作就是能力建设活动，面向发展中国家开展绿色丝路使者计划。在过去五年里，举办了 52 期能力建设培训班，来自 80 多个国家的 1 000 多名环境官员、学者、青年参加，一方面提高环境意识，另一方面提高环境管理能力。

此外依托中国向联合国环境署信托基金的 600 万美元捐款，在绿色经济、国际环境公约履约等领域开展了一系列提高发展中国家环境管理能力的项目和活动，全球有 80 多个国家受益。

未来我们还会进一步加强南南环境合作。习近平总书记在“一带一路”国际合作高峰论坛上也讲到，中国未来三年将向参与“一带一路”建设的发展中国家和国际组织提供 600 亿元人民币的援助。此外，中国政府还会继续向联合国环境署信托基金捐款，用于提高解决环境问题的能力，这些都会为南南环境合作带来新的机遇。谢谢。

澎湃新闻记者：我的问题是关于大气污染防治，环境保护部在大气污染物成因研究方面开展了哪些国际合作，取得了哪些阶段性成果？

郭敬：环境保护国际合作着眼于解决国内重点环境问题。大气是我们过去多年来的一个重点领域，中国在这方面与发达国家开展了很多合作。比如20世纪80年代初期，在中美科技合作协定下，开展了中美环境保护合作，包括大气环境监测、标准和污染治理等内容。在与日本、德国等发达国家合作中，大气污染防治合作也非常丰富。环保国际合作对国内大气污染治理的积极作用可以体现在以下几个方面：

一是立法和制度的建立，汲取了世界各国，尤其是发达国家比较好的经验，加快了我国的立法进程。

二是基础性、机理性等科学方面的研究。治理大气污染，首先要研究它的成因，对症下药效果才能好。多年来，我们与发达国家合作，大学、研究机构、政府部门都投入了很多资源，开展了很多非常好的项目，对促进国内整体研发水平的提高，了解大气污染的成因和机理，包括源解析等问题，都发挥了积极作用，获益很多，促进很大。

三是在技术应用方面。从20世纪八九十年代开始，国际合作注重大气污染治理技术和设备的引进、吸收、消化，极大地提升了技术、设备研发方面的水平，比如各种除尘技术，以及大气监测设备等。通过与发达国家合作，促进了我国环保技术和装备水平的显著提高。

最后，合作一定是双向、互利、共赢的，否则就不叫合作。通过环保国际合作，推动了中国环保技术和产业市场的发展。中国的环保市场非常巨大，据专家预测，“十二五”期间每年增长率在15% ~ 20%，“十三五”甚至更长时期，中国环保技术和产业市场增长速度不会低于这个数字。这为国外企业进入中国环保市场提供了空间。中方对此持非常开放的态度，欢迎具有比较好的技术、愿意参与中国市场竞争的国外企业加入，在获得利益的同时，帮助中国加快污染治理，尤其是大气污染治理进程。谢谢。

每日经济新闻记者：刚才看到这个材料里面说我们最近一直在加强和开展国际合作，近年来针对国家的环保难题，主要在哪些领域加强了环境保护技术合作，起到了哪些作用？当前我国环境技术方面的短板是什么？下一步还将开展哪些领域的技术合作？在水和土壤领域，国外有哪些治理经验？

郭敬：大家都很了解，从2013年开始，中央政府连续发布了三个行动计划——《大气污染防治行动计划》《水污染防治行动计划》，还有《土壤污染防治行动计划》，也称为三个《十条》。环境保护部正在全力以赴，从制度建设到推动立法，包括建立一系列的配套方法。大家可以从不同的渠道了解到目前环境保护部每天都在干什么。

说实话压力很大，但是我们要有信心，有决心，同时还要有恒心。信心来自于中央领导，高层领导对我们生态环境保护空前重视。决心来自于国家的要求，必须要落地，要见实效，要让老百姓，包括在座的各位，有实实在在的获得感。恒心就是要对大气污染、水污染、土壤污染问题，做好打持久战的准备，因为毕竟是一个科学的过程。比如讲大气污染防治行动计划，过去三年，从2013—2016年，变化是明显的，改进也是明显的。在这个过程中，环保国际合作全力以赴，围绕大气、水、土壤污染治理技术需求的重点领域来开展，去引导、推动国家重点技术研发的投入。实际上国家在这方面投入逐年增加，各部门已经把重大的生态环保技术研发工作摆在非常重要的位置。

国际合作方面，现在更多是技术合作，这对于社会和市场来讲，是一个商务和商业合作。政府一定要发挥导向作用。环境保护部在这方面会有一系列要求，也出台了很多政策，希望媒体的朋友们多呼吁、多宣传、多传播，共同做好科学、技术、市场各方面的工作，推动落实三个《十条》。这里面关键是创新，科技是解决很多问题的根本出路，对环保尤其如此。

至于我们现在有哪些短板，这么多年的发展，我国在常规污染治理技术方面取得了长足进步。如果用不同的参照系，跟我们自己比，进步非常明显；跟"一带一路"沿线国家、其他发展中国家比，我们一点不落后，很多常规的污染治理技术成套设备、集成设备都在出口。当然在一些领域，还存在短板、空白，也缺乏经验。比如土壤污染治理、污染地块修复就是大难题，不单是中国的难题，也是世界共同的难题。美国从20世纪六七十年代开始关注这个问题，通过国会立法，即超级基金法，要求造成遗留污染地块的企业投入资金清理污染地块。这方面我们有经验可循，但实际上难度很大，各国的情况差别也很大。我相信，将来在中国污染治理过程中，我们中国人自己的团队，一定能够研发出适应中国的技术。

中国日报记者：我想问一个关于空气污染合作的问题，每年中日韩三国都会举行环境部长会议，三个国家在环境治理方面有哪些具体的合作项目？特别是在大气污染治理方面有哪些合作？

郭敬：中日韩三国是区域里很重要的国家，三国在环境领域保持着良好的合作关系。18年前，三国建立了中日韩三国环境部长会议机制，至今已经连续召开18次部长会议，下一次也将于近期召开。在部长会议机制下，三国启动并实施中日韩环境合作的联合行动计划，涉及生物多样性保护、大气污染防治、水污染治理、生态修复、公众意识、化学品管理以及电子废弃物越境转移等诸多领域。三国多年来形成了一套比较顺畅的沟通与合作机制，这种合作机制在世界范围内也不多见。明年将是第 20 次部长会议，由中方主办。我们将在中日韩三国合作 20 年取得的进展和成效基础上，谋划未来十年的合作。

目前，三国环境合作越来越务实，刚才谈到的大气污染就是三国关注的问题之一。在三国环境部长会议框架下，建立了大气污染防治政策对话会，轮流在三国召开，现已召开四次会议。在这一对话会机制下，专门成立了两个工作组，一个是空气污染预防和控制科学研究工作组，一个是空气质量监测与预测技术及政策工作组。

大气污染问题，归根到底是各自国内发展过程中出现的问题。日本、韩国，包括西方其他一些发达国家，在发展过程中，也同样存在着如何应对大气污染，特别是本国境内的大气污染，以及由此产生的其他问题。我想，最重要的是要共同面对这些问题，开展交流沟通，加强相互理解与合作。我们在中日、中韩双边合作机制下保持着密切沟通，通过与日本、韩国的合作，学到了很多东西，对中国的环境保护包括大气污染防治工作都发挥了积极作用。我一直对日本、韩国的同事讲，中国如果解决了自己国内的环境问题，就是对区域、对全球环境保护和可持续发展最大的贡献。中国有近 14 亿人口，解决了中国的环境问题，就解决了世界上 1/5 人口面临的环境问题，这个贡献还能说不大吗？

中国正在向污染宣战，坚决打好蓝天保卫战。如果在今后五年、十年能够改善大气环境质量，如期实现预定目标，实际上就是对区域大气质量改善的巨大贡献。我相信日本、韩国的同事，也理解并赞同这一点。谢谢。

南方都市报记者：在“一带一路”建设方面，有一个大数据平台，我们关注到国际上有一些声音，担心环评不过关，环境标准不太严，所以想问一下环境保护部在这方面会不会对中国企业走出去进行环保方面的把关？

郭敬：我刚才已经讲了，环境保护部和商务部在三四年前发布了一个文件，实际上就是政策上的把关。如果企业遵循国家号召和引导，其在国外的投资、合作活动就会比较顺利。从根本上讲，境外的投资包括企业“走出去”，需要遵守当地的环境法律，这是国际上通用的属地原则。大部分企业近几年越来越意识到，企业在境外的投资合作活动，一定要履行好环境社会责任，包括遵守当地的环境保护法律。我举了不少例子，也有很多企业做得非常好。通常人类的共性就是做得好的不会去说，尤其是在传播方面，中国有句老话“好事不出门，坏事传千里”。

的确有些国内企业在境外投资合作建设过程中，没有充分了解和掌握当地环境保护法律法规要求，产生这样那样的问题。希望这部分企业汲取教训，并为其他“走出去”企业提供借鉴，把中国好的生态环保技术和理念，带到其他国家去，尤其是跟我们面临类似问题和挑战、经济上不那么发达的国家，保护好当地的生态环境。谢谢。

刘友宾：今天的发布会到此结束，谢谢各位！

环境保护部
8 月例行新闻发布会实录

（2017 年 8 月 22 日）

8 月 22 日上午，环境保护部举行 8 月例行新闻发布会。环境保护部政策法规司别涛司长介绍法律法规和环境经济政策等有关情况，环境保护部宣传教育司刘友宾巡视员，通报近期环境保护重点工作进展情况，并共同回答记者关注的问题。本场新闻发布会实施《例行新闻发布优化方案》，首次通报环境保护部每月重点工作，并回应舆论关注的环保热点问题。

环境保护部 8 月例行新闻发布会现场（1）

环境保护部 8 月例行新闻发布会现场（2）

主持人刘友宾：新闻界的朋友们，大家上午好！

欢迎大家参加环境保护部8月例行新闻发布会。

今天的新闻发布会，我们邀请到环境保护部政策法规司别涛司长，向大家介绍中国环境保护政策法规建设情况，并回答大家关心的问题。

同时，从本次发布会开始，我们将每月向大家提供环保工作动态，并通报大家关心的重点环保工作进展，以便大家更全面地了解环保工作。下面，我先简要介绍有关情况。

一、中央环保督察实现全国31个省（区、市）全覆盖

随着近日第四批中央环保督察的全面进驻，目前已实现了全国31个省（区、市）中央环保督察全覆盖。

中央环保督察聚焦中央高度关注、群众反映强烈、社会影响恶劣的突出环境问题，在河北督察试点及前三批督察中，中央环保督察组共受理群众举报9万余件，经梳理合并重复举报后向地方交办63 260件，向河北督察试点及前三批督察共23个省（区、市）移交党政领导干部生态环境损害责任追究问题298个。截至目前，受理的举报已基本办结，问责近12 000人，解决了一大批群众反映突出的环境问题，得到了人民群众的广泛称赞和拥护。第一批督察移交的100个生态环境损害责任追究问题，已完成责任追究相关程序，问责结果近期将向社会公开。

目前，第四批中央环保督察正在进行，截至2017年8月20日，已受理群众举报10 268件，问责938人。

二、京津冀及周边地区将开展大气污染综合治理攻坚行动

自4月7日开始，京津冀及周边地区大气污染防治强化督查已开展四个多月，完成了9个轮次的督查轮换。通过持续的高压执法，进一步传导治污压力，企业达标排放率明显提高，“散乱污”企业清理整顿取得初步成效，环境污染恶化状况得到有效遏制。截至8月20日，强化督查共现场检查企业40 925家，发现存在各类环境问题企业22 620个，督办突出问题9 042个，约谈8个市（县、区）主要负责同志。

下一步，针对秋冬季大气污染治理仍然存在的薄弱环节，我们将采取更有针对性的措施，开展“京津冀及周边地区2017—2018年秋冬季大气污染综合治理攻坚行动”，部党组已经审议通过了“1+6”的工作方案，即1个总体方案，6个配套方案，做出系统部署，聚焦重点区域、重点行业，统筹好督查和巡查工作，督促地方及时做好信息公开，实行量化问责，进一步巩固督查效果，杜绝“散乱污”企业异地转移和死灰复燃，扎实做好秋冬季大气污染防治工作。

三、深入开展进口固体废物加工利用行业清理整顿

为深入贯彻党中央、国务院关于加强生态环境保护的决策部署，自7月1日起，环境保护部组织开展了为期1个月的打击进口废物加工利用行业环境违法行为专项行动。

专项行动共抽调1 700余人，对全国所有从事进口废物加工利用活动的1 792家企业开展了执法检查，全面排查并依法严厉打击进口废物加工利用企业的环境违法行为，发现1 074家企业存在各类违法违规问题，占

检查企业总数的 60%。

为进一步落实国务院关于禁止洋垃圾入境推进固体废物管理制度改革的有关要求，下一步环境保护部将重点开展四方面工作：一是对这次检查发现的各类环境违法问题依法依规严肃处理，并公布处理结果。二是调整进口废物管理目录。日前，环境保护部联合有关部门印发了《进口废物管理目录》（2017 年）的公告，将 4 类 24 种固体废物从限制进口类调入禁止进口类，将于 2017 年年底开始实施。三是开展进口固体废物集散地专项整治行动。联合有关部门开展为期五个月的再生利用行业清理整顿，依法取缔一批污染严重的非法再生利用企业，重点整治加工利用集散地，铲除洋垃圾藏身之地，规范引导再生利用企业健康发展。四是启动进口可用作原料的固体废物环境保护标准的修订工作，正在会同有关部门共同研究并抓紧对外发布。

今天下午，李干杰部长将主持召开专题座谈会，会同有关省市人民政府和国务院有关部门负责同志，共同研究部署进一步加强禁止洋垃圾入境推进固体废物管理工作。

四、加大推进《水污染防治行动计划》工作力度

总体来看，全国水污染防治工作取得积极进展，但部分地区、部分行业进展滞后。2017 年 1—7 月，全国地表水达到或优于Ⅲ类水体比例为 70.2%，同比提高 1.1 个百分点；劣Ⅴ类水体比例为 8.6%，同比下降 1.2 个百分点。截至今年 7 月，重点城市确认的 681 个黑臭水体中，完成整治工程的有 364 个，占 53.5%；在工业污染治理方面，已有 1 771 家企业完成清洁化改造，占总数的 85.0%，全国省级及以上工业集聚区仍有 417 家

未按规定建成污水集中处理设施，占总数的18%；在城镇污染防治方面，敏感区域城镇污水处理厂173个达到一级排放标准，占61%；在农业污染防治方面，14个省（区）尚未完成畜禽养殖禁养区划定。

下一步，我们将开展以下几项工作：

一是完善综合督导机制。指导各级环保部门建立水环境形势分析制度，识别工作滞后的地区和突出水环境问题，对问题严重地区统筹采取综合督政措施。二是健全配套政策措施。加快研究制定饮用水水源保护、地下水污染防治等相关配套法规、标准和规范性文件。三是组织开展中期评估。委托专家团队评估《水十条》实施以来的水环境质量改善情况等，明确下一步对策建议和工作重点。四是加大信息公开。前段时间，环境保护部通报了各省份2017年上半年《水十条》目标任务完成情况和水质反弹情况，环境保护部将继续做好信息公开工作，接受公众监督。

下面，请别涛司长介绍有关情况。

别涛：大家好！首先感谢大家对环保政策法规在内的环保工作的关心和支持。今天根据部里的安排，我向大家介绍党的十八大以来国家环保法律法规和环境经济政策有关进展情况。

近年来，环保法律法规和环境经济政策工作迎来新的发展形势。习近平总书记在2013年5月24日中共中央政治局第六次集体学习时强调："只有实行最严格的制度、最严密的法治，才能为生态文明建设提供可靠的保障。"这为加强环境政策法规工作提供了难得的历史机遇。

党的十八大以来，国家层面的环保政策法规工作取得积极进展。主要表现为以下四个方面。

环境保护部政策法规司别涛司长

一、在进度上，加快环境立法的步伐，“五年 7 部法律”

2012 年以来，环境保护部全力配合立法机关完成 7 部环保法律的制修订，积极推进完成 9 部环保行政法规和 22 件环保部门规章的制修订。目前正在配合人大立法机关开展核安全法、土壤污染防治法制定工作，配合财政部开展《环境保护税法》实施条例的制定工作。环境立法的进展是比较明显的，环保领域的立法是立法最活跃、修订最频繁、成果最突出、体系最完备的立法领域之一，生态环保领域的立法是中国特色社会主义法律体系的重要组成部分。

二、在方式上，立改并举，提高质量，填补空白

一是填补立法空白。《环境保护税法》是按照“税收法定原则”制定、并体现税费改革和“税制绿色化”的第一部单行税法。《核安全法》《土壤污染防治法》的制定填补了立法空白。

二是强化各社会主体责任。包括政府及其相关部门、企业、公众在环保方面的责任、权利、义务及其保障机制。

三是加大违法成本，提高法律威慑力。在行政责任方面，行政处罚不设上限，增加了按日连续处罚、查封扣押、移送拘留以及对“未批先建”项目规定按投资总额的1% ~ 5%处以罚款等处罚手段。在刑事责任方面，配合“两高”（最高人民法院和最高人民检察院）制修订“环境污染犯罪司法解释”，进一步加大环境污染犯罪打击力度。在民事责任方面，增加了环境侵权责任和社会组织依法提起公益诉讼等规定。

四是加快全面深化改革急需配套法律法规制修订。比如修订《环境影响评价法》《建设项目环境保护管理条例》，进一步简化了建设项目环保审批事项，加强了事中事后监管。将建设项目环境影响登记表由审批改为备案（原先需要办理环境影响登记表的项目占建设项目总数的50%），取消了环保设施竣工验收的行政许可，要求企业自行验收，环境保护部规定企业自行验收的程序和标准；取消行业预审，由串联审批改为并行审批，环评的审批不再作为投资审批的前置，环评的审批也不再作为工商执照办理程序，各负其责，提高效率，减轻企业负担。

三、在立法体系上，坚持国家立法与党内法规相互补充相互促进

党内法规是社会主义法律体系的重要组成部分。环境保护部积极参

与和配合有关党内环保法规和政策性文件的制修订工作，注重国家环保立法与党内环保法规文件的衔接和协调。经中央深改组审议通过，发布党内环保法规和政策性文件至少20件。主要包括《生态文明体制改革总体方案》《党政领导干部生态环境损害责任追究办法》《环境保护督察方案》《生态环境损害赔偿制度改革试点方案》《控制污染物排放许可制实施方案》等。

四、在内容上，法律硬约束、政策软激励综合运用相得益彰

在完善环境立法体系，强化法律制度的硬约束的同时，加快环境经济政策的制定与实施，鼓励绿色生产和消费。一是推进绿色金融改革，为绿色发展创新机制。参与发布《关于构建绿色金融体系的指导意见》、5省区绿色金融改革创新试验区实施方案。牵头制定“环境污染强制责任保险管理办法”、落实上市公司环境信息披露监管、深化绿色信贷、完善绿色债券目录指引。二是推动税收体制改革，激励企业加大环保投入。推动建立环境保护税；推动消费税、企业所得税、增值税等现有税种“绿色化”，对环保投入大、减排效果好的企业依法予以税收优惠，对高污染产品增收消费税，激励绿色消费。三是建立环境信用体系，引导企业改善环境表现。不断完善环境信用评价指标体系，强化信用信息收集与跨部门交流机制。对环境信用好的企业予以政策扶持；对环境信用差的企业，31个部门实施联合惩戒。

下面我愿意回答大家的提问。

科技日报记者：最近网上有一个说法，有的地方在执行污染管控方面，采取“一刀切”的方式，引起大家的非议。请问您怎么看待这个问题？

别涛：这是大家非常关注的问题。提出这个问题，说明大家在关注环保执法行动。中央环保督察到目前为止进行到第四轮，实现了全国 31 个省（区、市）全覆盖。环保督察实现了由监督企业到监督政府的转变，这个过程也对环境监管带来重大影响。对京津冀等重点地区实行强化督查机制，产生了积极效果，也发现了一些问题。根据环境保护部的调度，我们在京津冀地区发现的问题企业至少有 17 多万家，这个数字是非常惊人的。督企也好，督政也好，方式都是公开的，鼓励大家举报，让问题企业无可隐藏。我觉得这是好事。

对企业发生的问题，从法律角度分析，很多是未批先建、批建不符，环保设施未验收或者没有正常运行，超标或超总量排污，也可能是没有排污许可证，还有的是环保部门责令改正之后，拖延消极，拒不整改。违法的表现如此种种，不一而足。对这些行为，我们是不应该容忍的。对违法的企业，我们的法律法规有相应的处罚规定。未批先建的，环保设施不运行的，超标排污的，都有专门的处罚机制。例如，建设项目未批先建的，发现之后环保部门可以责令停止违法行为，同时罚款；超标排污的，可以责令限制生产或者停产整治，情节严重的报政府批准后停业关闭；拒不执行环保部门责令停止违法行为决定的，还可以移送公安机关进行行政拘留。一些违法行为，无视法纪，只管自己盈利，损害了公共环境，也破坏了市场公平竞争。一些"散乱污"的企业，它的环保成本基本等于零。这就导致同样一个产品，违法企业的实际成本很低，与守法企业的市场竞争是不公平的。因此，对违法的企业要严格执法，也可以说零容忍，这是法治的基本要求。

通过严格执法，使企业消除侥幸心理，同时还守法企业一个公道。让守法企业不吃亏，让违法企业不占便宜，这是法治的基本理念。环境保护部从来没有要求地方环保部门“一刀切”，环境保护部有两个态度是明确的：第一个是反对部分地方平时不作为，疏于监管，使违法企业长期存在，污染环境；第二个是反对部分地方平时不作为，到了环保督察检查巡查的时候，采取简单、粗暴的方法，片面处理发展与环保的关系，这是严重的不负责任，也是乱作为。我们反对平时不作为，也反对检查时的乱作为。

从法律上看，环境监管执法应该有以下三个原则或是立场：第一，对违法企业应该坚持零容忍，严格执法，公平执法；第二，对环保守法企业，应该公正对待，依法保护合法经营权；第三，即使是违法的企业，从依法行政的角度，也要遵守法律规定的条件、程序，分类管理、合理引导，依法合理行政。这是我对“一刀切”问题的看法。

路透社记者：我们想了解如何建立长期的、长效的督察机制，中国在环保方面是否希望更多使用法律途径而非行政手段，我想问一下当前的法律制度，是否能应对繁多的案件？

别涛：随着环保督察力度的加大，越来越多违法企业被暴露出来。在京津冀地区，今年4月巡查之前，先让地方自主申报，共有五六万家违法企业，当时我们已经感觉很吃惊了。但到6月底，根据环境保护部环境监察局的数据，京津冀地区强化督查发现的问题达到17.6万件，比之前地方自主申报的数字增加了约12万件，这令我们更吃惊。这反映了我们的执法监管方式在创新，环保督察、巡查等机制是有效的。违法的问题、隐藏的问题之前没有暴露出来，现在暴露在阳光之下了。

如何保证将督察巡查的效果转变成长效的高压机制，这是第二个问题。我们应该建立在稳定的法治基础之上。根据《中共中央关于全面推进依法治国若干重大问题的决定》，法治的基本要求有四个：科学立法、严格执法、公正司法和全民守法。发现问题是第一步；接下来，要依据现行有效的法律，通过严格的行政执行来解决；在这个过程中，一部分问题会诉至法院，通过公正的司法来解决；最后我们要推动公众、企业达到一种自觉的守法状态。我认为这是理想的，也是我们的目标。我坚信根本的出路还是建立完善的法治，要有完备的立法、严格的执行、公正的司法，以及全民高效的、自觉的、文明的守法状态。

目前的环境法律制度部分是有效的，部分是不足的。环境保护部作为行政主管部门，在党中央、国务院领导之下，在全国人大常委会指导支持之下，在高法、高检、公安、司法机关大力协同之下，同时也是在媒体公众的监督之下,已经形成了一种强有力的打击环境违法行为的高压态势。我们引入很多机制，对企业的处罚，对相关责任人进行行政拘留、追究刑事责任，包括监测数据的弄虚作假、违法排放等可能要进监狱，现实中的案例已经比较常见。可以说，环保部门在穷尽一切办法，动员一切可动员的力量，加大对违法企业的打击力度。对部门和企业，对地方政府不履行环保责任的，以中央名义对地方党委政府进行督察，这是机制上的创新。我们不断完善环境损害鉴定评估机制，建立了一套评估方法，经过评估达到立案标准的，环保部门可以移送给司法机关，依法追究违法行为人的责任。另外，环保部门积极推动信息公开，加大媒体宣传报道，引导 NGO 参与环境事务，加大对环保工作的监督力度，并推动鼓励支持环保社会组织依法提起公益诉讼。

从积极的一面来说，现行的法律制度措施是有效的，同时也还存在不足。如果法律制度措施足够有效，在京津冀及周边地区就不应有这么多违法违规企业。事实说明目前的法律制度措施还是有缺陷的。未来我们还要进一步拓展信息公开、公众参与，充分调动社会各界的积极性，发动各方共同打击环境违法行为。

此外，我们正在抓紧推动环保体制机制方面的改革。比如，通过环保监测监察执法垂直管理体制改革，把环保部门有限的人员转化为第一线执法力量，同时推动重点区域流域派出机构的设置。体制机制上的改进有个转变的过程，打击违法也需要一个过程。环境质量改善是经济社会发展过程中一个特定阶段面临的问题。英国环境的治理和改善，从伦敦烟雾事件算起，也经过了不下 30 年的时间，所以这是一个相对长期的过程，我们想让环境质量改善这个过程更短一些，努力打好蓝天保卫战，实现山青水蓝地绿，让环境更优美。我们也一起来期待，谢谢。

人民日报记者：我国现在环境信用评价进展怎么样？在联合惩戒方面采取了哪些措施？下一步还将如何完善？

别涛：环境信用评价是一个相对新兴的工作，环保部门根据环境政策法规，全面评估企业的环境守法等表现，并向社会公开评估结果。注重环境保护社会责任的企业、消费者，可以根据评估结果进行“差别化”选择，更多使用环境信用好的企业的商品，从而引导企业提高环境绩效。

近年来，环境信用评价工作迎来难得机遇。党的十八大以来，党中央、国务院高度重视社会信用体系建设，专门印发了多个指导意见等文件进行系统部署。这为环境信用体系建设指明了方向。

从本质上来说，环境信用评价是一种典型的事中、事后监管手段。根据环境制度改革方向，企业投建项目要在开工建设之前完成环评，才能具备基本的合法条件。开工运行之后，环保部门开展事中、事后监管时，引入企业环境信用评价机制。为此，环境保护部2013年牵头印发了《企业环境信用评价办法（试行）》，2015年又牵头印发了《关于加强企业环境信用体系建设的指导意见》，指导地方开展评价工作。

根据《企业环境信用评价办法（试行）》，环保部门将一些重点排污单位，或者是排放有毒有害物质、位于环境敏感区等类型企业，纳入评价范围；根据评价指标，把企业分为四个等级，分别用不同的颜色做区分。江苏、广东、湖南、四川等地结合地方实际，探索了有特色的做法。

下面我以江苏为例，介绍一些做法。江苏评价结果分为五类：第一类是环境守法好、环境管理水平高的企业，评为绿色企业，这是环境信用最优秀的，也就是“橄榄型”的上端。第二类是合法守规的企业，但还没有达到绿色企业的水平，被评为蓝色企业，大多数企业都处在这个类别中。第三类是黄色企业，存在一些环境管理问题。第四类是不太守规矩，存在较为突出环境违法问题的，被评定为红色企业。第五类是表现特别差的企业，被评定为黑色企业。红色企业、黑色企业，是“橄榄型”的下端。

江苏对绿色企业实行金融、价格等领域的优惠政策。但是，对红色企业、黑色企业，则实行加征差别电价（比通常电价分别高5分到1毛）、污水处理费等惩戒性措施。因此，一个耗电量大的企业，可能因为环境表现不好，导致信用等级不佳，额外支付几百万甚至上千万元的差别电价。

这就把企业外部的环境成本，转化为内部的应该承担的费用。

同时，我觉得评价结果是把企业的形象展示给社会，让各个部门共同约束，也推动消费者做出绿色选择。如果一个产品的生产企业是环境友好的，消费者更愿意选择这些企业的产品，相当于为环境保护支付相对高的费用；而对于环境表现差的企业，许多消费者减少购买其产品，可以为环境表现好的企业腾出更多市场空间。

这些措施，我们将进一步完善，使之更精细、更公开，也将引进更多的力量参与评价工作，提升评价的质量，让更多的企业、普通消费者更好理解评价结果，从而更准确选择。

总的来说，信用评价是一个非常重要的机制，是环保硬性约束重要的补充。谢谢。

北京晚报记者：请问党的十八大以来环境立法工作整体情况？尤其是提到落实生态环境损害赔偿制度改革方案，有没有可能上升到立法的层面？

别涛：我先回答第一个问题，谢谢你关注环境立法的情况，借这个机会把环境立法跟大家做一个交流和介绍。十一届人大任期届满时，基本的判断是中国特色社会主义法律体系如期形成，十二届人大是通过立改废释等继续完善法律体系。按照党的十八届三中全会关于建立系统完整的生态文明制度体系和十八届四中全会关于用严格的法律制度保护生态环境的要求，我们配合立法机关修订完善了环境保护领域基础性立法，加强大气、水和土壤等重点领域立法，一批重要法律法规陆续制（修）订出台，为生态文明建设和环境保护工作提供了有力保障。

在全国人大制（修）订法律这个层次上，环保部门配合立法机关制（修）

订了《环境保护法》（2014年）、《大气污染防治法》（2015年）、《水污染防治法》（2017年）、《固体废物污染环境防治法》（2016年）、《海洋环境保护法》（2016年）、《环境影响评价法》（2016年）、《环境保护税法》（2016年）7部法律。目前正在配合立法机关开展核安全法、土壤污染防治法制定工作。

在行政法规层面上，积极推动相关行政法规的出台，这里包括《畜禽规模养殖污染防治条例》《城镇排水与污水处理条例》《危险废物经营许可证管理办法》《防治海岸工程建设项目污染损害海洋环境管理条例》《防治海洋工程建设项目污染损害海洋环境管理条例》《防止船舶污染海洋环境管理条例》，以及最近新修改的《建设项目环境保护管理条例》等9部行政法规的制定和修改。

在部门规章制定方面，2015年为了配套落实《环境保护法》等相关重要法律执行，环保部门制定的比较重要的规章有《环境保护主管部门实施限制生产、停产整治办法》《环境保护主管部门实施按日连续处罚办法》等。为了落实国务院发布的《土十条》，出台了《污染地块土壤环境管理办法》。最近还有几个规章正在起草，如农用地的环保管理办法等。这四五年已经出台了22件部门规章。

另外，环境保护部还积极参与了一些党内法规和政策性文件的制定。比较重要的包括《党政领导干部生态环境损害责任追究办法》《环境保护督察方案》《生态环境损害赔偿制度改革试点方案》《控制污染物排放许可制实施方案》等。

关于生态环境损害赔偿制度入法的问题。生态环境损害赔偿制度建设的任务是在《中共中央关于全面深化改革若干重大问题的决定》里提出来的。2015 年 11 月，中央深改组审议通过，中共中央办公厅、国务院办公厅印发了《生态环境损害赔偿制度改革试点方案》。2016 年，经过中央批准，吉林等 7 个试点省市相继印发本区域的实施方案。今年 6 月底，环境保护部对试点情况做了跟踪和阶段性回顾、评估。从目前的情况看，试点进展基本是好的，也探索形成了一些规则。根据中央的要求，2018 年起，要在全国试行生态环境损害赔偿制度。我们在试点的基础上提出了全面试行的总体方案，这个方案已经报给国务院。

根据目前的法律，排污企业造成人身权、财产权损害的，受害人可以通过普通的民事诉讼来解决。生态环境损害赔偿的对象是公共的国有的权利，所以普通个人是不能主张权益的。对国有的环境资源要素，受到污染损害后，可以由国务院作为全民所有的代表者，授权省级政府指定相关部门作为权利人来提起索赔。索赔的方式有两种，一种是平等磋商，另一种是磋商不成提起生态环境损害赔偿诉讼。至于入法的问题，由于到现在为止还只是改革的试点，对实践中出现的问题，环境保护部已经与最高人民法院、最高人民检察院，包括立法机关有所反映，希望根据试点的情况，先推动出台一些具体的程序和规则，保证改革工作的有效实施。当然，根据试点的情况，也不排除要研究制定相应的法律法规的可能。谢谢。

新华社记者：今年 6 月环境保护部与证监会签署了一个协议，对上市公司环境信息披露进行监管。请问目前进展情况怎么样，下一步将采取什么样的举措？

别涛：2016 年 8 月，在杭州峰会之前，中央深改组通过《关于加快构建绿色金融体系的指导意见》，明确要进一步推动上市公司的环境信息披露。为了落实指导意见，环境保护部会同证监会签署了刚才你提到的“合作协议”。根据“合作协议”，两部门首先推动上市公司及其子公司在年度报告中披露管理信息，已经取得一些进展。分几种情况跟大家介绍。

第一种情况，在沪深两所3 000多家上市公司中，属于环境保护部确定的“国家重点监控企业”的上市公司有160多家，近九成披露了环境信息，总体情况比较好，我们基本是满意的。总的来看，这160多家公司经营状况良好，经济总量大，环境影响大，通过信息披露接受公众监督，并以此为契机提高环境绩效，对总体环境的改善是有积极作用的。但是，也存在一些问题，还有一些公司没有按照规定要求披露环境信息，或者披露的信息不够全面，不够规范，或者报喜不报忧、不够详细。我们正在会同证监会，采取措施不断进行规范。

第二种情况，属于省和市级环保部门确定的重点监控企业的上市公司，根据要求也应当披露管理信息。这部分上市公司的名单正在筛查和核实。

第三种情况，至少有一家主要子公司属于各级环保部门确定的重点监控企业，作为母公司的上市公司也要披露这些子公司的环境信息。目前，沪深两所上市公司的子公司有7万家左右，我们正在组织逐一比对、筛选。

按照证券监管规定，8月底之前，上市公司要披露2017年半年度报告，我们将会同证监会分析上市公司披露环境信息的情况，是不是全面，是不是准确，是不是完整。

年度报告、半年度报告都属于定期报告，我们还推进了“临时报告”

环境信息披露监管工作。上市公司出现重大情况，例如，因为环境违法受到重大行政处罚，或者面临较高的法律风险，就应该及时向股民、社会披露相关信息。前些年，有些上市公司出现重大环境违法问题却不披露，或者不及时披露，这都是违反规定的。我们正在抓紧梳理有哪些上市公司因为严重环境违法受到重大行政处罚。

下一步，我们将会同证监会，努力提高上市公司信息披露的规范性、全面性、可读性、完整性、有用性，以便于股民、公众准确判断上市公司环境风险。对于未及时按规定披露环境信息的，要依法依规督促、追责，并采取必要的处罚措施。

南方都市报记者：有媒体报道称，臭氧污染已成为继 $PM_{2.5}$ 之后，影响空气质量的又一重要污染物。请问对臭氧污染是否有明确治理时间表?

刘友宾：臭氧形成机理复杂、控制难度大，发达国家至今也尚未妥善解决。相关研究和实践表明：控制臭氧污染需要按照一定比例协同削减 NO_x 和 VOCs 排放，结合各地污染状况、产业特征、经济社会发展水平采取差异化控制策略。

国家已经将臭氧污染防治纳入大气污染防治工作议事日程。“十三五”规划纲要将空气质量优良天数比例列为约束性指标，其中充分考虑了臭氧污染可能导致空气质量超标情况。国务院《大气污染防治行动计划》中明确要求控制臭氧前体物 VOCs 和 NO_x 排放。目前，环境保护部已审议并原则通过《“十三五”挥发性有机物污染防治工作方案》，正在和有关部门会签，明确了主要目标、治理重点、主要任务和保障措施，编制修订了石油炼制等 14 项涉及 VOCs 的行业排放标准，联合财政、物价部门出台了

VOCs 排污收费政策，推动 VOCs 治理；NO_x 控制方面，“十三五”规划仍然将 NO_x 减排列为约束性指标。

从 2013 年起我们首先在 74 个重点城市，从 2015 年开始在 338 个地级及以上城市开展臭氧污染监测并公开发布相关信息。下一步，我们在继续将控制 $PM_{2.5}$ 作为大气污染治理首要任务的同时，将以加强 NO_x 和 VOCs 排放控制为重点，扎实推进臭氧和 $PM_{2.5}$ 协同控制。主要采取以下措施：一是对“十三五”约束性指标完成情况加强监督考核；二是积极削减臭氧生成的前体物 NO_x 和 VOCs，加快重点行业的污染治理；三是出台 VOCs 防治政策，加快制定农药、涂料、医药、无组织逸散的排放标准；四是进一步研究臭氧的形成机理，以及重点区域 NO_x 和 VOCs 的最佳协同减排比例。通过这些努力，有望在“十三五”期间初步遏制 VOCs 排放和臭氧污染上升趋势。

臭氧形成不仅与工业排放有关，也与机动车排放，与家装、服装等相关行业的排放密切相关。从保护人体健康角度看，臭氧污染比较容易防范，只要不在室外长时间暴露，就可以大幅减少臭氧污染的危害。臭氧治理要坚持科学认知、理性应对、全民参与。希望社会各界共同践行绿色生活方式，携手推进臭氧污染治理。

中央电视台记者：上半年，全国 338 个地级及以上城市平均优良天数比例为 74.1%，同比下降 2.6 个百分点。京津冀区域 13 个城市 $PM_{2.5}$ 浓度为 72 微克每立方米，同比上升 14.3%。请问如何解释 $PM_{2.5}$ 不降反升的现象？

刘友宾：谢谢你的提问，我首先向大家提供一组数据。2017 年 1—7

月338个地级及以上城市优良天数比例：60%、69.8%、83.1%、83.6%、70.5%、77.8%、82.5%，$PM_{2.5}$浓度分别为：117微克每立方米、62微克每立方米、48微克每立方米、40微克每立方米、38微克每立方米、29微克每立方米、27微克每立方米。数据显示，除1月、2月外，其他月份优良天数比例维持在70%以上，其中3个月在80%以上，$PM_{2.5}$浓度除1月、2月外，最高值都在50微克每立方米以下，每月同比分别下降17.20%、4.8%、持平、3.3%、6.9%，并呈逐月下降趋势。

今年1月、2月，发生多次重污染过程，给人民群众生产生活带来影响。专家们分析认为，主要原因是全球变暖大趋势下的不利气象条件、工业污染排放、机动车排放，以及冬季供暖期间大量散煤燃烧叠加所致。1月、2月频发的重污染过程，拉低了上半年优良天数的比例。自3月以来，全国空气质量总体呈不断改善趋势。以北京市为例，据测算，1月、2月重污染过程对上半年的$PM_{2.5}$浓度贡献率高达30%。3—6月$PM_{2.5}$浓度连续4个月实现历史同期最低，平均浓度同比下降25%，逐步缩小了反弹幅度。昨天，北京市刚刚发布空气质量报告显示，2017年7月，$PM_{2.5}$浓度为52微克每立方米，同比下降24.6%，继3—6月后，再次实现历史同期最低。

实践证明，《大气十条》关于大气污染防治的各项部署是正确的。同时，我们也要看到，当前大气环境质量离公众的期待仍有较大差距，违法排污问题仍然严重。特别是大气污染防治强化督查行动以来，各地发现的大量“散乱污”企业，更是提醒我们必须继续保持环境执法的高压态势，丝毫不能松懈。我们必须坚定信心，坚定不移地按照党中央、国务院的统一部署，持之以恒地打好蓝天保卫战。

中国新闻社记者：环保税征收涉及水、气、噪声等流动性要素，征收难度大，目前《环境保护税法》的实施进展如何？地方目前确定具体适用税额的进展如何？

别涛：相关部门正在抓紧起草《环境保护税法》实施条例。财政部、国家税务总局和环境保护部三个部门已联合发布了贯彻实施《环境保护税法》的通知，要求各地做好征税准备工作，要熟悉《环境保护税法》的各项规定。排污费改为环保税，需要税务部门与环保部门建立协作沟通和信息共享工作机制。

环保税的前身来自于排污费，排污收费制度已实施30余年。根据新的税法，首先是税费平移，现行收费的项目种类标准平移到环保税。基本工作机制是，企业向税务部门申报排污量，税务部门核定征收，这中间如果有疑问，可以向环保部门提出复核。

关于地方调整和确定具体适用税额问题。税是全部统一的，原则上不允许有太大差异，但同时考虑到地方特殊的环境质量要求和特殊的产业调整需要，《环境保护税法》规定地方可以根据税法规定的税额表，确定地方具体适用税额。如北京等环境容量小的地方，可能会确定较高的环保税额标准。按照税收法定原则，地方确定和调整具体适用税额的程序是：省级政府提出，报省级人大常委会决定，并报人大常委会和国务院备案。还有一个基本规则就是多排多缴，少排少缴，低于排污标准50%，减半征收，低于排污标准30%，按75%来收。

作为环保税征税的税基，即如何计算水、气污染物排放量的问题，有四种方法，按照不同的顺序优先使用。重点排污单位，安装自动监控设备获得的自动监控数据，如果没有人为干扰，这个仪器是可靠的，运营维护也是可信的，这种数据是最优先的。没有条件做自动监测的，第二种方法就是人工手动监测，根据监测数据判定排污量。第三个就是两个方法，排污系数法和物料衡算法。因为收税要相应低成本，为了适当降低征税成本，根据排污收费成熟做法，对一些量大面广、污染物排放种类多等多种原因而不具备监测条件的企业，环境保护部将制定排污系数法和物料衡算法用于计算企业排污量。排污系数法，简单举例来说，如某电厂的煤，含硫量5%，耗煤500万吨，用煤炭消耗量乘以5%，就是硫污染物排放量。还有物料衡算法，也就是根据物质质量守恒原理，对同行业产品原材料基本消耗、生产的产品与产生的废物直接进行测算。

目前环境保护部和国家税务总局已经就环保税征收工作签订了合作备忘录。下一步，环保部门将继续密切配合财政和税务部门，做好环保税征收前的各项准备工作，以确保2018年1月1日环保税的顺利开征。

新京报记者：近日有媒体报道称，由于环保力度持续加大，一些地方政府开始“一刀切”地限制畜禽养殖，转移或关闭各类养殖场，请问上述问题是否存在？有何应对举措？

刘友宾：我国是畜禽养殖大国，随着畜禽养殖业的发展，环境污染问题凸显。据农业部门统计，我国畜禽粪污年产生量约38亿吨，其中40%的畜禽粪污未得到资源化利用或无害化处理，给环境带来严重影响，已经成为农村的突出环境问题。

为了更好地解决畜禽养殖环境问题，促进畜禽养殖业的可持续发展，国家制定出台了基本完备的畜禽养殖污染防治法律法规，对规模化养殖的规划和选址建设、散养密集区域污染防治、畜禽禁养区的划定以及相关补偿问题等都进行了全面规定,为畜禽养殖污染防治提供了法律保障和依据。

下一步，环境保护部将依法行政，指导和督促地方依法做好畜禽养殖污染防治工作。对环保不达标企业，予以整治，促其改造升级；对合法经营企业，给予大力支持，维护其合法利益。

界面新闻记者：近日广东省茂名市中级人民法院判决环保组织“重庆两江”等无权提起海洋环境公益诉讼遭公众质疑，有专家认为该法院的判决并不合理。请问您对此有何看法？未来有没有打算放宽环境公益诉讼原告资格限制?

别涛：谢谢你关注这个问题和这个案子，我们也注意到这是个很有意思的案子。原告是远在重庆的环保组织，很活跃，对他们参与环保监督，我是赞成的。对茂名的这起案件，因为是司法问题，行政机关不宜评判。

据我了解，法院的判决，不能说没有依据。根据《海洋环境保护法》的规定，对破坏海洋生态环境，给国家造成重大损失的，依法行使海洋环境监督管理权的部门，可以代表国家提起损害赔偿诉讼。法院理解《海洋环境保护法》的授权对象是海洋监督管理部门，没有明确写 NGO。

现在，媒体、部分法学专家对这个问题有不同的看法，我认为也可以理解。2014 年修改的《环境保护法》，明确规定了符合条件的社会组织，可依法提起公益诉讼。全国人大常委会最近也修改了民事诉讼法和刑事诉讼法，符合条件的环保组织和检察机关都可以提起环境公益诉讼。NGO 提起的公益诉讼和主管部门提起的诉讼，是不是互相排斥的，现在还不清晰。我们在开展生态环境损害赔偿制度改革试点过程中，也遇到了政府提起的生态环境损害赔偿诉讼和NGO提起的公益诉讼怎么协调的问题。地方有一些较好的探索。有的地方有企业污染环境，NGO提起公益诉讼，法院没有审结的，就将其与政府提起的诉讼合并审理，我认为非常好。合并审理互相支持，政府掌握的证据和NGO掌握的证据可以相互补充，共同用来证明污染企业的行为，让其承担责任。不管是政府起诉还是NGO起诉，违法企业都占不了便宜。充分发挥各自的优势，这对遏制污染排放是有益的。

刚才说“一刀切”的问题，我想最后澄清和强调一句，所谓“一刀切”，从来就不是环境保护部的要求！谢谢。

刘友宾： 今天的新闻发布会到此结束，谢谢大家！

环境保护部
9月例行新闻发布会实录

（2017年9月27日）

9月27日上午，环境保护部举行9月例行新闻发布会。环境保护部环境影响评价司崔书红司长介绍环境影响评价工作有关情况，环境保护部宣传教育司刘友宾巡视员通报近期环境保护重点工作进展情况，并共同回答记者关注“环保影响经济发展”等热点问题。

环境保护部 9 月例行新闻发布会现场（1）

环境保护部 9 月例行新闻发布会现场（2）

主持人刘友宾：新闻界的朋友们，大家上午好！

欢迎大家参加环境保护部9月例行新闻发布会。

环境影响评价是环境保护的一项非常重要的制度安排。近年来我们在环境影响评价改革方面做了大量工作，取得了明显进展。今天的新闻发布会，我们邀请到环境保护部环境影响评价司崔书红司长。稍后，他将向大家介绍我国环境影响评价有关工作情况，并回答大家关心的问题。

下面，我先简要向大家通报一下近期几项环保重点工作的进展情况。

一、环保垂改试点工作取得明显成效

2016年9月14日，中共中央办公厅、国务院办公厅印发《关于省以下环保机构监测监察执法垂直管理制度改革试点工作的指导意见》（以下简称《指导意见》），部署启动环保垂改工作。环境保护部和中央编办坚定不移地抓好贯彻落实，加强分类指导。目前，河北、重庆、江苏、山东、湖北、青海、上海、福建等试点省（市）均已完成方案制定工作，环保垂直管理制度已经落地见效。其中，河北、重庆已经基本完成体制调整工作，江苏、山东正在推动改革实施，湖北、青海、上海、福建正在备案过程中，陕西、江西、天津、广东等省（市）垂改实施方案正在省（市）级审批过程中。垂改试点工作取得了明显进展。

按照《指导意见》要求，改革将以地方为主的市（地）环保局的领导班子成员任免体制调整为以省级环保厅（局）为主的双重管理；同步将县（区）环保局调整为市（地）环保局直接管理，领导班子成员由市（地）环保局任免。试点省份探索形成了环境监察体系改革基本方式，即省厅成立若干内设处室，同时跨市县或逐市派驻环境监察机构，成为常驻不走的“省委省政府环保督察组”。试点省份将现有市（地）环境监测机构和人员上收，由省环保厅直接管理，独立客观地开展驻地生态环境质量监测、调查评价工作。改革后各试点省份环境执法职责更加聚焦于“查企”，市级统一管理、统一指挥县级环境执法力量，实行交叉执法、联合执法。

习近平总书记要求，环保垂改应着力解决现行以块为主的地方环保管理体制存在的难以落实对地方政府及其相关部门的监督责任、难以解决地方保护主义对环境监测监察执法的干预、难以适应统筹解决跨区域跨流域环境问题的新要求、难以规范和加强地方环保机构队伍建设等“4 个突出问题”，环保垂改试点成功探索了解决“4 个突出问题”的有效路径，初步实现了建立健全条块结合、各司其职、权责明确、保障有力、权威高效的地方环境保护管理新体制改革目标，试点省份探索形成的一批经验、模式、做法具有可复制、可推广性，为环保垂改工作从试点成功转向全面推开奠定了坚实基础。

根据《指导意见》要求，后续将继续按照成熟一个、备案一个、启动一个的原则，推动其他省份环保垂改工作，力争在 2018 年 6 月底前完成全国省以下环境保护管理体制调整工作，并进一步完善配套措施，健全机制，确保“十三五”时期全面完成环保机构监测监察执法垂直管理制度改革任务，到 2020 年全国省以下环保部门按照新制度高效运行。

二、10 省市完成生态保护红线审核

2017 年 2 月 7 日，中共中央办公厅、国务院办公厅印发了《关于划定

并严守生态保护红线的若干意见》，按照该文件部署要求，环境保护部联合发展改革委，会同有关部门和地方有序推进生态保护红线划定和严守工作。

一是建立协调机制，统筹推进各项工作。成立了由环境保护部和发展改革委牵头共 12 个成员单位组成的生态保护红线部际协调领导小组。召开了部际协调领导小组下设的生态保护红线专家委员会会议，加强对生态保护红线工作的技术指导。

二是加强顶层设计，出台指导性文件。联合发展改革委会同有关部门印发了《落实〈关于划定并严守生态保护红线的若干意见〉工作方案》《生态保护红线划定指南》《生态保护红线划定方案技术审核规程》《划定并严守生态保护红线督导工作方案》等指导性文件，为划定并严守生态保护红线提供了技术指导和基本工作遵循。

三是开展各地生态保护红线划定对接和指导。分片区赴各地进行对接交流与指导。联合发展改革委多次召开会议，协调推进京津冀、长江经济带省（市）等重点区域生态保护红线划定工作，做好指导和跨区域衔接。目前，宁夏、上海、北京、天津、重庆、云南、江西、湖北、安徽、四川 10 个省（区、市）已完成生态保护红线审核。

下一步，环境保护部将联合发展改革委，会同有关部门重点推进划定并严守生态保护红线相关工作，印发《各省（区、市）生态保护红线空间格局和分布意见建议》等指导性文件，加强对各省（区、市）生态保护红线划定工作的技术对接，年底前指导支持京津冀、长江经济带省（市）完成生态保护红线划定，按计划完成国家生态保护红线监管平台试运行。2018 年年底前，全国其他省（区、市）完成生态保护红线划定。

三、28个科研团队下沉“2+26”城市开展工作

《大气重污染成因与治理攻关方案》明确提出，要对“2+26”城市实行“包产到户”的跟踪研究机制，成立28个跟踪研究专家团队，对“2+26”城市进行驻点指导，掌握防治工作的第一手资料，提出“一市一策”的大气污染综合解决方案。

跟踪研究工作组由国家队和地方科研人员共同组成，每个工作组由1个牵头单位和3～6个参与单位组成，根据城市规模和秋冬季重污染过程情况适时调整队伍规模，确保跟踪研究人力充足。同时，成立污染来源解析与成因分析、污染源清单编制与控制、管理综合决策支撑3个技术专家组，为各城市的大气污染来源与成因分析、污染源排放清单与控制、综合决策及监管平台建设等方面提供后台科技支撑力量，确保跟踪研究工作的规范性和成果的一致性与可比性。

通过跟踪研究工作，一是掌握当地大气污染第一手资料，获得翔实可靠的数据，有效支撑大气环境管理决策；二是与当地各项大气污染防治工作紧密结合，帮助地方解决实际难题，解决科研与实践脱节的问题；三是帮助地方培养大气污染防治研究人员，提升地方大气污染防治能力；四是为正在开展的京津冀及周边地区秋冬季大气污染综合治理攻坚行动等环保重点工作提供科技支撑。

目前，28个科研团队已下沉地方开展工作。

下面，请崔书红司长介绍有关情况。

环境保护部环境影响评价司崔书红司长

崔书红：各位新闻界的朋友，大家好。

首先感谢各位长期以来对环境影响评价工作的关心和支持，很高兴能与大家见面，并回答大家的问题。

环评是环境保护源头预防的一项重要制度。党的十八大以来，我们认真贯彻落实党中央、国务院关于转变政府职能，推进简政放权和生态文明体制改革的一系列部署要求，坚持问题导向，围绕改善环境质量，着力转变环境管理方式和方法，制定印发了《"十三五"环境影响评价改革实施方案》，环评制度改革取得积极的进展。

一是法治建设取得突破，新修改的《环境影响评价法》已于 2016 年 9 月 1 日实施，这是继《环境保护法》修订颁布实施后，环境保护立法的又一重大突破。前不久国务院颁布了新修订的《建设项目环境保护管理条例》，将于今年 10 月 1 日起实施。

二是环评审批程序进一步简化。取消了水土保持、行业预审等环评的前置审批，环评自身也不作为其他部门项目审批的前置条件，审批由“串联”改为“并联”。约占环评审批数量 50% 的登记表项目由审批制改为备案制，大大减轻了基层环保部门的行政成本和企业负担。取消了建设项目试生产许可。取消了竣工环保验收行政许可，改为建设单位自主开展验收。

三是分级分类管理进一步优化。环境保护部分两次共下放了 57 项建设项目环评审批权限。2015 年以来全国有 28 个省级环保部门出台了新的环评审批目录。修订了《建设项目环境影响评价分类管理名录》，对项目环评分类进行科学合理的优化调整。

近期我们重点推进了三项改革任务：

一是针对战略和规划环评落地难的问题，在宏观层面“划框子”，强化“三线一单”约束。以固化的生态保护红线、环境质量底线、资源利用上线和环境准入负面清单（“三线一单”），强化空间准入和环境管理，在连云港、承德、鄂尔多斯、济南 4 个城市试点“三线一单”的划定，已经初步制定了“三线一单”编制的技术指南。

二是针对项目环评边界不清，针对性不强等问题，在项目环评领域“定规则”，推进技术导则体系重构，让环评回归本意。完成了《建设项目环境影响评价技术导则总纲》的修订。污染源源强核算技术指南的准则、火电、制浆造纸、钢铁、水泥五项指南已完成征求意见，正在修改完善。关于地表水环境、大气环境、土壤环境、环境风险等方面的环境影响评价技术导则的制修订工作也在加紧推进。

三是针对事中、事后监管不到位的问题，重点围绕“查落实”，推进体制机制改革。进一步明确建设单位的环境保护主体责任，建立“双随机一公开”+“靶向定位”的抽查制度，加大对违法行为的处罚力度。加快推进以全国环评审批信息联网、环评基础数据库、智慧环评监管平台这“一网一库一平台”为重点的环评信息化建设。正在研究制定建设项目事中、事后监管改革实施方案。

总体来看，目前环评改革进展顺利，成效是明显的，相关的背景材料已经发给了大家，谢谢。

刘友宾：下面请大家提问。

中国青年报记者：网络上有一种唱衰环评制度的声音，认为环评制度该淡化了，该退出历史舞台了，不知您对此有何看法?

崔书红：感谢你的提问。这个问题提得好，我们欢迎针对环评制度改革的建设性意见，但我要肯定地告诉大家，刚才提到的网上的这种声音是与事实不符的，而且是不正确的。环评制度作为环境保护管理的一项重要的制度，随着改革的深入只会加强，不会削弱。大家知道，环评是从源头预防环境污染和生态破坏的国际通行的一项制度，在我们国家快有 40 年的历史了。目前我们国家已经建立了比较完善的环境影响评价制度体系，环评制度在预防环境污染和生态破坏方面应该说发挥了巨大的作用。同时它有效促进了经济社会健康发展，也有力维护了广大人民群众环境权益。

随着我们国家经济社会的发展，环境问题日益突出，特别是随着政府职能转变的一些要求，环评制度的管理方式和管理模式也暴露出了一些不适应的地方，比如说审批事项多，规划环评落地难，项目环评针对性不强，“未批先建”“久拖不验”等违法行为易发多发。

为此有必要坚持问题导向，紧扣“放管服”，围绕改善环境质量，抓好“划框子、定规则、查落实”三个环节，这是目前环评改革的主要方向。通过“划框子、定规则、查落实”，加大环评改革的力度，让环评回归环评本意。在“十三五”的开局之年，我们制定印发了《“十三五”环境影响评价改革实施方案》，涵盖环评所有领域，包括战略环评、规划环评、项目环评，涉及环评全过程，总共有46项改革任务。这个方案既是环评改革的一个顶层设计，也是改革的施工图、路线图。方案确定的改革主要领域：一个是通过空间管控，划好框子，强化规划环评的落地；二是通过导则的修订，定规则，不断规范项目环评，提高项目环评的针对性。项目环评过去是边界不清，背负的内容太多，所以通过导则的修订让环评回归本意；三是通过查落实，严格事中、事后监管；四是通过规范的程序确保信息公开和公众参与。

同时这个方案还明确了改革的重要举措：

一是“划框子”，主要是通过强化生态保护红线、环境质量底线、资源利用上线和环境准入负面清单，我们叫“三线一单”，通过这些硬约束确保战略（环评）和规划环评落地。

二是建立完善项目环评审批与规划环评、现有项目环境管理和区域环境质量“三挂钩”的联动机制，服务环保中心工作，我们环保的中心工作是改善环境质量。

三是“三管齐下”，落实企业依法运行，加大信息公开和公众参与，强化舆情引导等措施，切实维护群众的环境权益。

四是狠抓全国环评审批信息“四级联网”。国家、省、市、县环保部门通过四级联网把审批信息报送到一个平台上，通过大数据进行分析，从根本上改变事中、事后环评管理的模式。

相信通过这些措施，环评制度的预防性功能会得到进一步加强，谢谢。

中国新闻社记者：在发给大家的材料中提到了“三线一单”，可否详细介绍一下“三线一单”具体要做哪些事？将对我国的生态环境保护发挥什么样的作用？

崔书红：感谢你的提问，前面讲了我们环评改革的主线就是“划框子、定规则、查落实”。“划框子”主要的工作措施就是编制“三线一单”。习近平总书记在中共中央政治局第41次集体学习的时候强调，要加强构建生态功能保障基线、环境质量安全底线、自然资源利用上线三大红线，推动形成绿色发展方式和生活方式，要加快构建科学适度有序的国土空间布局体系。划定“三线一单”是对习近平总书记重要指示的贯彻落实。

“三线一单”的具体内涵，就是生态保护红线、环境质量底线、资源利用上线和环境准入清单。生态保护红线，我的同事环境保护部生态司程立峰司长此前给大家做了介绍，核心就是要通过生态保护红线的划定，确保生态保护红线“只能增加不能减少”，对我们的经济发展布局，在空间上进行约束。有了生态保护红线以后，确定什么项目不能进入红线里面去，空间布局的管控得到加强。

环境质量底线，我们说环境保护的中心任务就是改善环境质量，环境质量底线为我们改善环境质量划定了一个必须遵守的红线。一个区域的环境质量只能改善不能恶化，这是我们的底线。

通过环境质量底线的划定，对一个区域的经济发展规模，一个区域的发展强度进行约束。举个例子，火电行业二氧化硫、氮氧化物、烟粉尘的排放，它跟国际同类相比，我们排放标准是非常严的，就单个项目来说排放是非常低的，但是若干个项目汇集到一起以后，一个区域的环境质量就可能要超，单个项目排放都是优秀的，但是多个项目累积以后区域环境质量可能会超出这个区域所能够承受的容量。通过环境底线的划定，对于一个区域的发展规模和强度可以做出限定。

资源利用上线，我们知道资源具有双重属性，有经济的属性，还有环境的属性。各种环境要素的载体就是资源，水、土、森林、草原等。资源的过度开发是导致环境恶化的重要原因之一。所以对资源利用上线的划定，我们初步是这么想的，资源是生态有价的，这个资源的开发要保证资源，特别是具有环境承载力的资源，它的资源价值能够增值，能够保值。另外，资源具有经济属性，肯定要开发利用，我们通过资源开发利用率，加上资源保值、增值这两方面的考虑以后，综合确定一个区域的资源利用上线，就为资源开发强度设定了天花板。

根据生态保护红线、环境质量底线和资源利用上线，我们综合衡量一个区域开发的空间布局，开发的强度和开发的规模，制订产业环境准入的条件。就是我们说的负面清单，那些不满足环境准入条件的项目不能在这个区域布局。从根本上优化区域空间布局，解决资源开发利用强度过大，开发规模过高等导致的区域环境问题。

关于“三线一单”的编制，我们在四个城市进行了试点。目前形成了初步的技术方案，正在征求各地的意见和专家意见。近期，将根据专家的意见和各地意见加上试点的情况，形成“三线一单”技术规范，指导各地开展这项工作。

应该说“三线一单”的编制是环境管理的重要改革内容，也是环评改革当中重中之重的内容，对我们国家环境保护将起到非常重要的作用。

第二个问题，关于环评发挥了哪些作用，我这个地方有一些数据。应该说环评在控制和优化开发强度，空间布局和开发规模上面发挥的作用是非常大的。比如说我们严格环境准入，“十二五”期间我们部省两级环保部门对 1 800 多个不符合环境准入条件的项目做出了不予审批的决定。通过西部 4 个水电规划环评，我们减少了 25 个梯级布设，多保留 1 170 多公里天然河段，天然河段保留率从 37.4% 提高到 71.3%。比如说在金沙江上游，原先规划 13 级，之后通过规划环评优化掉 5 级，环境条件允许情况下开发 8 级，大大减少开发强度。通过沿海港口规划环评，避让自然保护区 34 处，取消规划岸线 173 公里，减少围填海面积 224 平方公里。这方面例子很多。我们通过项目环评大大削减了一个区域的污染物排放总量，我们在京津冀周边煤电资源开发过程当中，通过规划环评会商减少 2 900 多万吨煤炭开发量，通过这些将有力地推进区域环境质量的改善。

界面新闻记者：日前有媒体报道称，天津某家环保组织申请环评公开，29 家钢企仅有两家提供。针对公众或环保组织向企业和政府部门申请环评信息受阻的问题，请问贵部会采取什么解决措施？

崔书红：感谢你的提问，应该说信息公开是确保公众知情权、参与权、监督权的前提和条件。环境保护部对信息公开高度重视，坚持“以公开为常态，不公开为例外”，大力推进环境信息公开，先后发布了《环境信息公开办法（试行）》《环境保护部信息公开指南》《环境保护部信息公开目录（第一批）》《企业事业单位环境信息公开办法》。从环境影响评价这个角度，我们还发布了《环境影响评价公众参与暂行办法》，目前正在修订；印发了《建设项目环境影响评价政府信息公开指南》。应该说在规章制度方面，信息公开的要求是比较全面的，大家看到《环境保护法》对此也做出了明确的规定。2016 年环境保护部主动公开了各类政府信息 16 432 篇，环境保护部政府网站总访问达到 7.1 亿次，总访问人数达到了 9 100 万人（次），月均访问人数近 760 万人（次），这些在促进信息公开方面发挥了非常好的作用。

现在关于信息公开也存在着一些问题，第一个是不愿意公开，第二个是公开不规范，第三个是公开以后，对公众的询问回复不及时、不彻底等。我想关于信息公开，还是要严格按照各项规章制度，认真履行各自的主体责任，严格依法公开。对不履行信息公开职责的，上级管理部门应该督促其进行公开。有地方环保部门信息公开不规范，我们也会发函予以纠正。

另外，通过公众的监督，也可以促进信息公开，包括企业的信息公开。关于企事业单位信息公开，最近环境保护部也采取了一些措施。比如说垃圾焚烧发电企业的环境信息公开，现在环境保护部正在推进“装、树、联”工作，要求所有的垃圾焚烧发电企业在厂子门口通过大屏幕，把环境信息、排放信息对公众公开，另外要安装在线监测设备，跟地方环保部门进行连接。

每日经济新闻记者：贵部近日发布了《建设项目危险废物环境影响评价指南》，能否介绍下当前我国在危废环评方面的具体情况和不足？《指南》实施后，可以针对性地解决哪些问题？

崔书红：危险废物管理应该是当前环境保护管理的重点和难点，也是《土十条》和《“十三五”生态环境保护规划》的重要工作要求。作为我国环境保护法律制度中一项重要制度，环境影响评价一直将固体废物作为环评的重点内容。前面介绍的最近制定的《建设项目环境影响评价技术导则　总纲》，对如何开展危险废物评价提出了要求。但是我们也发现，由于我国尚未制定专门的危险废物环境影响评价的规范性技术指南，环境影响评价文件中涉及危险废物环评内容存在不系统和不规范、不够明确以及环评与运营期监管的衔接不够严密等情况，不能有效发挥从源头强化危险废物环境监管的支撑作用。

针对这些问题，最近环境保护部印发了《建设项目危险废物环境影响评价指南》（以下简称《指南》）。我们想通过这项《指南》能够重点解决一些问题，一个是要解决危险废物无害化、减量化、资源化的问题。《指南》里面要求对建设项目危险废物的产生、收集、储存、运输、利用、处置全过程进行评价。同时，明确了评价的技术要求，过去这方面是薄弱的，没有专门的要求，这一次《指南》对此提出了要求，希望从工程分析、环境影响分析、污染防治措施技术经济论证、环境风险评价、环境管理要求、专题结论与建议等方面对评价做出规范。建设项目环境影响报告书、报告表要设置相应专题，提出危废管理的要求。

总之，这个《指南》的发布，应该说是环境管理当中规范和强化危废管理措施、补齐短板的一项非常重要的措施，谢谢大家。

北京青年报记者：日前知乎上有个环评工作人员这样描述自己写的

环评报告，“很多东西都是想当然的，很多数据都是虚假的”“每天的工作就是复制粘贴报告”，请问贵部如何看待一线环评人员认为环评报告与实践相互脱离的这种观点？还有网上传言称，有很多小的环评单位只顾挣钱，严重扰乱市场，请问如何确保第三方环评机构的公正准确？

崔书红：感谢你的提问，这个问题也是我们环评改革要解决的一个问题。大多数环评工作者总体来说是好的，但是在一些局部的区域还是存在弄虚作假的现象。对环评造假，不管是从法律也好，从规章制度也好，规定都是非常明确的，对一切造假行为，我们都要依法进行严厉的处罚。

针对个别环评机构和人员弄虚作假，包括出租、出借环评资质的行为，我们采取了一系列的措施。一个是抓环评报告书、报告表的质量，要求各级环保部门在受理和审批环境报告书和报告表过程中严格把关，对那些胡编乱造、环评结论预测也不准确的报告书、报告表不予审批。同时对环评质量不高的、弄虚作假的环评机构和人员进行严厉处罚。

另外，我们加强对地方环保部门的指导，前面讲了我们建立四级联网的环评审批信息报送系统，把各地审批项目的信息汇集到一个平台，我们叫作智慧环评监管平台，通过大数据，对这些项目环评的审批质量，以及报告书和报告表质量进行一致性校核，从中发现问题，加强指导和监督。

再就是对各类环评违法行为加大处罚。对故意弄虚作假的采取取消其资质、限期整改等处理。另外，我们加强环评诚信体系建设，环境保护部网站有一个专栏，就是环评诚信体系建设，把不诚信的、恶意造假的这些机构和人员放到“黑名单”。

刚才提到的第二个问题，在环评改革当中一些小的环评机构在市场上运作不规范，扰乱市场的问题，我们对这个问题也是高度重视的。大家知道，从事环评报告书、报告表编制的机构是需要资质的，没有资质不能在市场上承揽业务。但是也有一些企业在市场上利用他的资质恶意竞价、扰乱环评市场。因此我们对环评机构的管理也历来是严格的。

一是我们组织开展了一系列专项检查和抽查，去年对环评机构的市场行为进行过一次专门检查，今年正在开展，下半年还要进行，对市场行为进行整顿。

二是2015年修订的《建设项目环境影响评价资质管理办法》，还有《建设项目环境保护管理条例》都赋予了地方环保部门的监管和处罚权力，通过这些形成上下合力，对环评机构进行严格的管理。

三是我们要加强责任追究，包括前面讲到的对环评质量低劣的编制机构和人员进行严肃的处理，另外加大信息公开，接受公众的监督。前面提到了诚信体系建设。2015年以来各级环保部门对362批环评机构违法违规行为进行处理处罚，其中问题严重的14家环评机构被撤销、吊销了环评资质，2016年12月环境保护部建立了一个系统，截至目前记录了730余条诚信信息，其中环评机构不良诚信信息376条，环评工程师不良329条。环评报告书的编制，报告表的编制是一种市场行为，我们建立了诚信体系，业主可以到诚信系统里面查询，对有劣迹的环评机构和人员慎重选择，谢谢。

中央人民广播电台记者：近日，环保组织公众环境研究中心(IPE)与自然资源保护协会(NRDC)发布了2016—2017年度120城市污染源监管信息公开指数(PITI)评价结果。请问我国污染源监管信息工作取得哪些进展？存在什么问题？下一步有什么举措？

刘友宾：我们注意到最近有关社会组织发布的有关报告。新修订的《环境保护法》专门增设了信息公开的专章，充分体现了国家对环境信息公开工作的高度重视。环境保护部也高度重视信息公开工作，把环境信息公开作为依法加强环境保护的一个重要的抓手。我们欢迎环保社会组织积极参与推进环境信息公开的相关工作。

污染源监管信息公开和企业环境信息公开是环境信息公开的两个非常重要的方面，在污染源监管信息公开方面，环境保护部在 2013 年就发布了关于加强污染源环境监管信息工作的通知，目前省级环保部门以及所有的地市级环保部门都在政府门户网站上设置了污染源环境监管信息的公开专栏，公开内容包括污染源监控等环境监管信息，同时环境保护部每个月都向社会发布《环境保护法》配套办法实施的相关情况。

在企业的环境信息公开方面，2014 年环境保护部印发了《企业事业单位信息公开办法》（以下简称《办法》），这个《办法》颁布实施以来，目前有近一半的地市按要求公开了当地重点排污单位名录，但是问题也存在，目前仍有部分省及一半以上的地市尚未公开名录，信息公开进展比较缓慢，已经公开的一些环境信息也存在查询比较困难等问题。

为了更好地做好环境信息公开，环境保护部进一步修订这个《办法》，一是从提高环境信息公开的可操作性的角度，严格遵循《环境保护法》，对企业环境信息公开进行简化和明确。

二是从方便社会公众查询、监督的角度，将建立全国统一的企业环境信息公开平台，由重点排污单位自行发布，并对发布信息真实性、准确性负责。

三是从督促环保部门对企业依法履行信息公开职责进行监管的角度，按照现行管理制度进一步明确企业污染物排放动态信息的发布频次等要求。

今年5—7月这个《办法》的修订稿已经向全国的省级环保部门和有关部门征求意见进行修改，8月18日—9月18日在国务院法制办网站及环境保护部官方网站已经向社会公开征求意见。下一步我们将对这个《办法》修订稿再进一步修改完善后尽快发布实施，进一步推进环境信息的公开工作。谢谢。

新加坡联合早报记者： 每逢北京有重大活动的时候蓝天数量会增加，之前有“阅兵蓝”“APEC蓝”，接下来要召开党的十九大，会采取什么措施保障空气质量？之前有报道称，8月底京津冀及周边地区督查的4万多家企业，有一半企业都有涉气环境问题，大气治理任务还是非常严峻，会不会有更严厉的措施？

刘友宾： 谢谢你的提问。我们国家目前整个环境形势应该说还是不容乐观的，大气污染治理依然处于负重前行的关键时期，特别是城市与城市之间还存在着不平衡的问题。

我们认识到问题的严峻性，从来不敢有一丝一毫的放松。我们也应该看到，随着全社会对环境保护的高度重视，一些地区的环境质量改善已经出现了令人可喜的现象，一些地方环境改善速度已经创造历史记录，以北京市为例，你刚才讲我们一些会议开的时候会有这个蓝，那个蓝，北京的8月没有开重大会议，也出现了北京蓝。今年8月北京市的细颗粒物$PM_{2.5}$月均浓度是38微克每立方米，同比下降了19.1%，月均浓度为近年来首次低于40微克每立方米，达到了历史的最低。

此外，北京8月的空气质量优良天数的比例达到了74.2%，同比也大幅度上升了19.4%，1—8月北京市$PM_{2.5}$累计浓度达到了60微克每立方米，同比下降了4.8%，比2013年下降了35.5%。

你刚才提到党的十九大召开。这是在全面建成小康社会决胜阶段、中国特色社会主义发展关键时期召开的一次十分重要的大会，这是全国人民政治生活中的大事。

今年7月26日，习近平总书记在省部级领导干部“学习习近平总书记重要讲话精神 迎接党的十九大”专题研讨班开班式上发表重要讲话，深刻阐述了5年来党和国家事业发生的历史性变革，指出我们坚定不移推进生态文明建设，推动美丽中国建设迈出重要步伐，强调要牢牢把握人民群众对美好生活的向往，坚决打好污染防治攻坚战。

党的十八大以来，以习近平同志为核心的党中央把生态文明建设作为统筹推进“五位一体”总体布局和协调推进“四个全面”战略布局的重要内容，始终摆在治国理政的重要战略位置，谋划开展了一系列具有根本性、长远性、开创性的工作，各地区各部门加大工作力度，我国生态环境保护从认识到实践发生了历史性、全局性变化。党的十八大以来的五年，是我国生态文明建设和生态环境保护认识最深、力度最大、举措最实、推进最快、成效最好的时期。

我们将坚决把思想和行动统一到党中央、国务院决策部署上来，立足生态环境保护主阵地，切实扛起生态文明建设和生态环境保护的政治责任，大力推动形成绿色发展方式和生活方式，以解决人民群众反映强烈的大气、水、土壤污染等突出问题为重点，全面加强环境污染防治，深化生态环保领域改革，完善环境保护制度体系，坚决打好生态环境保护攻坚战。

针对你关心的问题，我们实际上在9月1日已经开过新闻发布会，针对京津冀和周边地区空气污染问题，环境保护部等十部委和六省市人民政府启动了京津冀及周边地区秋冬季大气污染综合治理攻坚行动，聚焦大气污染治理存在的薄弱环节，出台了“1+6”攻坚行动方案，打出一套“组合拳”，推动区域大气环境质量持续改善。目前攻坚行动正在按计划推进，我们也将及时向社会通报攻坚行动的有关进展情况。环境保护部将继续努力工作，开拓进取，以优异成绩迎接党的十九大胜利召开。谢谢。

南方都市报记者：最近，企业舍弗勒称，其原材料供应商“由于环保方面的原因”被迫停产，连带可能导致3 000亿元人民币的损失。有人认为抓环保会影响经济发展，甚至还有人认为一些原材料价格上涨也与环保督查有关。您怎么看待这个问题？

崔书红：我来回答你这个问题。对抓环保会影响经济社会发展、导致原材料价格上涨的说法，我们不赞成。

党的十八大以来，党中央、国务院对促进环境与经济协调发展作出了一系列的部署。习近平总书记强调，人与自然是一种共生关系，对自然的伤害最终会伤及人类自身，生态环境保护要算大账，算长远账，算整体账，算综合账。习近平总书记提出“绿水青山就是金山银山”的著名论断。这都是对环保和经济发展关系最深刻、最生动、最形象的阐释。我们要把思想和行动统一到党中央、国务院的要求上来，统一到习近平总书记重要讲话精神上来，依法推进环境保护，促进产业结构不断优化，推动经济社会协调健康发展。

过去有一些违法排污的企业，大幅压缩环保的成本，甚至根本不投入环保，“劣币驱逐良币”，严重破坏市场竞争秩序，阻碍了产业结构优化升级。严格环境执法，一方面解决了一些老百姓身边的环境问题，改善了环境质量；另一方面也促进了经济结构调整，加快了新旧动能转换。

对排污企业依法监管已经成为常态，所有的企业都应当适应这种常态，养成自觉遵守环境保护法规的习惯。

至于环境保护督查是否影响了经济社会发展，是否导致了原材料上涨，我这里有一组数据和两个案例和大家分享。通过这组数据和两个案例能够充分说明这个问题。数据来自于有关部门，各位都比较熟悉。一是1—8月规模以上工业企业增加值同比增长6.7%，比去年同期有较大幅度的提高。1—8月城镇新增就业974万人，同比增加26万人。二季度末城镇登记失业率为3.95%，为2008年以来最低。二是今年开展中央环保督察的15个省份，规模以上工业企业增加值同比提高0.95%；没有开展的16个省份同比提高0.54%。三是今年1—8月除水泥产量同比下降0.5%，粗钢、有色金属、焦炭、平板玻璃、纸板产量同比分别提高5.7%、4.2%、4.0%、3.0%、1.7%，主要工业产品产量都稳中有升。开展中央环保督察的15个省，粗钢、有色金属、焦炭、平板玻璃、造纸等产量增速还高于全国的水平。

通过这组数字，我想强调四点：第一，我国经济社会发展继续保持稳中有进，稳中向好的发展态势没有变。第二，产品价格的变化，主要是由供需关系造成的，取决于当前经济发展的总体形势，我们的资源禀赋和市场需求等方方面面。第三，有的直接打着环保名义，渲染环保政策因素加剧产品价格上涨，这是一种扰乱市场的行为。第四，环保督查没有对主要工业产品产量造成影响，更不是推动产品价格上涨的直接原因。

加大环保倒逼力度，将“劣币”驱逐出去，净化市场环境，促进经济结构调整，提高经济发展质量，保障广大人民群众的环境权益，这才是环保督查的应有之义。

我有亲身经历的两个案例。前不久我到河北的邢台和山东的济宁，宣贯李干杰部长在2017—2018年冬季大气污染防治综合治理攻坚行动方案座谈会上讲话精神，在这两个市了解到，邢台对全市1 397家没有治污设施、严重污染环境的板材企业进行统一拆除，各位记者有时间可以到现场看一下，场面非常壮观，不仅做到“两断三清”，还对厂房进行了统一拆除；在拆厂房的同时，规划建设另外一个国际一流的新兴产业园区，一方面把国际先进的高端企业引入园，另一方面引导被取缔的企业通过改进工艺、提档升级、整合搬迁再入园，重新打造现代化、环保型的板材企业。

今年上半年，邢台$PM_{2.5}$浓度同比上升幅度低于全省平均水平，改善率居河北省第三位。更重要的是，今年1—8月邢台规模以上工业增加值增速位列全省第一，全部财政收入和公共财政预算收入增长增速均排全省第二。邢台这个例子说明只要方法得当，用环保倒逼加速新旧动能转化，可以实现经济发展和环境保护的双赢，这是非常正面的例子，正能量的例子。

还有山东济宁的例子，济宁是重工业城市，有1 025万千瓦火电装机，8 000万吨的煤炭开采规模，自己消耗其中的近5 000万吨，还有钢铁、焦化、煤化工的行业。济宁市坚决整治“散乱污”企业，对排污企业实施精细化管理，实现了大气污染治理的良好成绩，今年1—8月$PM_{2.5}$浓度为55微克每立方米，同比改善22.5%，两项指标均居“2+26”城市前列，下降幅度和改善幅度在“2+26”城市当中是明显的、显著的。

1—6月经济状况，济宁市地区生产总值增长7%，1—7月规模以上工业主营业务收入增长高于全省0.66百分点，实现利润增长高于全省28.9百分点，实现利税增长高于全省23.7百分点，用济宁市同志的话说，济宁没有特别的经验，他们就是靠依法严格的管理取得了现在的成绩，实现了环境保护和经济发展两相宜。

类似济宁和邢台的例子全国还有很多，尽管在环境保护方面还有许多工作要做，通过这两个事例，我非常有信心，他们能做到的其他地方也应该能做到。各位记者有时间的话，欢迎大家去现场看一看，眼见为实，我去了之后感受非常振奋。谢谢大家。

光明日报记者： 我有两个问题，第一，在编制“三线一单”技术指南的时候选择了连云港、承德、鄂尔多斯和济南四个城市，为什么会选择这四个城市？它们都有什么代表性？第二，材料里面有提到“绿盾2017”国家级自然保护区监督检查专项行动重点核查问题清单和核查表，能否介绍一些详细信息？“绿盾2017”专项行动进展如何？

崔书红：“三线一单”我前面介绍过，这是我们环境管理，也是环评改革重中之重的工作。选择连云港、鄂尔多斯、承德、济南作为试点，是跟“三线一单”工作背景密切相关。大家知道连云港是江苏沿海重点开发的一个城市，是重点开发的一个区域，港口开发、岸线开发和化工企业上马会对区域环境造成影响，怎么样通过“三线一单”优化岸线开发、确定区域污染物控制上限等，就非常有意义。在连云港试点过程当中，通过

“三线一单”的编制，把国土空间划分成200多个管控区，对每一个管控区都提出了明确的环境质量和资源开发利用的要求，这对指导未来连云港经济社会健康发展是很有意义的。

鄂尔多斯是一个能源型的城市，资源开发利用强度比较高，跟资源开发伴生的产业，包括煤化工行业发展也比较迅速。这个地方资源开发和环境保护的压力也是非常大的，通过“三线一单”的划定对这个区域的资源开发强度和煤化工行业排放总量做出规定，也是非常有意义的。

承德的生态保护功能特别突出，通过生态保护红线的划定、环境质量底线的设定和资源利用上线划定，对确保这个区域永葆清洁干净意义重大。

济南是一个省会城市，经济社会发展强度都比较高。在这样一个省会城市里面如何确保经济社会发展和环境保护相适宜，对其他省会城市都具有示范意义。我们选择这几个代表性城市开展试点工作，目前取得的效果良好。

“绿盾2017”，这是环保部门贯彻党中央、国务院要求，深刻汲取祁连山保护区生态环境问题的教训，提高政治站位，所采取的一项重要行动。对这项行动，环境保护部已经开了全国的视频会，进行了安排部署，要求各省（区、市）在今年年底之前对属地内自然保护区内的开发行为进行全面的清理排查和整顿。据我所知，最近环境保护部还要召开相关的会议进行再调度、再安排、再部署。

刘友宾：今天的新闻发布会到此结束，谢谢大家！

环境保护部
10 月例行新闻发布会实录

（2017 年 10 月 31 日）

2017 年 10 月 31 日上午，环境保护部举行 10 月例行新闻发布会，通报近期环境保护部重点工作进展有关情况，北京市环保局方力局长，天津市环保局温武瑞局长，河北省环保厅高建民厅长分别介绍京津冀三省（市）秋冬季大气污染综合治理攻坚行动进展情况，并回答记者提问。这是首次邀请地方环保部门的主要负责同志出席例行新闻发布会。

环境保护部 10 月例行新闻发布会现场（1）

环境保护部 10 月例行新闻发布会现场（2）

主持人刘友宾：新闻界的朋友们，大家上午好！欢迎大家参加环境保护部10月例行新闻发布会。

习近平总书记在党的十九大报告中指出，“坚持全民共治、源头防治，持续实施大气污染防治行动，打赢蓝天保卫战。”习近平总书记对大气污染防治工作高度重视，让我们备受鼓舞，进一步坚定了做好大气污染防治工作的决心和信心。

今年9月以来，环境保护部联合10部门和6省市启动了京津冀及周边地区秋冬季大气污染综合治理攻坚行动，这是打赢蓝天保卫战的重要部署。今天的发布会，我们邀请到北京市环境保护局方力局长、天津市环境保护局温武瑞局长和河北省环境保护厅高建民厅长，请他们介绍京津冀三地开展攻坚行动有关情况，并回答大家关心的问题。

下面，我先简要介绍环境保护部近期几项重点工作情况。

一、环境保护部迅速贯彻落实党的十九大会议精神

10月18—24日，具有重大历史意义的党的十九大在北京胜利召开。大会闭幕后，环境保护部党组书记、部长李干杰迅速主持召开党组会议、党组（扩大）会议，传达十九大盛况、十九大报告、十八届中央纪委工作报告和党章修正案精神，组织环保系统掀起学习党的十九大精神热潮。

10月29—30日，环境保护部召开全国环保系统“学习贯彻党的十九大精神　打好生态环境保护攻坚战”专题研讨班，传达学习贯彻党的十九大精神，交流心得体会，研究部署落实工作。各省（区、市）、计划单列市、新疆生产建设兵团环境部门负责同志，环境保护部机关各部门正处级

以上干部，各派出机构、直属单位主要负责同志参加会议。

李干杰部长指出，学习贯彻党的十九大精神是当前和今后一个时期环保系统的首要政治任务，要在学懂、弄通、做实上下功夫，特别是要与扎实推动生态环境保护工作紧密结合起来，让党的十九大精神在环保系统落地生根、开花结果。要紧紧围绕坚决打好生态环保攻坚战、提升生态文明、建设美丽中国这个主题，贯彻习近平总书记生态文明建设重要战略思想，聚焦推动形成绿色发展方式和生活方式、改善生态环境质量、推进生态环境领域国家治理体系和治理能力现代化三个目标，集中精力抓好六项重点工作：

一是构建并严守三大红线。严守生态功能保障基线，坚守环境质量安全底线，严控自然资源利用上线。

二是推动形成绿色发展方式。全面优化产业布局，加快调整产业结构，最大限度地降低生产活动的资源消耗、污染排放强度和总量。

三是切实解决突出环境问题。坚决打赢蓝天保卫战。着力开展亲水行动。扎实推进净土行动。全面整治农村环境，有效防控环境风险。

四是加快生态保护与修复。实施重要生态系统保护和修复重大工程，构建生态廊道和生物多样性保护网络，筑牢国家生态安全屏障。

五是开展全民绿色行动。积极发挥政府引导示范作用，完善企业行业自律机制，鼓励公众主动参与，构建政府为主导、企业为主体、社会组织和公众共同参与的环境治理体系。

六是深化生态环保体制机制改革。改革生态环境监管体制。健全环境保护督察机制，完善中央和省级环境保护督察体系，加强生态环境保护考核与责任追究。健全生态环境保护引导激励机制。

李干杰部长表示，党的十九大对深入推进党的建设新的伟大工程作出新部署，全国环保系统要坚定不移和坚持不懈地落实全面从严治党要求。要切实增强全面从严治党的思想自觉，深刻认识全面从严治党的形势，认真落实党建总要求，把全面从严治党引向深入。

李干杰部长强调，要以良好的精神状态和过硬的工作作风，加大力度、加快速度把第八次全国环保大会各项工作做好，高标准、高要求、高质量，确保把第八次全国环保大会开成一次党的十九大精神的宣贯会，开成一次打好生态环境保护攻坚战的动员会，开成一次齐心协力推进美丽中国建设的部署会。

二、秋冬季大气污染综合治理攻坚行动取得积极成效

京津冀及周边地区 2017—2018 年秋冬季大气污染综合治理攻坚行动实施以来，“2+26”城市重点围绕燃煤、工业、机动车等关键领域，提前部署、提前行动，加快推进各项治理任务，各项工作进展顺利。10 月 1—27 日，京津冀及周边地区“2+26”城市 $PM_{2.5}$ 平均浓度为 62 微克每立方米，同比下降 4.6%，区域空气质量稳步改善。

一是推进冬季清洁取暖工程，截至 2017 年 9 月底，共完成散煤清洁化替代 200 万户，替代燃煤近 400 万吨。

二是采取边排查、边疏解、边整治的方式，加大“散乱污”整治力度。组织各地深入推进“散乱污”企业及集群综合治理，采取拉网式排查。9 月 1—10 月 22 日，督查组对涉气“散乱污”企业综合治理、燃煤锅炉淘

汰改造、挥发性有机物（VOCs）治理等任务的 69 671 个具体任务点位进行了现场核实，发现其中 5 978 个点位存在环境问题，已责成地方政府进行整改。

三是继续加强工业企业综合治理，强化无组织排放和 VOCs 综合治理改造，加快推进重点行业排污许可管理。截至 2017 年 9 月底，“2+26”城市淘汰燃煤锅炉 5 万余台，完成燃煤锅炉治理 803 台、5 万蒸吨，完成 3 866 家企业挥发性有机物综合整治。

四是强化超标车辆和工程机械监管，严厉查处重型载货车超标排放行为，加强车用油品监督管理。

五是制定钢铁、焦化、铸造、建材、有色化工等行业错峰生产方案，明确错峰生产企业清单，并结合错峰生产要求开展错峰运输。

下一步，环境保护部将督促各地按时完成攻坚行动各项规定任务，加快大气污染治理进程，确保实现 2017 年 10 月—2018 年 3 月“2+26”城市 $PM_{2.5}$ 平均浓度同比下降 15% 以上、重污染天数同比下降 15% 以上的目标。

三、扎实推进“绿盾 2017”国家级自然保护区监督检查专项行动

今年 6 月，中共中央办公厅、国务院办公厅印发了《关于甘肃祁连山国家级自然保护区生态环境问题督查处理情况及其教训的通报》。为深入贯彻落实文件精神，环境保护部联合六部门启动了“绿盾 2017”国家级自然保护区监督检查专项行动，严厉打击涉及自然保护区的违法违规行为。

一是全面开展督查检查。环境保护部等七部门联合召开专项行动视

频会议，印发专项行动工作方案，成立跨部门综合协调组，对国家级自然保护区内存在的各类违法违规行为进行全面监督检查。各省均建立了多部门联合工作机制和工作队伍，制定并下发专项行动工作方案，进行工作部署，采取市、县及自然保护区管理局自查与省级工作组督查相结合的方式，层层压实责任。

二是扎实开展核查。据不完全统计，已有20个省份按照专项行动要求完成了省级工作组的现场检查，对照遥感监测问题清单，逐一进行排查，同时将中央环保督察发现的涉及自然保护区的问题、历次自然保护区监督检查中已发现的问题、近年来被约谈督办的自然保护区问题及排查中新发现的问题统一纳入违法违规问题管理台账，进行调查处理。截至目前，已排查出不符合上位法的地方法规政策30多部。

三是严肃查处追责。据不完全统计，截至目前，各地已调查处理7 000多个涉及自然保护区问题，形成处理整改意见和要求，部分问题已经得到整改，生态恢复措施正在落实。在责任追究方面，各地已对300余人进行了追责问责。特别是新疆维吾尔自治区党委政府就卡拉麦里山自然保护区违规6次调整保护区范围一事严肃查处了一批领导干部，充分发挥了震慑、警示和教育作用。

四是加大社会监督。各地充分利用互联网、电视、报纸、微博、微信等媒体，积极报道绿盾行动有关信息，营造全社会共同参与自然保护区工作的良好氛围。

从10月25日起，环境保护部联合六部门正在开展专项行动巡查工作，从相关部门抽调近200人，分10个巡查组，对31个省份进行为期一个月的巡查。对于巡查中发现的问题查处整改不到位的市县政府、地方管理部门，我们将进行公开约谈或专项督察，严肃追责，确保专项行动取得实效。

下面，请方力局长介绍情况。

北京市环境保护局方力局长

方力：记者朋友们，大家上午好！非常高兴和大家见面，首先借此机会，对大家长期以来对北京市环保工作的关心和支持表示感谢。下面，我简要介绍北京市大气污染防治工作情况。

今年以来，在党中央、国务院的坚强领导下，在环境保护部的有力指导下，北京市坚定不移地用习近平新时代中国特色社会主义思想举旗引路，坚决贯彻以人民为中心的发展思想，自觉树立和践行“绿水青山就是金山银山”的理念，以习近平总书记两次视察北京工作的重要讲话精神为根本遵循，以超常规的状态实施超常规的大气污染治理措施。特别是认真落实京津冀及周边地区大气污染防治协作小组第十次会议精神，出台秋冬季攻坚行动方案，召开部署会议，蔡奇书记、陈吉宁代市长严明纪律、严格要求各级党委政府、各有关部门狠抓落实。

北京市攻坚行动方案共有30项措施，有三个特点。一是直面问题，二是严字为先，三是实字托底。具体是：

在治污减排措施上，加码。已完成1万多蒸吨燃煤锅炉清洁能源改造、1.9万多蒸吨燃气锅炉低氮治理，均大幅、提前超额完成全年任务；700个村“煤改清洁能源”任务也将超额完成；年内将实现城六区和南部平原地区基本“无煤化”，优质能源占能源消费比重预计达到90%左右。已报废转出老旧机动车37.5万辆、退出一般制造业和污染企业624家，均超额完成全年任务量。全市所有使用两年以上三元催化器的出租车全部更换三元催化器，在账的“散乱污”企业全部清退。

在政策标准尺度上，加严。修订发布工业污染行业生产工艺、设备退出目录，目录类别增加到172个。按照环境保护部要求，再次修订空气重污染应急预案，并从严从高启动。对火电等行业的22家重点企业核发排污许可证。全面达标供应“京六”标准汽柴油。10月，普通柴油和车用柴油实现并轨。联合津、冀发布首个环保统一标准，全过程管控建筑涂料的挥发性有机物污染。

在执法震慑态势上，加压。1—10月，聚焦“散乱污”、重型柴油车等，全时、精准执法。固定源处罚金额超过1.6亿元，同比增长77%，执行《环境保护法》查处重大环境违法案件724起。成立"环保警察",加强行刑衔接,联合查办案件161起。推行"公安处罚、环保取证"的新模式,处罚重型柴油车1.6万余辆次。重大违法案件全部公开曝光,查处一个、震慑一批。

在基层工作落地上,加实。通过排名、约谈、督察,提高街乡镇"最后一公里"的执行力。已完成对7个区的市级环保督察,约谈问责800余人,年内将实现对16个区的"全覆盖"。依托$PM_{2.5}$高密度监测网络,按月对街乡镇进行空气质量排名,对空气质量排名靠后、部分治理措施落实不力的(街乡镇)进行约谈。街乡镇治污的思想自觉明显提高、行动自觉更加有力。

在社会公众参与上,加力。主动发声,回应关切、释疑解惑,加强科普宣传,开展有奖举报,广大市民"共治"大气污染的格局正在形成。

下一步,我市将深入学习贯彻落实党的十九大精神,不忘初心、牢记使命,牢固树立社会主义生态文明观,将不断满足市民对良好空气质量的需求作为政治责任、光荣使命,以首善标准打好秋冬季攻坚战、蓝天保卫战,为建设国际一流的和谐宜居之都做出环保人的努力!

最后,恳请各位记者朋友,一如既往地关心、理解和支持我们的工作,共同为打赢蓝天保卫战而努力。谢谢大家!

刘友宾:下面请温武瑞局长介绍情况。

温武瑞:各位记者朋友,上午好,非常高兴有机会来到北京与新闻界的朋友见面。习近平总书记在十九大报告中指出要持续实施大气污染防治行动,打赢蓝天保卫战。作为环保工作者,深受鼓舞,倍感振奋。借此机会,我简要介绍一下天津市秋冬季大气污染防治攻坚行动的情况。

天津市环境保护局温武瑞局长

天津市委、市政府深入贯彻党中央、国务院的决策部署，全力推进清新空气行动，依靠结构调整控污染增量，依靠工程措施减污染存量，依靠联防联控防区域传输，依靠应急响应降污染峰值，依靠制度创新实现标本兼治，依靠执法问纪压实治污责任。空气质量逐年改善，我们在 2016 年 $PM_{2.5}$ 的浓度已经下降到 69 微克每立方米，比 2013 年下降了 28.1%。

针对秋冬季大气污染的突出问题，天津市委、市政府把秋冬季空气质量的改善作为切实增加人民群众获得感和幸福感的关键举措，综合施策，攻坚克难，啃“硬骨头”。

一是坚决实施散煤“清零”。按照习近平总书记“宜电则电，宜气则气”的要求，对全市散煤用户进行全面排查，我们共排查全市有 121 万户散煤用户，“清零”任务由3年改为2年完成，今年确保完成61万户。

二是坚决治理燃煤锅炉。全市今年共排查出燃煤锅炉1.1万多台，除保留184台达到特别排放限值或者超低排放要求的，其他一律关停。

三是坚决处置“散乱污”企业。排查“散乱污”企业共1.9万家，分类施策，先停后治。对污染严重、治理无望的9 000多家企业，已全部关停取缔，达到了“两断三清”要求。

四是坚决治理重点行业。深度治理452家VOCs重点企业，治理181家钢铁、铸造等企业无组织排放。

五是坚决实施错峰生产与运输。铸造、钢铁等10个行业的396家重点企业实行错峰生产，焦化企业延长出焦时间至48小时，27家重点用车企业实现了错峰运输。

六是坚决治理“车油路港”。今年淘汰老旧车4万辆，国三及以下重型柴油车安装颗粒物捕集器（DPF），禁止中型和重型柴油货车在外环线及以内区域行驶，全面供应国六标准的车用汽柴油，天津港提前3个月实施散货煤炭海铁联运，年减少汽运煤6 000万吨。

七是坚决防控扬尘等面源污染。10月1日起全市建成区已经停止了土石方的作业，严格监管民生保障等特许施工项目。采用“互联网+高架视频”的技术，对全市所有涉农区的秸秆焚烧进行监控，实现了自动报警，以地查人。

八是坚决应对重污染天气。京津冀联防联控，对工业企业全面实行了“一厂一策”，削减污染的峰值。

九是坚决实行铁腕治污。天津市委、市政府派驻正局级领导干部带队，督办组常驻各区进行督办，印发了量化问责规定，把压力传导到基层。今年已经实施环保问责 1 414 人次，其中局级 27 人次，处级 636 人次。最近环保和公安部门联合开展执法，执法的震慑力极大提升，环保处罚达到了 2.49 亿元，为去年同期的近 3 倍。

十是坚决强化调度指挥。重点任务实行台账管理，将任务落实到区、镇、村、户，各区政府每天都进行攻坚行动调度，市政府每周进行调度，以日保月、以月保季来实现今年秋冬季攻坚行动目标任务的完成。

天津市将全面贯彻党的十九大精神，坚决打赢蓝天保卫战，为改善京津冀空气质量做出新的贡献。谢谢大家。

刘友宾：下面请高建民厅长介绍情况。

高建民：大家好！我是河北省环境保护厅党组书记、厅长高建民，感谢各位长期以来对河北省环境保护工作的关心和支持。

作为党的十九大代表，我现场聆听了习近平总书记的报告，催人奋进，令人鼓舞，特别是十九大报告把坚持人与自然和谐共生作为新时代坚持和发展中国特色社会主义重大基本方略之一，对加快生态文明体制改革、建设美丽中国作为重点任务做出了战略部署，为我们加强生态文明建设、做好生态环境保护工作指明了方向、明确了目标。

近年来，河北省委、省政府坚决贯彻落实习近平总书记关于生态文明建设和大气污染防治有关指示要求，以壮士断腕的勇气和背水一战的决心，强力推进大气污染综合治理工作，大气环境质量得到了明显改善，提前两年达到《大气十条》要求的细颗粒物（$PM_{2.5}$）下降 25% 的目标任务。借此机会，我向大家简要介绍一下河北省强力推进大气污染综合治理和秋冬季攻坚行动的有关情况。

河北省环境保护厅高建民厅长

在组织谋划上：着眼顶层设计，突出科学治霾、协同治霾、铁腕治霾，动员全党全社会力量坚决打赢大气污染综合治理攻坚战。河北省委、省政府主要领导亲自研究谋划，亲自安排部署，分管省领导直接指挥调度，强力组织推动，省直 29 个部门共同参与、分工负责，制定了《河北省关于强力推进大气污染综合治理的意见》及 18 个配套实施方案，建立了全省上下、社会各界共同推进大气污染综合治理的新格局。同时，针对秋冬季大气环境的特点，制定了《河北省 2017—2018 年秋冬季大气污染综合治理攻坚行动方案》及专项督察、执法检查、量化问责、信息公开、宣传报道 5 个配套方案，提出了 6 方面、13 大项、40 条具体强化措施，建立了更加严格的督导检查机制、责任追究机制、信息公开机制以及对省直部门和市、县的量化考核机制，以铁的决心、铁的纪律、铁的意志、铁的举措向雾霾宣战，还人民群众以蓝天白云，打赢蓝天保卫战。

在治理举措上：突出夏季治本、冬季治标，重点解决偏重工业的产业结构、偏化石燃料的能源结构、偏公路运输的交通结构问题。截至目前，今年全省淘汰燃煤小锅炉 3.36 万台 5.05 万蒸吨，完成压减炼铁产能 2 022 万吨、炼钢产能 2 261 万吨、水泥产能 201.5 万吨、平板玻璃 500 万重量箱、焦化产能 808 万吨等，共削减煤炭消费量 3 845 万吨，减少 SO_2、NO_x、烟粉尘等主要污染物排放量 12.84 万吨、15.26 万吨、17.58 万吨。完成对 1 227 家涉 VOCs 企业深度治理，减少排放 18.3 万吨；报废老旧机动车 21.9 万辆，氮氧化物减排 1.7 万吨。清洁取暖方面完成“气代煤”“电代煤”工程任务覆盖 181.2 万户，取缔散煤经营网点 2 796 个，有效控制了劣质散煤燃烧造成的污染；整治无污染治理设施或治理设施简陋、违规超标排放的“散乱污”企业 10.85 万家，多年未入统计范围、管理粗放甚至直排的企业得到了有效管控，大大减少了各类污染物的排放量。另一方面，完成重污染企业搬迁改造 31 家，退出煤炭产能 823 万吨，完成建筑施工项目治理 4 685 个，露天矿山整治 305 家、迹地修复绿化 140 处，造林绿化 572.7 万亩，实现了污染治理和生态修复的统筹推进。10 月 1—24 日大气环境质量（$PM_{2.5}$）同比下降 25.7%，秋冬季攻坚行动取得明显成效。

在推动落实上：坚持督政与查企并进，持续开展专项督察和执法检查，着力解决治霾措施落实不到位的“最后一公里”问题。加大查处问责力度，对环境保护部和省交办问题整改落实应付了事、弄虚作假、屡查屡犯、拒不整改的从严从重查处，截至10月25日，全省因落实治霾措施不力，被查处的问题10 297件，给予党政纪处分的1 563人，涉及免职、撤职、降职78人，涉及领导干部697人［其中县（处）级干部77人］，对党组织问责42个。进入秋冬季以来，强力开展了两轮专项督察和执法检查，共出动督察执法人员5.12万余人次，督察各级政府部门1 386个，检查企业4.6万家次，发现各类环境问题9 262个，立案1 368起，移送公安机构追究责任79人，给予领导干部党政党纪处分81人，推动了各级各部门责任的有效落实，保持了从严打击大气环境违法行为的高压态势。

在机制保障上：完善管控体系，强化标准倒逼，着力打好空气质量保障的“组合拳”。全面实行市包县、县包乡、乡包村的层层责任分包机制，并将网格化监管责任落实到人，打造环境监管无缝衔接的责任体系。强化清单式管理，全面排查，编制污染源清单，实现错峰生产和重污染天气应对的科学精准调度。提高排放标准，强化超低排放和特别排放限值的落实，有保有压倒逼行业企业转型升级，通过凤凰涅槃、蜕变重生，实现河北经济绿色发展的跨越提升。

下一步，我们将按照党的十九大对生态文明建设和环境保护工作的新要求，紧紧围绕持续改善大气环境质量这个核心，坚持全民共治、源头防治，严格环境监管，加强督导检查，推进工作落实，动员全党、全民、全社会力量共同参与治霾，坚决打赢蓝天保卫战，为人民群众提供更多的优质生态产品,努力使人民群众对优美生态环境拥有更多获得感和幸福感。

谢谢大家。

刘友宾：下面请大家提问。

中国日报记者：十九大报告提出“构建人类命运共同体”，并将推进“一带一路”建设写入了党章。请问环保部门在推进绿色“一带一路”建设过程中做了哪些工作？

刘友宾：谢谢，我简要回应一下。“一带一路”是中国政府提出来的重大国际合作倡议，习近平总书记在2017年5月召开的“一带一路”国际合作高峰论坛上明确指出，“要践行绿色发展的新理念，倡导绿色、低碳、循环、可持续的生产生活方式，加强生态环保合作，建设生态文明，共同实现2030年可持续发展目标”，并提出中国将设立生态环保大数据服务平台，倡议建立“一带一路”绿色发展国际联盟。

在十九大报告中，习近平总书记又着重强调，要构建人类命运共同体，建设持久和平、普遍安全、共同繁荣、开放包容、清洁美丽的世界；要坚持环境友好，保护好人类赖以生存的地球家园。环境保护部将认真贯彻落实习近平总书记的这些重要理念、思想和要求，大力推进绿色“一带一路”建设。

在推进这项工作方面，环境保护部主要做了三项工作：

一是加强顶层设计。今年5月，环境保护部联合外交部、发改委、商务部共同出台了《关于推进绿色“一带一路”建设的指导意见》。为落实好《指导意见》，环境保护部发布了《“一带一路”生态环保合作规划》。《指导意见》作为纲领性文件，明确了绿色“一带一路”建设的总体思路，即牢固树立创新、协调、绿色、开放、共享发展理念，全面推进政策沟通、设施联通、贸易畅通、资金融通、民心沟通的绿色化进程。《规划》是落实《指导意见》的具体行为导则，涉及25个重点项目，努力构建多元化的生态环保合作格局。

二是搭建生态环保合作交流平台。启动了绿色丝路使者计划，开展政策对话，分享环保实践，目前已有700多人参与了计划。在深圳建设“一带一路”环境技术交流与转移中心。联合联合国环境署共同启动组建绿色“一带一路”国际联盟，促进沿线国家落实2030年可持续发展议程。目前，双方正在起草联盟框架和基础性文件。

三是积极引导中国企业履行环境责任。推动重点企业发布并实施共建绿色“一带一路”倡议，自觉遵守所在国环保法律法规。“一带一路”建设中的很多项目执行比当地要求更加严格的环境标准，如中方建设的巴基斯坦萨希瓦尔燃煤电站项目，SO_2和NO_x排放标准远低于当地排放标准。中方承建的印度古德洛尔燃煤电站项目，2016年获得印度推进规模发电基金会颁发的“环境保护奖”。

下一步，环境保护部还将加快建设“一带一路”生态环保大数据服务平台，借助大数据、云计算、卫星遥感等技术，为沿线国家提供生态环境信息、绿色供应链合作、绿色金融共享服务，提高国家间的环境协同和综合应对能力。

今天我们请到了京津冀三个地方环保部门的“一把手”，请大家多问一些关于京津冀方面的问题。下一个问题。

中央电视台记者：我们知道机动车污染是北京市$PM_{2.5}$的主要来源，特别是重型柴油车污染，我想问北京今年在重型柴油车污染治理方面将采取哪些有力措施?

方力：谢谢你的提问，大家知道，我们要对重型柴油车进行治理主要有几个途径，在这里简单跟大家说一下。

重型柴油车，在北京，主要有两种运行方式，一是保障城市运行需要的物流，要靠重型柴油车来运输；二是过境的大货车。大家可以看地图，我们很多的道路都是从首都到各个省会，北京实际是一个交通路网最密集的地方。从南到北，从东到西，有大量的过境货运。重型车和社会生产、生活的物流紧密联系在一起。

所以要治理重型车，第一要让柴油车用的油越来越干净。今年，北京率先供应了第六阶段的车用柴油。坦率地讲，现在的车用柴油标准比世界上最严的标准还有差距，下一步，要研究制定更高、更严格的柴油标准，及早供应，让车辆“喝”更干净的油。

第二要让单车排放强度下降。环境保护部已经发布了国家第六阶段的标准，我们也期待着汽车厂家能够早日供应第六阶段的车。从标准制定出台到厂家能生产新车，还要有一个过程，希望能够早一点使用第六阶段更干净的车。相信京津冀地区，将会率先使用这批车。

第三要调整车辆结构。当然，结构调整不是一朝一夕的事，需要一个过程。首先在调整的过程中，要保证城市的安全运行。所有的事情安全都是底线。那么我们在科技发展的进程当中，随着新能源电动车的能力提升，希望能够有更多的电动车来替代物流柴油车的使用，减少污染。

第四要加大处罚力度。环保部门现在全时全员上岗，重点盯重型柴油车的超标排放，严厉打击超标行为。我们也正在探索，并很快就会推出，要把环境执法的手段和公安处罚管理平台结合起来，形成更强大的震慑。比如过境大货车，如果查出来超标了，并且不能提供整改达标证明，我们就会通过公安系统拒绝发放进京证，因为超标就失去了这个资格。对于北京牌照的车，如果查出来超标，也要通过这个系统，因为只有通过这个系统，通过成千上万的电子眼才能达到比较好的监控，在法律规定的范围内，要求必须马上进行整改，实现达标。否则，通过电子眼就能够及时找到这辆车，通过入户检查，依法依规进行从重从严处罚，对超标排放的车形成震慑。

第五要节约。所有重型车都与物流有关系，所以，节约就与治理大气有非常直接的关系。对于现在的北京城来讲，两千多万人口，城市安全运行保障的刚需和每一个人社会生产生活的排放量所占污染物排放总量的比例越来越大。所以，在这里进一步呼吁，在社会层面绿色生产，在个人层面绿色生活，这都与环境休戚相关，谢谢！

经济观察报记者：刚才温局长介绍秋冬季大气污染综合整治有关情况的时候，提到燃煤整治是今年大气污染整治的重头戏。我想请问温局长燃煤对大气污染会产生哪些影响？接下来天津市在燃煤整治方面会采取哪些重大举措？

温武瑞：非常感谢您的提问，您这个问题非常好。因为燃煤污染对天津空气质量的影响非常大。天津是一个传统的工业城市，能源结构又偏煤，加上冬季的时候，采暖是刚性需求，所以煤炭在整个大气污染防治过程中，始终是大气“五控”治理的重点任务。从对 $PM_{2.5}$ 的污染贡献上来看，燃煤污染也是贡献最大的一个方面，达到了 25%。所以，抓好燃煤污染防控始终是我们的重中之重。

我们在控煤的过程中，主要采取了四项措施。

一是减煤量。削减煤炭消费量是控煤的首要任务。几年来，我们不断调整能源结构，严格煤炭消费。通过采取措施，在2016年已经提前一年完成了国家《大气十条》规定的压减1 000万吨煤的目标任务。在此基础上，今年以来，按照国家攻坚行动的要求，结合天津市的特点，进一步压减煤炭的消费。今年又关停了煤电机组7套，共86万千瓦。同时今年按照攻坚行动的要求，开展全面的、拉网式的排查，全市共排查出各种锅炉11 122台，其中包括工业锅炉、供热锅炉和商业锅炉。我们仅对达到特别排放限值或者超低排放的184台锅炉进行了保留，对其他10 938台锅炉一律进行关停改燃，这个力度是前所未有的。截至目前，这些任务已完成，包括工业锅炉4 630台、供热锅炉2 284台、商业锅炉4 024台。通过这一措施，今年天津可实现工程减煤260万吨。通过几年的努力，天津市煤炭占一次能源比例已经从2012年的54.4%下降到去年的49%，今年还会进一步下降；天然气的使用量在2012年只有32亿立方米，去年已经增加到74亿立方米。

二是控煤质。煤炭质量对环境空气质量的影响是非常大的。市政府先后两次修订天津市煤炭质量标准，不断加严煤质要求。同时，针对煤炭使用，发布了加强煤炭经营管理的政府令，全面强化对煤炭使用的管理。当前正值秋冬季，是一些煤炭经营企业和钢铁、火电、供热企业进煤、储煤的关键时期，我们全面加强了对全市煤炭质量的抽查、监督、管理，对重点企业派驻煤炭质量监督员驻厂进行监管，坚决遏制劣质煤流入天津市场，确保冬储煤的质量。

三是严排放。2016年，天津已经对全市9家电厂22套煤电机组全部实现了超低排放，在这个基础上，今年又对全市剩下的4家19套自备电厂煤电机组进行了改造，现在也已经全部达到了超低排放水平。目前，天津市所有的燃煤电厂，还有燃煤的自备电厂，全部达到了燃气排放标准。刚才我提到的保留下来的184台锅炉，也全部达到了特别排放限值或者超低排放限值的要求。此外，我们对全市252家涉煤重点企业，全部安装了自动监测系统，24小时全天候进行监控，确保排放达到要求。

四是治散煤。这是今年秋冬季攻坚行动的重中之重。刚才我向各位介绍了，今年通过拉网式的、全面的入村入户的排查，共排查出全市城乡散煤121万户，其中城市居民大概13万户，其他是农村地区的用户。我们将散煤治理作为今年秋冬季要啃下来的“硬骨头”，作为重中之重来抓。国家要求我们三年完成这个任务，天津市改为两年完成。而且，通过积极争取也得到国家的大力支持，天津市已经纳入国家北方地区冬季清洁取暖的试点城市。我们对今年要确保完成治理的61万户城乡散煤，按照“宜电则电、宜气则气”的原则，采取了几项措施：一是用电，电网能供应上的，全部改为电，例如武清无煤区，全区11万户全部改装了最先进的空气源热泵。二是用气，天然气管道能通的，或者建了LNG站的，改为天然气取暖。三是补建集中供热，热力管网能通到的，通过热力补建，实现了集中供暖。国家攻坚行动计划要求天津今年的任务是29万户，目前我们已经完成了34万户，年底之前要累计完成61万户，剩下的全部在明年采暖季前完成。特别需要指出的是，对今年还没有改掉的剩余60万户，全部使用洁净煤，最大程度地减少污染排放。

总的来说，今年的攻坚行动在煤炭治理方面，应该说是历年来涉及面最广、力度最大、速度最快的。现在这项工作正在全力推进，我就介绍到这里，谢谢。

澎湃新闻记者：我的问题关于督察问责，想请问一下高厅长在河北省级层面督察问责开展情况如何？您刚才介绍时提到了多组问责数据，抛开这些数据还有哪些做法能给我们分享一下？

高建民：谢谢这位朋友。应该说大气污染综合治理措施都很明确，但责任不落实，再明确的目标也难以实现，再好的举措也难以落地。随着这几年中央环保督察力度的加大，特别是环境保护部强化督查力度加大和信息公开，不断有地方因落实治理措施不力被通报。

对河北省而言，这两年随着环保监管力度的加大和工作的深入，责任落实不到位、压力传导不到位、“最后一公里”解决不到位的问题，正在成为一个大气环境治理的突出问题。河北省将治霾措施落实作为重中之重，今年年初河北省委、省纪委做出具体要求，把治霾不力列入“一问责八清理”的重要内容。刚才我介绍的第一组数字就是河北省从今年年初至今“一问责八清理”的具体情况。

今年进入秋冬季攻坚行动以来，参照环境保护部量化问责规定，结合河北实际，为着力解决压力传导不够、责任落实不力的问题，我们制定出台了《河北省 2017—2018 年秋冬季大气污染综合治理攻坚行动量化问责暂行规定》，提出了一系列针对性的措施。细化、实化、量化问责方案，在这里做一个简单的介绍。

第一个特点是聚焦工作落实实施问责，扩大问责事项的范围。除了把环境保护部的强化督查、巡查发现的问题整改落实情况作为主要问责事项外，也把河北省专项督察、执法检查发现的问题，群众对环境问题的举报，省环保厅督办交办的事项，以及2017年第四季度、2018年第一季度大气环境质量改善情况纳入了量化问责范围。同时，把人为干扰空气站点的运行，甚至涉嫌监测数据造假的问题都纳入问责范围，这样就突出了工作落实的结果和目标，扩大问责事项的范围，推动工作落实。

第二个特点就是聚焦责任单位实施问责，确保问责更精准。环境保护工作不仅是环保部门的事情，涉及方方面面，也涉及很多领域。所以，结合河北实际，把问责的对象向横向拓展，向纵向延伸。横向拓展就是不仅是市县环保局或者分管环保的领导，更包括了涉及大气治理的相关分管领导和相关责任部门，特别是对去产能、治理企业、控制扬尘、车辆达标等富有监管职责的相关部门全部纳入问责对象范围内。

向下就是延伸到乡镇党委书记、乡镇长，甚至村一级的负责人，还有网格化监管的责任人，这就使“最后一公里”问题能够有效落实。举个例子，比如秸秆焚烧问题，发现秸秆焚烧，不仅可直接问责分管乡镇长，还可以问责相应的主管部门；不仅问责直接责任人，对分管的领导也启动问责。一个县连续有3个乡镇、5个乡镇都发生秸秆焚烧问题，县里的相关部门和分管领导也要问责。一个地级市有5个县直的单位被问责，市直分管的领导也要承担责任。

这样就形成一种纵向、横向对相关的责任单位、相关的责任部门、相关的责任人均建立起了问责体系。

第三个特点是我们的一个创新，就是聚焦突出问题实施问责，实行零容忍。环境保护部已开展了十四轮的强化督查，河北也开展了两轮专项督察，我们发现有一些问题，有一些地方，屡查屡犯，不能有效的举一反三，不能有效的严格整改，不能有效的推动工作落实。针对这种情况，一方面加大督办、抽查力度，派执法局立案处罚，严令整改；另一方面严肃追责问责，对屡查屡犯的零容忍，拒不整改的零容忍。比如，对环境保护部交办问题，整改不到位，发现 1 个，就要问责乡镇长；发现 2 个问责乡镇书记和分管副县长，发现 4 个、6 个分别问责县长和县委书记。

还有一个就是对大家最关心的人为干预监测数据的行为零容忍，发现一次就问责主管副县长，两次就问责县长，三次问责县委书记。近期，经省政府同意，我们对发现的，环境保护部强化督查整改不到位数量较多的 10 个县（市、区），启动问责程序。目前这 10 个县（市、区）已落实责任追究 152 人，涉及科级以上领导干部 50 人。

通过这 3 个方面的创新，河北完善了量化问责的逻辑体系，扩大了问责的事项范围，严惩了量化问责的对象，形成了问责的高压态势。聚焦问责有效地解决了大气污染综合治理工作举措落实不到位、压力传导不到位的问题。为推进各级党委政府有关部门严格落实监管责任，严格落实整改责任，把工作落细、落小、落实发挥了积极的推动作用。今后我们继续在这方面坚持原则，勇于担当，把问责坚持下去，发挥永久作用。谢谢。

英国金融时报记者：我想请问高厅长，我们看到一些报道，说为了配合京津冀区域大气治理，有一些工厂关闭，是否存在这样的情况？还有一个问题就是为了确保雾霾的治理效果，河北省采取哪些措施？这些措施将达到什么样的效果？如果没有达到预期效果，会不会继续加强？

高建民：感谢这位朋友。首先第一句话就是关闭工厂这个概念不准确，或者说是应该探讨。具体到大气污染综合治理，我们北方地区有特定的气象条件和气象周期。进入秋冬季，特别是遇到一些气象扩散条件差的时候，经过和气象部门的预警会商、科学分析，判断会出现影响群众健康的一些重度污染天气的情况下，我们会按照重污染天气应急预案启动错峰生产。

为积极应对重污染天气，减轻对群众健康的危害，这几年我们探索了一套有效的方法，就是要建立预警机制，建立错峰生产的方案，建立监管落实的制度，有效减少污染物排放。从河北来讲，每个城市的产业结构，特别是污染源是不完全相同的，这两年我们也在环境保护部的指导下，对每个城市的污染源进行细致、精准的基础分析，建立了污染源的清单，特别对污染排放较大的工业企业，进行深入分析，并针对企业排放的绩效水平，企业所处的地理区位，对所在城市重污染天气影响的程度，进行科学分析。

在科学分析的基础上，河北以市为单位，制定了重污染天气错峰生产的方案。河北的钢铁产业污染排放较大，在完善污染治理设施的基础上，我们提出，钢铁等行业要错峰生产。其中，唐山、石家庄、邯郸等重点城市要限产 50% 以上，全省的焦化产业要限产 30%。在错峰生产方案里，应该说是“一厂一策”，宜错峰生产则错峰生产，宜轮流生产则轮流生产，对超标排放的要立案处罚，甚至责令停产整顿。

错峰生产措施已经过几年的探索，有的市已经摸索出有效的机制和做法。从目前运行效果来看，对减少污染物排放起到了积极的效果。今年，我们在修订重污染天气预案中，更加重视预案的科学性和可操作性，尽量减少社会成本以及对公众的影响，比如对一些涉及民生的企业或者在建的重大项目，在确保污染设施健全，稳定达标排放的基础上是允许正常生产的。

京津冀地理区位特殊，采暖季气象条件特殊，如果出现不利的气象条件，环境监测部门、气象部门经过科学会商，一旦预测出现重度的污染天气，会及时发布预警的信息，及时按照预案启动错峰生产，使空气质量能够得到有效保障，让人民群众身心健康得到保障，谢谢。

南方都市报记者：我想向天津温局长提一个关于“散乱污”企业治理的问题，材料里介绍说，天津共排查“散乱污”企业将近 1.9 万家。我想请问一下天津的“散乱污”企业整治工作进展如何？难度大不大？对天津的经济发展会产生什么样的影响？

温武瑞：非常感谢您的提问。这项工作是秋冬季攻坚行动必须啃下的“硬骨头”，也是难度非常大的一项工作。今年以来，市委李鸿忠书记等市委、市政府主要负责同志高度重视，亲自部署，按照党中央、国务院的决策要求，在环境保护部等部委的指导下，持续推进这项工作，目前取得了显著进展。我们首先对全市“散乱污”企业进行全面拉网式排查，建立了动态更新机制，实行台账管理。共排查出来了近 1.9 万家“散乱污”企业，在排查基础上，按照“分类施治、一厂一策”的原则逐一进行治理。

第一种类型是污染严重、整治无望的企业，有 9 千多家。这类企业往往能耗物耗非常高、排放强度非常大、污染非常严重，不符合城市规划，不符合土地使用要求，存在安全隐患，往往不符合绿色发展要求。对这类企业我们依法依规进行了关停取缔。目前已经对这 9 081 家企业，实行了关停取缔，“两断三清”，即断水、断电，清原料、清设备、清产品。

第二种类型是有市场前景、有提升改造条件、能在原地提升改造，又符合相关要求的，我们对这类企业进行原地提升改造。这类企业约6 900多家。按照“一厂一策”的原则，制定了提升改造的整改方案，经过环保、国土、安监、水务等相关部门联合会审合格后，进行综合改造，改造完后再恢复生产。目前已经有一批这类的企业完成了提升改造，恢复了生产。

第三种类型就是有市场前景，也具备改造提升条件，但由于受地域限制，或者不符合规划、不符合土地使用要求的企业，这类企业有2 900多家，我们对这类企业一律采取迁入工业园区搬迁改造。这项工作到明年完成；刚才说的第二种类型，就是原地提升的，今年年底前完成。

还有一种类型是一些过去传统上的企业集群，比如说在武清区有一个曹子里镇，传统上是生产绢花之乡，有几百年的历史，企业大概有500多家，农户大概有一万多人都来参加这种绢花手工的制作。对这类传统企业，我们制定专门方案，实行整体提升。比如说统一供水、统一排水、统一治理，通过这样形式来在保护传统工艺的同时，实现提升改造。

刚才您问，有没有困难，对经济有没有影响。应该说从短期内，从企业来说，确实有一定困难和影响，但从整体上看，从宏观上看，从长远来看，困难和影响是局部的，这也是实现绿色发展、可持续发展的必由之路。这个过程中，我们体会深刻的是，“散乱污”企业整治确实是推动绿色发展的需要。虽然这么短时间之内要关闭这么多企业，要提升这么多企业，难度和压力确实大，但这项工作势在必行。因为这些企业中很多是20世纪90年代的，甚至是80年代发展起来，总体上说工艺设备非常落后、物耗能耗非常高、企业管理水平非常差，事实上不少企业现状也是非常难以为继的。所以，对这类企业，确实需要加大推动，加快改造。但是在这个过程中，确实有难度，正如习近平总书记说的“推动形成绿色发展方式和生活方式，是发展观的一场深刻革命。”所以天津市委、市政府加强了顶层设计，专门印发文件推动实施，市委书记、市长等市领导同志亲自明察暗访，对各区定点包联，一个区一个区来推动这些企业转型升级，推动大气污染防治。所以我觉得“散乱污”企业治理是绿色发展的需求。

第二个谈谈对经济有没有影响。刚才说了对局部地区，个别企业，肯定是有影响的，但是从全局来看，从长远来看，确实是腾笼换鸟。我市北辰区位于城郊结合部，是“散乱污”企业关停取缔最集中的地方，总共关停了 1 600 多家。这 1 600 多家企业，总共占地是 3 000 多亩。一个企业大概占两亩多地，平均每个企业贡献税收 3 万多元，每亩地产出不到 2 万元。所以北辰区关停取缔“散乱污”企业以后，为下一步发展腾出了土地、资源、环境空间，优化了产业布局，解决了一些安全隐患，进一步实现了绿色发展，事实上是非常好的。

第三点体会就是在治理“散乱污”企业的过程中，得到了广大人民群众的广泛支持，今年 4—5 月，中央环保督察进驻天津，在群众举报的 4 000 多个信访举报件当中，针对这些“散乱污”企业违法生产、非法排污的举报件占相当大比例，群众对“散乱污”企业是非常不满意，也是非常关切的。所以按照习近平总书记的“群众需要什么，我们就干什么”的要求，我们必须采取行动加强治理。虽然治理“散乱污”企业影响了一小部分人，但普惠的是大多数群众，对整体、对全局来说是有益的。

同时，我们也体会到，这项工作最终也得到了广大企业的支持。如果没有他们支持，也不可能把 1.9 万家企业都进行了集中整治，还关停了 9 000 多家。我在这里讲一个小故事，在今年 6 月，就是关停取缔“散乱污”企业最紧要的关头，市里的自行车协会带了几十家企业，到市环保局跟我们座谈，看怎么解决这个问题。座谈完以后，其中两家企业负责人说，来的时候是准备跟你们来打架的，是带着一肚子气的，但是通过座谈，了解了市委、市政府的部署以后，了解了疏堵结合、分类指导、分类施策，最终实现转型升级，实现绿色发展，实现产业化发展这一系列政策后，就知道下一步该怎么办了，气也就消了。在座谈会上，我们向他们介绍了 1958 年的时候，几百家小厂通过整合建立了上海凤凰自行车厂，实现了产业化、规模化发展，并最终成为知名品牌。我们也建议他们参照凤凰的发展模式。目前看来，天津自行车行业在“散乱污”企业整治中对各项要求执行是好的。所以我们有信心、有决心按期完成散乱污企业综合整治任务，实现更好的发展，绿色的发展。我就介绍这些，谢谢您。

人民日报记者：有一个问题想问方局，北京 60 微克每立方米的目标如何实现？

方力：大家都很关心空气质量，其实我觉得这几年大家对空气质量的认识越来越科学，越来越全面。人类社会生产生活在大自然产生的污染物排放、人为活动排放叠加气象条件以后，最终体现出的就是空气质量。所以治理大气污染，根本在于我们人为努力的程度。

说到对空气质量的评价，如果大家关心体育，体育里面最容易出现歧义的是打分的项目，裁判通常会去掉两个最高值，再去掉两个最低值，最后再衡量打分。刚才说的气象条件，其实每一年都不一样，如果我们单纯地拿今天的空气质量跟去年的同一天相比，其实是没有可比性的。但是从更长周期来讲，比如说比较一年相对比较一天评价得更科学，比较三年相对比较一年更科学，其实在社会学层面、统计学层面，有一些方法拿来进行科学分析，还是能够分析出很多问题的。现在已经习惯用一年的周期来考察空气质量，这是一个维度，但是如果再做得细致一点，比如说把全年最差的 10% 的天气，还有最好的 10% 的天气去掉，考察中间 80% 时段空气质量的变化，那么评价结果受气象条件的影响就相对会少一些。

刚才记者问到《大气十条》的收官之年如何面对 60 微克每立方米左右这个目标。我觉得其实今天我们现场已经有了部分答案，数据也给出了答案。首先今天的新闻发布会是在环境保护部召开，环境保护部代表国家层面，体现了国家层面的坚强决心和决胜的决心。

第二个今天京津冀三地的环保厅局长坐在这里，实际上是体现了京津冀区域联防联控的通力协作、有效配合。从刚才三地的介绍当中也看到了，全社会方方面面都在努力。

第三个还是要用数据说话，其实很多记者朋友都是从今年年初就参加新闻发布会，对这一年来的数据都很清楚。今年 1 月、2 月，北京跟去年同期相比 $PM_{2.5}$ 平均浓度反弹了 60% 多。当时我们就做了一个分析，如果要达到全年 60 微克每立方米左右的这个奋斗目标，那么未来的 10 个月，每个月都要达到历史同期最好水平。从有监测数据以来的四年，也就是 2013 年、2014 年、2015 年、2016 年这四年，如果大家去查数据会发现，每一年的 $PM_{2.5}$ 年均浓度都在下降，但是就某个月来说，历史最好水平出现在哪一年，可不是一个定论，跟那个月的气象条件很有关系。其实这就说明我们的空气质量跟气象条件的相关性很大。现阶段，气象条件对空气质量的影响还是巨大的。过去四年的数据说明在我们整个社会的努力下，整个社会的排放一直在下降，空气质量持续改善。

今年3月到现在，过去的8个月除了9月，其余7个月的月均浓度都是历史最低，这反映出有气象影响因素，也反映出我们在环境保护部的统一指导下，区域间联防联控，区域整体的排放强度降低了。与2013年同期相比，2013年北京的$PM_{2.5}$年均浓度是89.5微克每立方米，与今年60微克每立方米左右的年度目标相比，就是要下降1/3。截至昨天，同期相比下降了约34%。今年的最后两个月，人努力的成分会越来越显现出来。首先是大家要努力去干，真正干到位了，人民群众会看在眼里。目标背后最重要的是政府在行动，社会在行动。

北京大气污染防治的信心不仅来自于刚才介绍的那几个方面，还有个大背景，一是北京新的城市总体规划已经向社会发布了；二是十九大报告中提到的涉及北京的两件大事：冬奥会和疏解非首都功能。大家关心总体规划的话就会关注到，北京未来要减量发展，城乡建设用地规模由现在的2 900多平方公里，到2020年要下降到2 860平方公里。

比如大家都关心的“散乱污”治理，建议可以到大兴区去看看，以前有很多工业大院等区域，“散乱污”企业都在里面，现在疏解整治后，一部分变成了生态公园，一部分土地流转，发展高精尖的企业，更好地促进地区发展。再一个大家也感受到了疏解整治促提升包括城市核心区的背街小巷的治理，背街小巷的治理就是环境改善。今后要让城市全部干净起来，这也是北京市新总体规划里的。再加上我们非首都功能的疏解，这样一个大背景下，环境的改善，包括大气环境的改善，不仅是环保部门，也是北京市每一个行业，每一个部门，按照中央的要求，按照建设世界一流的和谐宜居之都的目标，一点一滴的奋斗，都会带来环境质量的改善和城市整体水平的提升，所以说我们对未来空气质量改善充满信心。谢谢！

人民日报记者：河北、天津两地阶段目标已达，有无进一步设定的刚性目标？

高建民：《大气十条》提出的目标任务完成，并不代表我们压力减少了，恰恰更大。

第一，大家都知道，产业结构不是一天两天能调整完成的，大气污染治理虽然阶段性目标完成，但是大气环境质量与人民群众的期盼还有很大的距离，群众对大气环境质量的期盼是我们最大的压力。

第二，河北绿色发展的任务还很重，大气环境质量实现根本性好转的路子还很长。我们必须改变过去的产业结构、能源结构，加大大气污染的治理力度，巩固治理的效果，推进大气环境质量持续改善。

第三，京津冀作为一个大的区域，需要协调联动、联防联控，河北很多治理标准还需要向京津对标、看齐，推动河北环境治理再上新台阶。

第四，习近平总书记要求河北要把大气污染治理好，落实习近平总书记的要求，解决人民群众最关心的问题，需要我们认真总结过去采取的有效措施，坚定不移地把大气环境治理抓下去。我们一定会更加努力工作，坚决打赢蓝天保卫战，让老百姓能看到蓝天白云常态化，感受到幸福。谢谢。

温武瑞：我再简要地补充一点，天津去年 $PM_{2.5}$ 浓度是 69 微克每立方米，比 2013 年下降了 28.1%，提前完成了《大气十条》目标任务，但与国家 35 微克每立方米的标准相比，还是非常高的。所以现在只不过是迈出了治理大气的第一步，而且现在秋冬季污染天气这个特别突出的问题还没有很好解决。统计表明，过去几年，$PM_{2.5}$ 在秋冬季的时候下降不明显。这说明秋冬季大气污染治理特别是重污染天气应对，是非常突出的问题。针对这个问题，今年秋冬季攻坚行动，给我们提出了更高的目标、更严的要求。对天津来说，秋冬季 $PM_{2.5}$ 浓度同比下降 25% 是非常高的目标。从去年的 10 月到今年的 3 月，$PM_{2.5}$ 浓度大概是 95 微克每立方米，下降 25% 的话就是要下降到 70 ~ 71 微克每立方米；而且重污染天气天数下降 20% 的目标也是一个硬的要求，去年整个秋冬季重污染天气天津是 35 天。

针对这个目标，刚才向大家介绍了，我们制定了攻坚行动方案，采取了 10 项措施来推动落实。从力度上来说，从减排的强度来说，确实是前所未有，既有治本的，又有治标的措施，有些之前没采取的措施今年也用上了，比方说错峰生产、错峰施工、错峰运输。我相信这些措施一定能起到好的效果。

方力局长刚才也讲了，人要努力，天也要帮忙。确实有这个情况。攻坚行动全面实施以来，10 月 1—25 日，天津 $PM_{2.5}$ 浓度 54 微克每立方米，同比改善 24%，是历年来最好水平，取得了前所未有的治理成效。但 10 月 26 —28 日一次区域性大范围重污染过程，仅 3 天时间，就造成天津市当月 $PM_{2.5}$ 浓度上升 10 微克每立方米。这次重污染过程使天津市 $PM_{2.5}$ 月均浓度同比改善率由 24% 下降至 6.1%。从我市情况看，本次重污染过程，沿海地区受影响程度明显高于西北部地区，10 月 27 日东部的滨海新区 $PM_{2.5}$ 浓度达到 221 微克每立方米，而北部的宝坻、武清浓度分别为 160 微克每立方米左右。

以上情况说明，影响秋冬季空气质量的突出问题和重点难点在于重污染天气。秋冬季攻坚就是要攻重污染天气应对，要全力强化预警会商、应急处置和联防联控，最大程度降低污染影响程度、缩短污染时间，这也是做好秋冬季空气质量保障的核心。

您刚才提到的停工，我想在这里介绍一下，10 月 1 日开始，天津实行了城市建成区停止土石方作业的措施，因为天津现在正处在大的发展建设开发阶段，全市建筑工地还有 2 500 多个，天津市近年来建筑工地、道路清洗、秸秆禁烧管控到位，扬尘污染得到比较好的管控。但在冬季的时候，由于工地多、气候干燥，非常容易起尘，整个冬季扬尘污染对 $PM_{2.5}$ 贡献在 18.2% 左右，针对这样的情况，我们采取了有针对性的管控措施。

第一，分类停工，不是所有的工地都停，涉及土石方作业的、涉及渣土运输、物料进出的才停；对其他的一些作业，还是可以照常进行的，是不受影响的；但对于可能造成扬尘污染的工序，实行严格管控。

第二，分地域停工，主要是在城市建成区进行停工，因为城市建成区人口最密集、对群众影响最大。此外，停止土石方作业可同时停止渣土车运输，从而减少相应污染物的排放。

第三，分情况停工，涉及的重大民生工程、重点工程，比如地铁工地、造林绿化工程都有季节性，对这些确实无法停止土石方作业的，我们就特许施工。由企业申请，行业部门审核，市政府审定以后发布出来，在工地张榜，公开接受监督。特许施工要做到六个百分之百，确保扬尘得到有效管控。

这些措施广大的施工企业也是支持的，他们提前做了相应安排，很好地得到了落实。

经济日报记者：今年两会上，李克强总理提出重奖“攻克雾霾难关”的科学家，环境保护部前段时间启动了大气重污染成因与治理攻关项目，请问公众究竟何时能确切知道雾霾成因？雾霾难题何时能攻克？

刘友宾：我简要回答一下。2013 年 9 月，国务院发布了《大气污染防治行动计划》，也就是我们所说的《大气十条》。《大气十条》在发布之前，经过了充分的专家论证，广泛听取了专家意见。《大气十条》实施以来，在多个国家科技项目的支持下，专家们积极参与相关工作，我国大气污染防治基础研究和技术研发取得积极进展，比如说提出了区域大气复合污染的形成机制框架，自主研发了燃煤烟气除尘、脱硫、脱硝技术，电力行业超低排放技术走在世界前列，实现了区域和城市空气质量 3 天精细预报和 7 天趋势预报，建立了主要污染物总量减排和区域联防联控调度模式，完善了空气质量和污染源排放标准体系，为重点区域和城市空气质量改善提供了有力支撑。

当然我们也要看到，科学研究永无止境，随着大气污染防治不断向纵深领域推进，大气污染防治工作不断面临新的情况和问题，也不断对科技工作提出了新的要求。刚才几位厅局长提到，当前大气污染防治面临的一个难题就是秋冬季以 $PM_{2.5}$ 为首要污染物的区域性大气重污染频发，这对我们精细化治理的科技支撑提出了更高、更为紧迫的需求。

国务院第170次常务会议做出部署，由环境保护部牵头，联合科技、中科院、农业、工信、卫生、气象、高校等多部门和单位，汇聚跨部门科研资源，开展京津冀及周边地区秋冬季大气重污染成因与治理集中攻关。目前环境保护部已经联合相关部门按照“问题导向、需求牵引”的原则，以京津冀及周边地区秋冬季大气重污染应对的科学决策和精准施策为目标，在集成现有科研成果和衔接相关工作基础上，编制完成了《大气重污染成因与治理攻关实施方案》，设置了京津冀及周边地区大气重污染的成因和来源、排放现状评估和强化管控技术、大气污染防治综合科学决策支撑、大气污染对人群的健康影响研究4个专题和28个具体课题。前不久李干杰部长宣布了攻关行动的启动。

这个课题研究借鉴“两弹一星”攻关模式，聚集所有优势团队和优秀科学家，成立国家大气污染防治攻关联合中心，形成了一支1 000多人的攻关队伍；实行“包产到户”的跟踪研究机制，组建28个专家团队已下沉“2+26”城市进行实地调研和驻点指导，开展“一市一策”科技支撑方面研究，同时也组建了共享的管理平台，目前已经初步组织完成了大气污染立体综合观测法，形成了重污染天气预报、过程监测以及成因快速分析的基础能力。

您刚才特别关心我们什么时候能够知道雾霾成因，刚才几位厅局长实际上已经介绍了，各地的产业结构不一样，能源结构不一样，气象条件不一样，每个地方的$PM_{2.5}$构成、来源是不一样的，北京跟天津、河北，河北每个城市之间也有区别，我们恐怕很难找到一个普遍的、放之四海而皆准的$PM_{2.5}$成因。所以我们专家团队深入到这些市县，在每一次过程中，要积极观测、分析、研究它的构成，为我们大气污染治理工作提出更加有针对性的预防措施，同时也给各地的重污染天气应急预案提供科学决策。我相信随着专家团队不断深入工作，各地 $PM_{2.5}$ 成因应该会越来越清晰、越来越精准。我们这个团队也将及时对外发布相关信息。谢谢。

路透社记者：刚才各位厅局长介绍了各地都在加大力度推进燃煤锅炉的改造，但是我们也注意到近期天然气价格上涨非常迅速，我们了解到京津冀一些地区的工厂企业其实已经有一些承受不了现在“煤改气”之后的燃气成本，并且非常担心未来天然气供应。想请各位厅局长如何看待这个情况？下一步将如何开展工作？

刘友宾：“煤改气”应该说是秋冬季大气治理非常重要的一项措施。刚才大家都知道了，造成大气污染一个很重要的原因，就是以煤炭为主的能源结构，为了做好大气污染防治，不断调整能源结构是我们必须选择的一条途径，也是国际社会共同认可的一个选择。“煤改气”经过专家们反复论证，纳入各地工作规划，是非常重要的一项大气治理措施。各地目前正在按照计划推进这项工作。

您提到的影响天然气供应问题，目前，环境保护部正同有关部委保持密切的沟通和联系，能够满足冬季清洁取暖需求，即使个别地方出现了民用气短缺问题，也会及时调剂，确保气源充足供应。您说到的价格问题，确实一些地方有一些价格波动，据我所知今天上午环境保护部有关司局负责同志正在与有关部门积极协调，确保市场平稳，使这项工作能够平稳有序开展。

温武瑞：刚才我介绍了天津总共是有 121 万城乡散煤用户要改气或改

电，其中留到明年改的是60万户。之所以要留到明年改，主要是考虑到用电更清洁，更有保障，能改电的全部要改电。我们在改的过程中更多的是推广“电代煤”，积极推动电网架设，确保按期入户。

关于天然气供应，刘司长讲的情况跟我们了解的情况相似。如果出现天然气供应紧张，特别是高峰时段受到影响的情况时，我们将严格按照国家和天津市相应保障预案，通过采取调节非民用部门用气量等办法，全力解决好这个问题。

高建民：我补充一下，对河北来讲，城市的建成区和周边的农村地区，也有许多调整的地方，宜气则气，宜电则电，来完成清洁取暖改造。河北省是北方地区清洁取暖试点工作的重要部分，从目前我们的认知水平来判断，解决散煤燃烧是解决北方地区取暖季农村排放的一个重要的举措，对打赢蓝天保卫战有着重要的意义。

就河北来讲，目前推进比较顺利，特别是我们年初制定的180万户目标，各市县积极性非常高，群众也是基本认可的，可能实际的完成量会超过这个数，目前这180万户已经完成了户外工程。围绕保障用气安全，在环境保护部的大力支持下，河北省积极与中石油、中石化、中海油等供应商对接，多渠道拓展气源，积极推进储气的设施建设，制定详细可操作的应急预案，目前已基本落实采暖季气源65亿立方米，基本能够保障按省下达任务量确定的“煤改气”居民用气。谢谢。

刘友宾：今天的新闻发布会到此结束，谢谢大家！

环境保护部
11月例行新闻发布会实录

（2017年11月23日）

11月23日上午，环境保护部举行11月例行新闻发布会。环境保护部规划财务司巡视员兼副司长尤艳馨、环境保护部环境规划院王金南院长介绍环境保护规划财务工作的有关情况，环境保护部宣传教育司刘友宾巡视员通报近期环境保护重点工作进展情况，并共同回答记者关注的问题。

环境保护部 11 月例行新闻发布会现场（1）

环境保护部 11 月例行新闻发布会现场（2）

主持人刘友宾：新闻界的朋友们，大家上午好！

欢迎大家参加环境保护部11月例行新闻发布会。

习近平总书记在党的十九大报告中，为我们勾画了建设美丽中国的宏伟蓝图。做好环境保护规划财务工作，是加强环境保护、有序推进生态文明建设、建设美丽中国的重要支撑和保障。

今天的发布会，我们邀请到环境保护部规划财务司负责人尤艳馨女士、环境保护部环境规划院院长王金南先生，稍后，他们将向大家介绍环境保护规划的有关情况，并回答大家关心的问题。

下面，我先简要介绍一下环境保护部近期几项重点工作情况。

一、长江经济带饮用水水源地环境保护执法专项行动进展情况

为贯彻落实习近平总书记关于长江经济带“共抓大保护，不搞大开发”的重要指示精神，按照党中央、国务院关于推动长江经济带发展的战略部署，围绕全面落实《长江经济带发展规划纲要》，2016年以来，环境保护部在长江经济带持续组织开展地级以上集中式饮用水水源地环境保护执法专项行动，严厉打击饮用水水源保护区内各类环境违法行为，督促各地落实环境保护责任。

专项行动主要包括两方面内容：一是检查饮用水水源保护区制度落实情况。重点检查是否依法划定饮用水水源保护区，是否依法在饮用水水源保护区的边界设立明确的地理界标和明显的警示标志。二是清理饮用水水源保护区内环境违法问题，包括取缔排污口、取缔或关闭违法建设项目等。

一年多来，环境保护部加强督促指导和现场督办，有关各地加大清

理整治力度，推动解决了一批突出问题。饮用水水源保护区划定工作已全面完成。环境违法问题基本查清。历史遗留问题的解决取得突破性进展。例如，湖北省黄石市、湖南省益阳市、安徽省芜湖市等部分饮用水水源保护区内一些油库码头等长期存在的“老大难”问题得以清理解决。

截至 2017 年 11 月 13 日，已完成 465 个问题的清理整治，完成率为 95%；长江经济带 126 个地市中，已有 110 个完成清理整治任务。剩余 25 个问题中，大部分是一些历史遗留的“老大难”问题，整改难度相对较大，包括饮用水水源保护区内存在违法建筑和工业企业 10 个、农村面源污染 9 个、非法排污口 6 个。这些问题关乎多方利益，涉及多个职能部门，需要地方政府牵头推动解决。此外，饮用水水源地的环境保护及执法监督工作涉及环保、水利、农业（渔业）、交通等多个相关部门，亟须加强部门协调联动，强化各个部门依法履行环保职能，共同配合做好环境保护工作。

下一步，环境保护部将组织对长江经济带地级以上城市集中式饮用水水源地开展大督查，通过督查、交办、巡查、约谈、专项督察“五步法”持续跟踪督办，并将有关情况及时向社会公开，接受公众监督。

二、“绿盾 2017”国家级自然保护区监督检查专项行动巡查情况

为深入贯彻落实《中共中央办公厅　国务院办公厅关于甘肃祁连山国家级自然保护区生态环境问题督查处理情况及其教训的通报》精神，环境保护部等 7 部门联合组成 10 个“绿盾 2017”国家级自然保护区监督检查专项行动国家巡查组，自 2017 年 10 月开始，对全国的国家级自然保护

区进行巡查。截至目前，10 个巡查组已对 31 个省（区、市）的 112 个国家级自然保护区进行了实地巡查。

总体来看，各地对绿盾专项行动都非常重视，河北、云南、西藏等十多个省（区、市）党委、政府领导召开专题会议部署专项行动相关工作，加强违法违规问题整改。绝大多数地方建立了部门联合工作机制，建立了违法违规问题管理台账，均开展了保护区自查和省级工作组的现场抽查检查。据不完全统计，各地已调查处理 18 800 多个涉及自然保护区的问题线索，均已形成处理整改意见，大部分问题已经得到整改，生态恢复措施正在落实。在责任追究方面，各地已对 960 余人进行了追责问责，其中处理厅级干部 49 人、处级干部 210 多人，充分发挥了震慑、警示和教育作用。

巡查发现，仍有一些地方在自然保护区问题上政治站位不高，保护意识不强，对保护区内存在的违法违规问题查处不坚决、不彻底，处罚追责不到位，压力传导不够，少数地方整改工作进展不快。另外，自然保护区还普遍存在警示警告设施缺失、宣传教育不足、管护基础设施差能力弱、管护水平不高等问题。对这些问题，巡查组现场提出了整改要求和建议。

下一步，我们将对巡查情况进行分析总结，对查处不严、整改不力的地方政府和保护区管理机构进行公开约谈，督促其加快整改，确保专项行动取得实效。

三、环境保护部 6 个区域督查中心更名为区域督察局

近日，中央编办批复将环境保护部华北、华东、华南、西北、西南、东北环境保护督查中心由事业单位转为环境保护部派出行政机构，并分别

更名为环境保护部华北、华东、华南、西北、西南、东北督察局。

目前，环境保护部已印发各督察局“三定”方案，明确其主要职责、内设机构和人员编制，重新任命了各督察局局长等职务，各项工作正协调有序推进。

区域督查中心自2002年试点、2008年全面组建以来，在加强我国环境保护监督执法、积极应对突发环境事件、有效协调跨省界污染纠纷等方面发挥了积极作用。但是，由于一直为事业单位性质，影响了监督执法权威性。此次督查中心完成向作为派出行政机构的督察局的转变，解决了督查中心的执法身份问题，将有力推进国家环境治理体系和治理能力现代化进程。

6个区域督察局将进一步强化“督政”职能，与国家环境保护督察办公室一起，共同构建国家环保“督政”体系，进一步完善了环境保护督察体制，为中央环境保护督察工作提供有力保障。

下面请尤艳馨女士介绍情况。

尤艳馨：各位新闻界的朋友，大家好！非常高兴能与大家沟通交流。借这个机会，首先感谢各位长期以来对规划财务工作的关心和支持。

规划财务工作在环境保护工作全局中具有引领、支撑和保障作用。根据环境保护部“三定”实施方案，环境保护部规划财务司主要负责组织编制、评估、考核综合性环境保护规划；承担环境经济形势综合分析工作，联系扶贫开发、对口支援西部大开发等专项工作；协调环境保护领域国家投资方向、规模和渠道，并会同有关部门做好组织实施，拟定生态补偿政策并组织实施；承担排污许可制实施、总量控制和排污权交

环境保护部规划财务司巡视员兼副司长尤艳馨

易相关工作；拟定部门预算管理、财务管理、国有资产管理、政府采购、内部审计等规章制度并监督执行；承担中央财政专项资金项目监督检查、绩效管理等工作。

今年以来，全国环保规划财务部门认真贯彻落实党中央、国务院决策部署，以改善环境质量为核心，按照“严、真、细、实、快”的工作要求，统筹兼顾，突出重点，各项工作取得积极进展。归纳起来，通过加强五方面重点工作，进一步强化五方面作用：

一、编制实施一批重要规划，进一步强化“龙头引领”作用。重点开展了 4 项工作：一是推进“十三五”生态环保规划实施，目前看，进展好于序时进度。二是印发长江经济带生态环境保护规划，把“共抓大保护，不搞大开发”的理念落实为路线图、施工图。三是编制雄安新区生态环境保护规划，支持建设绿色宜居雄安，全面推进雄安新区生态环境保护工作，启动实施一批治污工作，11 月 13 日，环境保护部与河北省人民政府签署战略合作协议，媒体上已有广泛报道。四是贯彻党的十九大精神，按照全面建设社会主义现代化强国进程，启动中长期生态环境保护规划战略研究。

二、深化形势分析研判和区域统筹，进一步强化“决策协调”作用。重点开展了四项工作：一是加强环境经济形势综合分析研判，及时跟踪评估，反映新情况、新问题，提出对策建议，建立环境经济综合决策机制，当好参谋助手。二是实行环保约束性指标综合管理，按照以环境质量为核心、总量服从质量的原则，建立健全计划管理、考核机制，整合各项考核，试行“三考合一”。三是落实新《环境保护法》第二十七条规定，实行环境状况和目标完成情况年度报告制度。四是落实区域协调发展战略，扎实推进脱贫攻坚、对口支援工作。

三、优化环保投资规模结构，进一步强化“支撑保障”作用。党的十八大以来，中央财政对环保投入力度不断加大，2017 年中央财政安排的环保专项资金规模预计将达到 497 亿元，围绕水、大气、土壤污染防治以及农村环境整治、山水林田湖草生态保护修复、能力建设等方面，实施了一大批重点工程项目，为改善环境质量发挥了重要作用。与此同时，我们下大力气抓好环保投资项目前期基础工作，夯实项目储备库，对地方逐一进行技术指导和培训。

四、严格环保资金项目管理，进一步强化“规范监督”作用。为规范资金管理，减少人为因素干扰，提高资金分配公平性和使用绩效，重点开展了三项工作：一是创新资金分配机制，更多采用因素法切块，实行“双挂钩”。二是加大监督检查力度，实行专项资金季调度，开展绩效评价试点。三是加强审计监督，参照审计署的模式，对专项资金项目开展监督检查，严肃财经纪律。

五、创新环境治理政策机制，进一步强化“效率效益”作用。重点开展了三项工作：一是健全生态保护补偿机制，开展皖浙新安江流域、闽粤汀江－韩江流域、桂粤九洲江流域、赣粤东江流域、津冀引滦入津等5个流域上下游横向生态保护补偿试点，进一步研究扩大试点范围。二是健全环境治理市场机制，推进第三方治理和排污权交易。三是推进政府和社会资本合作。

除上述5个方面之外，还有一项十分重要的工作即推进排污许可制工作，我们将另行单独向大家报告，大家也可以关注官网和微信公众号。

规划财务工作点多面广，特别是按要素设置司局之后，承担了更多的综合性业务，总体看，各项工作推进有序有力、成效明显，规划财务工作正处在一个新的历史起点上。相关背景材料已经提前发给大家，具体我就不再展开了。谢谢大家。

刘友宾：下面请大家提问。

北京晚报记者：京津冀地区柴油大货车污染排放问题一直备受关注，我们知道京津冀地区货运量主要靠公路运输完成，柴油货车是污染排放大户。最近有媒体报道称，环境保护部调研建议京津冀地区提高铁路货运比例，能否介绍一下相关情况，谢谢。

刘友宾：为了解决重污染天气问题，大家在不断分析重污染天气成因，现在专家们有一个说法，也有一个非常形象的比喻，就是以重化工为主的产业结构、以煤为主的能源结构和以公路运输为主的货运交通结构是压在区域空气质量改善头上的“三座大山”。近几年来，京津冀地区空气质量总体改善，但 NO_2 平均浓度并没有随着 $PM_{2.5}$、PM_{10} 和 SO_2 平均浓度的下降而下降，区域内除个别城市外，NO_2 浓度均超标。2017 年上半年，NO_2 平均浓度仍呈上升态势。北京近几次污染过程中，硝酸盐是 $PM_{2.5}$ 组分中占比最大且上升最快的组分。

专家研究表明，铁路货运的单位货物周转量能耗、单位运量排放主要污染物仅分别为公路货运的 1/7 和 1/13，所以引导货运由公路走向铁路对节能环保和改善空气质量都具有非常重要的意义。据有关统计数据，京津冀地区 2016 年货运总量中，公路运输占 84.4%；区域内公路货运以重型柴油车为主，保有量约 83 万辆，占区域内汽车保有量的 4% 左右，氮氧化物排放占区域氮氧化物排放总量的 1/5。而且，今年该区域内重型载货车的保有量仍以两位数速度增长。重型载货车在京津冀地区保有量过大、增速过快、排放氮氧化物过高是导致区域内城市 NO_2 浓度超标的主要原因之一。

调整京津冀地区交通运输结构，引导货运由公路走向铁路，减少重型柴油货车使用强度，是改善京津冀地区空气质量的关键举措之一。为推进以公路运输为主的货运交通结构调整，减少氮氧化物排放量，改善空气质量，近年来，环境保护部在交通、公安部门的大力支持下，主要开展了以下工作：

一是加强在用车环保监管。2017 年 4 月，公安部下发通知，在交通违章处罚系统中增设超标排放处罚全国统一代码，“环保取证、公安处罚”联合执法机制已经建立并有效实施。大家可能注意到，今年以来，北京市开展了以重型柴油车排放监管为重点的执法检查，检查机动车 1 472.6 万辆（次），查处违规车 1.8 万辆（次），为去年同期的 2.3 倍。

二是推进津冀鲁环渤海集疏港煤炭改由铁路运输。目前，天津港、黄骅港、唐山港、秦皇岛港、潍坊港、烟台港等已经停止接收集疏港汽运煤炭。此外，河北唐山、邯郸，山东滨州、聊城等地对涉及大宗物料运输的钢铁、电解铝生产企业，启动铁路联络线建设工作，据统计，每天可减少重型柴油车几万辆（次）。

下一步，环境保护部将积极推动和联合有关部门和地方，把交通运输结构调整作为大气污染治理的重要举措，提升铁路货运能力，完善铁路运输服务，推进集装箱海铁联运，加快提高铁路运输比例；鼓励发展清洁货运车队，实行错峰运输，在重污染天气预警期间，禁止柴油货车运输生产物资；加快建设互联互通、共管共享的遥感监测网络，对柴油货车等高排放车辆，采取全天候、全方位综合管控措施，实现超标排放、超载超限等违法车辆“一地违法，全国受罚”。

第一财经日报记者：今年年初，中共中央、国务院印发通知，决定设立河北雄安新区，并将雄安新区建设作为千年大计、国家大事。请问现阶段环境保护部在推动雄安新区建设上做了哪些工作？

尤艳馨：这个问题我来回答一下。党中央、国务院决定设立雄安新区，并高度重视新区的生态环境保护工作。今年2月，习近平总书记在河北雄安新区规划建设工作座谈会上强调指出，规划建设雄安新区要突出7个方面的重点任务，其中就把“打造优美生态环境，构建蓝绿交织、清新明亮、水城共融的生态城市”作为重要的任务之一。党的十九大报告提出，以疏解北京非首都功能为“牛鼻子”，推动京津冀的协同发展，高起点规划、高标准建设雄安新区。

环境保护部认真贯彻落实党中央、国务院的部署，积极配合协助支持河北省和雄安新区做好相关工作，主要做了以下三方面的工作。

第一个方面是加强领导，建立工作机制。环境保护部召开部党组会，专题研究雄安新区的生态环境保护工作，成立了由李干杰部长任组长、其他各位部领导任副组长的“推进雄安新区生态环境保护工作领导小组”，建立了推进雄安新区生态环境保护工作领导小组机制。印发《关于近期推进雄安新区生态环境保护工作的实施方案》，明确了近期雄安新区生态环境保护工作的任务和时限。刚刚我跟记者们已经通报了，11月13日，环境保护部和河北省人民政府签署了推动雄安新区生态环境保护工作的战略合作协议，目前正在组建环境保护部雄安新区生态环境保护技术咨询委员会。

第二个方面是积极解决突出问题。中央财政已在中央水污染防治专项资金中安排了5亿元专项资金，支持雄安新区开展环境综合整治工作，并且环境保护部率先在雄安新区开展土壤污染状况详查，优先完成新区的医院、学校等建设用地的土壤污染状况调查。

另外，今年5月以来，按照国务院领导的指示要求，环境保护部会同河北省人民政府抽调了精干力量，对雄安新区开展环保专项督查，共清理

“散乱污”企业12 098家，并且交办674个案件，目前已经整改完成636个案件，有38个正在整改当中。

可以这样讲，督查工作严厉打击了新区各种环境违法行为，推动了雄安新区环境质量改善。

第三个方面是系统谋划，做好顶层设计，发挥好指导和技术支撑作用。目前，雄安新区涉及生态环境保护的规划有两个，第一个是河北省环保厅委托环境保护部环境规划院牵头编制《雄安新区生态环境保护规划》，第二个是河北省发改委委托中科院生态中心牵头、环境保护部环境规划院参与编制的《白洋淀生态环境治理和保护规划》。

下一步，环境保护部将积极协调河北省和规划编制单位，加强对两个规划的指导，强化优先划定并严守生态保护红线、加强生态空间管控的要求，将白洋淀等具有重要生态功能的区域加以强制性严格保护，实现一条红线管控重要的生态空间，使其成为新区构建生态城市的重要基础。

涉及的这两个规划具体内容，请今天在场的这两个规划的首席专家、环境保护部环境规划院王金南院长做一个具体的介绍。

王金南：各位媒体朋友好，我来补充介绍一下《雄安新区生态环境保护规划》的进展情况。环境保护部党组非常重视《雄安新区生态环境保护规划》编制工作，在接到这个任务的第一时间，环境规划院就联合了中科院、北京大学、清华大学，组成了很强的力量，奔赴雄安新区，开展规划调研，在规划调研基础上形成初步的方案，开展了跟总体规划进行对接等工作。

环境保护部环境规划院王金南院长

总体上来说，这个规划是具体落实党中央关于雄安新区的规划建设总体要求，特别是习近平总书记关于雄安新区建设规划的指示。目前，整个规划编制工作已经基本完成，已经进入规划的专家论证，以及跟总体规划全面对接阶段。雄安新区生态环境保护规划最基本出发点就是坚持“世界眼光、国际标准、中国特色、高点定位”的要求，以建设世界一流、绿色生态、宜居新城为目标，坚持生态优先、绿色发展为基本原则，以“三线一单”，资源、生态、环境这三线和负面清单，促进优化整个新区的发展。以白洋淀生态环境保护建设为基础优化新区布局，以新区环境质量改善来推动整个白洋淀乃至京津冀的环境质量改善。以绿色基础设施和智慧环保服务提升整个新区的绿色建设水平，也就是我们希望在新区建设和运营过程当中，始终坚持绿色发展。

通过坚守生态空间、系统保护修复、改善环境质量、实施绿色先导、打造智慧环保、创新体制机制这六个方面，把新区建设成为绿色低碳、信息智能、宜居宜业、具有世界影响力和竞争力，人与自然和谐共生的现代化绿色新区，这是我们这个规划的基本情况，谢谢。

界面新闻记者：党的十九大报告指出，到 2035 年“美丽中国目标基本实现”。请问到 2035 年我国的环境问题是否能够得到有效解决，老百姓能够享受到天蓝、地绿、水清的良好生态环境吗？为实现这美好愿景，环境保护部有何打算和安排？

尤艳馨：谢谢这位记者。党的十九大报告提出了新时代中国特色社会主义思想，特别是要在 2020 年全面建成小康社会的基础上，到 2035 年基本实现社会主义现代化、到本世纪中叶建成社会主义现代化强国的伟大目标。

可以这样讲，党的十九大报告勾画了新时代我们国家生态文明建设的宏伟蓝图和实现美丽中国的战略路径，到 2035 年，我们国家的生态环境要根本好转，美丽中国目标基本实现；到本世纪中叶把我们国家建成富强、民主、文明、和谐、美丽的社会主义现代化强国，生态文明得到全面提升。

部党组高度重视党的十九大报告中对生态文明建设和环境保护提出的新目标、新部署、新要求，李干杰部长第一时间就批示相关部门要加强研究，细化目标、指标和措施，并且在后续集中学习的过程中，进一步提出了落实要求。

目前，我们正在按照党的十九大精神组织开展美丽中国生态环境保护战略与实施路线图研究，立足2020年全面建成小康社会目标，基于我国经济社会环境发展和全球可持续发展的大逻辑、大格局还有大趋势进行研判,通过中国特色社会主义制度优势和政治优势解决我国生态环境问题，并且系统提出新时代生态环境保护总体的战略思想和框架，回答与现代化相适应的生态环境保护目标实现路线图,解决是什么和干什么的指引问题，为实现我国新时代社会主义现代化建设目标提供宏观战略决策支持，为世界可持续发展提供“中国方案”。

具体来讲，我们按照党的十九大报告提出的部署和要求，在几个重点的领域开展研究，重点开展美丽中国生态文明建设总体战略和目标指标研究，争取尽快拿出到2035年“生态环境根本好转、美丽中国基本实现”的详细目标指标方案。同时，按照党的十九大报告提出的四大任务，重点开展国家绿色发展及其实施路径、环境质量改善路线图、生态保护修复路线图，还有实施乡村振兴的农村环境保护路线图，以及生态环境治理体系与治理能力现代化等方面的研究。

另外，2035年是我国第十六个“五年计划”的末期，所以我们还将开展面向2035年的“十四五”“十五五”方面的生态环境保护战略谋划和相关研究，希望大家对这方面多关注多支持。

中国青年报记者：国家正在大力推行政府和社会资本合作（PPP），环保是PPP重点领域之一。环境保护部在推进PPP方面有何举措？下一步有何打算?

尤艳馨:这个问题我来回答一下。环境保护具有公益性,在环保领域推进 PPP 模式,是当前社会上比较关注的一件事情,也是目前解决环保领域投入不足、提高资金使用效率的一个重要举措,有利于提高环境公共产品和服务的供给质量,提升公共产品和服务供给效率。环境保护部高度重视这项工作,会同相关部门在政策制定、项目遴选、示范推进、宣传引导等方面开展了大量的工作,主要包括四个方面:

第一,会同财政部印发了《关于推进水污染防治领域政府和社会资本合作的实施意见》,以水污染防治领域作为一个突破口,推进环保领域实施PPP模式,水污染防治专项资金对水污染防治PPP项目予以倾斜支持。

第二,会同有关部门印发了《培育发展农业面源污染治理、农村污水垃圾处理市场主体方案》,这是党的十八届三中全会确定的生态文明体制改革方案之一,鼓励有条件的地区实施整县或者区域一体化农业农村环境治理 PPP 项目。

第三,配合有关部门印发了《关于政府参与的污水、垃圾处理项目全面实施 PPP 模式的通知》,进一步鼓励污水垃圾处理项目实施和推行 PPP 模式。

第四,财政部和环境保护部积极组织开展环保 PPP 项目推介活动,一大批环保 PPP 项目落地实施。目前我们正在会同财政部组织第四批 PPP 项目的推介和审核工作。

从全国目前情况来看,各地积极支持环境治理 PPP 项目模式,但是总体上仍然处于起步阶段,在申报、设计和实施过程当中还存在一些困难和问题，主要表现在这几个方面：

一、很多地方政府把 PPP 模式作为替代传统融资平台、争取国家政策支持的一种手段，没有把环境效益作为根本的出发点。

二、在项目实施阶段，缺少环境服务价格与治理效果有效挂钩机制，难以对社会资本进行有效考核和约束。

三、环保领域 PPP 普遍存在回报机制不健全、边界责任界定不清晰还有项目落地比较慢的问题。

为进一步推动环保领域的 PPP，下一步我们将坚持问题导向和目标导向，配合有关部门抓 3 件事：

一是深化政策设计，围绕大气、水、土壤污染防治，加强 PPP 机制研究，健全回报机制，加大评价和监管的力度，落实激励和约束要求。

二是加大环境保护专项资金向 PPP 项目倾斜力度，结合环境保护部会同财政部正在开展的项目储备库建设运行，优先支持 PPP 项目。

三是做好示范推进，及时总结经验、加强宣传，发挥好示范带动作用，选取部分推广效果比较好的项目在全国进行推广，希望大家多关心多支持，谢谢。

人民日报记者：环境保护部正在大力推进排污权交易工作，我们也听到了一些认为排污权交易发挥作用有限的声音，您如何看待这一观点？目前排污权交易试点工作取得了哪些经验？下阶段将如何推动？

尤艳馨：推行排污权交易制度是生态文明体制改革的重要内容之一，10 年前我们就已经开始启动这项工作，现在全国共有 28 个省份开展排污权有偿使用和交易试点，有 11 个省份和青岛市是国家批准的试点，其余的是各个省主动而为开展的试点。从试点工作进展情况来看，总体取得了初步成效。

第一个方面就是制度体系已经基本建立起来了。国务院办公厅印发了《关于进一步推进排污权有偿使用和交易试点工作的指导意见》等相关指导性文件。试点省份结合国家要求和各地实践稳妥推进试点工作，初步建立了省级层面的排污权有偿使用和交易制度体系，并且在机构建设、平台搭建、技术攻关以及政策创新等方面开展了大量实践，基本上形成了运行有序的排污权交易市场。我们对全国情况进行了统计，截至今年 8 月，国家批复的 11 个试点地区共征收有偿使用费 73 亿元，自主开展试点的地区有偿使用比较少，大概 3.6 亿元。排污权交易方面国家批复的试点地区交易额度大概为 62 亿元，自行开展试点工作的地区大概是 5 亿元左右。

第二个方面就是排污权交易的试点实施有效推动了污染减排。部分试点省份把排污权有偿使用和交易工作与污染减排、企业达标排放以及环保基础设施建设紧密结合起来，形成了以行政监管手段为主、市场机制手段为辅的污染源管理体系，在全社会树立了资源环境有价的理念，对调整“两高”（高污染、高耗能）产业结构、转变经济发展方式、提升企业治污水平、减少污染排放等起到了积极作用，推动了环境质量改善。

第三个方面是推动了其他相关制度政策的创新，提升了环境治理水平。各地在排污权交易方面主动而为，浙江和山西等省份初步建立了排污权抵押贷款投融资机制，重庆市参照证券交易等金融资产等级制度推行了排污权注册登记机制，浙江等省份开展了刷卡排污试点，提升了环境治理水平。

从整个试点情况来看，排污权有偿使用和交易工作仍存在一些难题，比如法律法规支撑还不足，排污权核定、定价的前提工作不配套，排污权交易二级市场不够活跃等，现在主要的交易都是在政府主导的一级市场。另外还有监测监管体系不完善。按照国务院的文件规定，三年试点今年收官，目前我们正在跟财政部沟通，研究下一步排污权有偿使用和交易试点工作的相关政策。所以说面对这些问题，还需要进一步深入研究，总结试点经验，重点解决一些政策的瓶颈问题。

光明日报记者：我有两个问题。第一个问题：2016年，财政部、环境保护部、发展改革委、水利部出台了《关于加快建立流域上下游横向生态保护补偿机制的指导意见》，请问目前流域上下游横向生态保护补偿工作进展如何？下一步有何打算？

第二个问题是关于《长江经济带生态环境保护规划》的，这个规划已经印发而且将“共抓大保护，不搞大开发”理念落实为路线施工图，请问地方在具体实施过程中应该如何把握规划的有关规定？

尤艳馨：谢谢。对流域上下游补偿这项工作，党中央、国务院高度重视。在生态文明体制改革总体方案中，对开展流域生态补偿作出了决策和部署。《国务院办公厅关于健全生态保护补偿机制的意见》，财政部会同环境保护部、发改委、水利部等部门印发的《关于加快建立流域上下游横向生态保护补偿机制的指导意见》，提出了推动建立上下游横向生态保护补偿机制、开展流域生态补偿试点的要求。为了贯彻落实中共中央、国务院的决策部署，环境保护部会同财政部积极推动建立流域上下游横向生态保护补偿机制，主要开展了三个方面的工作。

一是健全跨省流域的生态保护补偿机制。环境保护部会同财政部积极推动，在5条江河开展试点：一个是新安江，主要是浙江和安徽；一个是九洲江，广东和广西；东江是江西和广东，还有汀江－韩江、引滦入津，开展生态补偿。这5条江生态补偿工作推进顺利，涉及的省份人民政府签订了生态补偿协议，并且本着“成本共担、效益共享、合作共治”这个原则，以流域跨界断面水质考核为依据，积极推进流域生态环境保护和治理工作，有效促进了流域的水环境质量改善。

二是落实生态保护补偿奖励资金。财政部对这项工作非常重视和支持，我们两个部门也规定了这个奖励的基本原则，试点省份只要签订了协议，中央财政给予定额补助，年底根据水质的监测结果给予清算，考核细化到每一个跨界断面的监测点位。对完成考核目标的省份给予奖励，对没有完成考核目标的省份扣减补偿资金。

2012年以来，中央财政共安排生态补偿奖励资金49.99亿元。我说明一下，其实这个资金中央财政安排额度比这个大，有零有整就是因为存在一个惩罚机制。有两条江没有实现规定的环境质量目标，一个是扣了福建的汀江－韩江，还有一个是广西的九洲江。环境保护部加强对生态保护补偿资金项目的指导和督促，开展了对新安江流域生态补偿资金的监督检查。

三是扩大流域上下游横向补偿范围。为贯彻《长江经济带生态环境保护规划》，环境保护部配合财政部积极推进建立长江流域上下游横向生态补偿机制，目前正在配合财政部研究促进长江流域大保护的财政激励政策，已形成一个初步方案。同时我们也积极协调推进北京市和河北省建立密云水库上游流域生态保护补偿机制，目前进展顺利，双方工作非常积极主动。每一个方案的出台后面都有大量的协调工作，表现出了上下游相关省份积极保护环境的态度。

总体来看，流域的生态保护补偿工作还是处于起步的阶段，在实践当中我们也发现还有一些困难和问题。第一个就是生态保护补偿立法还是比较滞后的，标准体系还不完善。第二个就是生态保护补偿的内涵非常丰富，但是我们现在补偿的方式还是比较单一的。第三个就是生态保护补偿协调，上下游利益诉求协调推进难度还是非常大的。

下一步，我们主要做三件事。第一个就是积极推进流域上下游横向生态补偿，扩大试点范围。刚刚跟各位报告的一个是长江流域，再一个是京津冀地区。同时我们也在研究结合赤水河流域的跨流域执法机构改革，推动赤水河流域建立生态补偿机制。

第二个是做好跨界断面的水质监测和绩效评价工作。按照统一的标准规范开展监测和评价，同时完善绩效考核机制，把中央奖补资金安排和绩效挂起钩来。

第三个是完善配套制度和标准体系。根据生态系统的服务价值，还有生态保护和环境治理的投入，以及发展的机会成本和经济发展水平等因素，细化补偿的标准和技术规范，完善补偿资金的测算方法，提高补偿的科学性和公平性，为生态环境保护补偿提供技术支撑。

王金南：我补充一下，我觉得流域上下游生态保护补偿机制，应该是咱们国家在生态补偿领域的一个重大创新。而且这个机制目前已经得到了一些国际组织的认可，他们希望总结中国这种模式，结合自己国情、自己流域的水生态保护治理规划，来建立符合本地特点、能够推动水环境保护的激励机制。所以我个人感觉这也是一种中国的模式，我们觉得还要在这方面再做大胆的创新。

尤艳馨：这位记者问了两个问题，第二个是关于长江经济带“共抓大保护，不搞大开发”的问题。大家知道去年年初的时候，习近平总书记在重庆召开的推动长江经济带发展座谈会上明确指出，推动长江经济带发展必须从中华民族长远利益考虑，走生态优先、绿色发展之路，确立了长江经济带生态环境保护的总基调，并且统一了思想认识，为长江经济带生态环境保护确立了顶层设计和战略方向。编制《长江经济带生态环境保护规划》，就是落实习近平总书记系列重要讲话精神和治国理政新理念、新思想、新战略，对长江经济带生态环境保护和经济社会发展具有重要的、深远的指导意义。

概括起来，在“共抓大保护，不搞大开发”方面可以用这么三句话来强调：“三水并重”“四抓同步”“五江共建”。“三水并重”是突出水资源、水生态、水环境并重推进。《长江生态环境保护规划》本着人水和谐的理念，聚焦水资源、水生态、水环境并重推进，通过划定严守水资源利用的上线、生态保护的红线，还有环境质量的底线，推进相关目标任务的落地，切实保护和改善水环境。

“四抓同步”就是突出上中下游、重点地区、重大工程项目，还有重大制度创新同步落实。《长江经济带生态环境保护规划》贯彻山水林田湖草是一个生命共同体的理念，突出抓流域上下游的整体保护、系统修复、综合治理，以洞庭湖、鄱阳湖、长江口为重点，对重点区域进行保护、治理修护；以生态环境质量改善目标为导向，谋划一批对长江生态环境保护具有战略意义的重大工程，促进重大任务和重大工程的相互衔接，并且用改革创新的方法抓长江的生态保护，通过实施差别化的环境准入，建立生态补偿机制，创新环境治理体系，形成大保护的合力。

第三个方面就是“五江共建”。一个是和谐长江，一个是健康长江，一个是清洁长江，一个是优美长江，一个是安全长江。在《长江经济带发展规划纲要》确定的目标和指标基础上，综合考虑长江经济带的特殊情况以及目标可达性，还有技术可行性，按照“五江共建”的总体框架，系统构建了规划的目标指标体系，以和谐长江设置目标，促进水资源得到合理利用，江湖关系和谐发展；以健康长江设置目标，促进水源涵养还有水土保持及生物多样性保护等生态服务功能得到逐步提升；以清洁长江设置目标，提升水环境质量持续改善；另外以优美长江设置目标，构建大气、土壤等环境安全保障；以安全长江设置目标，保障环境风险得到有效控制。我们希望通过这三个方面措施的齐抓共管，能够把长江真正按习近平总书记要求建设得更加美丽，谢谢大家。

中国新闻网记者：近日有媒体报道称，环境保护部出台的一份文件明确，对发生空气质量监测数据弄虚作假的情况，用当月监测数据最高值替代弄虚作假当日的监测数据，而之前则是用当月监测数据最高值替代当月平均值。这被视为环境保护部对空气质量数据弄虚作假行为处罚规则的趋宽性调整，引起业内人士争议。请问是否属实？您对此怎么看？

刘友宾：我简单回应一下，你刚才说的这个结论，我认为是不对的，环境保护部从来没有对环境造假行为有过任何放任和丝毫纵容。大家很关心环境监测数据的真实性，数据质量是环境监测的生命线，环境保护部对此高度重视，环境保护部部长李干杰上任后，调研去的第一个地方就是中国环境监测总站，对全体环境监测工作者提出了确保环境监测数据“真、准、全”的要求。

近年来，环境保护部认真贯彻落实《环境保护法》、最高人民法院、最高人民检察院《关于环境污染刑事案件适用法律若干问题的解释》等法律法规和要求，加大数据审核力度，对环境监测数据造假行为绝不姑息，发现一起查处一起。环境造假者头上有 3 个“紧箍咒”，第一个是行政处罚。依据有关法律法规，视情节轻重给予有关责任人员记过、记大过、降级处分直至撤职、开除处分或者行政拘留等。对企业处以责令改正或者限制生产、停产整治，处以罚款，情节严重的责令停业关闭。第二个是刑事处罚。依据《最高人民法院、最高人民检察院关于办理环境污染刑事案件适用法律若干问题的解释》，重点排放单位自动监测数据造假按“污染环境罪”论处，同时构成“破坏计算机信息系统罪”的，从重定罪处罚；环境质量监测系统数据造假按“破坏计算机信息系统罪”论处。第三个是民事责任。依据《环境保护法》，对造成的环境污染和生态破坏负有责任的，除依据有关法律法规规定予以处罚外，还与造成环境污染和生态破坏的其他责任者承担连带责任。所以我想头上有 3 个“紧箍咒”，每一个试图有造假冲动的人都应该三思而后行，都应该充分考虑可能造成的后果。

造假有罪，数据无辜。打击环境监测造假行为，追究相关人员的责任，目的是维护环境监测数据的真实性。现在，党和国家非常重视环境监测的法律法规建设和能力建设。今天，我们已经有足够的手段来惩治造假行为，追究造假者的责任。我们也具备了较为完善的质控体系，可以及时发现数据异常情况，并迅速进行调查处理。一方面，我们对造假行为零容忍，每一个环境工作者都要像爱护眼睛一样爱护环境监测数据质量，对人民高度负责，对数据高度负责。另一方面，要科学、准确评估造假行为对数据的影响程度和范围，尽可能用技术手段还原、恢复数据的本来面目，既不夸大，也不缩小，客观真实地反映环境质量的变化情况。

大家知道，今年9月，中共中央办公厅、国务院办公厅印发《关于深化环境监测改革提高环境监测数据质量的意见》。环境保护部将进一步贯彻落实好文件要求，对涉及监测数据造假的地区、监测机构、企业或个人等，发现一起、查处一起，依法采取公开约谈、行政问责、刑事处罚等措施，并向社会通报查处结果；对构成犯罪的，依法移交司法机关追究刑事责任，保障环境监测数据全面、准确、客观、真实。

南方都市报记者：今年8月，环境保护部出台了《关于推进环境污染第三方治理的实施意见》，请问下一步有什么针对性的推进措施？

尤艳馨： 这个文件对推进环保工作意义非常重大。环境污染治理的专业性和技术性非常强，并且随着社会分工的日益精细化，专业的人做专业的事，专业的事情交给专业的人来做，环境污染治理第三方模式应运而生。近年来发展十分迅速，对于当前推进我国环境保护工作来讲意义非常重大。

第一，这项工作有利于企业治污效率的提高。推行环境污染第三方治理，由专业技术人员和管理经验丰富的环境服务公司运营，有利于降低企业治污成本，提高治污效率。

第二，有利于促进环保产业健康发展。环保的服务公司，由过去单纯设备制造、工程建设拓展到了运营管理，为企业自身的成长提供了新的动力，进而推动了整个环保产业的快速发展和环境治理改善。

第三，有利于促进环境质量的改善。排污企业治污的责任通过合同的方式，向环境服务公司转移和集中。排污企业作为治污的主体，将会同环保部门一起对环保企业进行监管，可以有效降低环境污染事件发生的风险，促进环境质量的改善。

党的十八届三中全会明确提出要推行第三方治理，国务院办公厅在2014年出台了《关于推行环境污染第三方治理的意见》，对第三方治理工作提出了一些具体的要求。为了落实国务院的要求和推进相关工作的开展，特别是指导各地开展相关的工作，环境保护部于今年8月出台了《关于推进环境污染第三方治理的实施意见》。当前污染第三方治理企业热情还是非常高的，参与积极性很高，但是由于一些地方政策法规比较滞后，体制机制还不完善，关键是有一些保障机制没有建立起来，所以排污企业反映冷热不均，推进这项工作还存在一些问题。比如说责任的问题，责任不明晰。再一个就是行业不是很规范，还有就是信息不对称，再一个是价格机制和监管机制没完善起来。

这个市场现在来看还不是很活跃。下一步主要抓好这四个方面的工作：

第一个方面是引导和规范第三方治理的行为。跟踪研究第三方责任界定判例，指导和规范第三方的设施运行，并且加强配套政策的指导和引导，探索引入第三方支付机制、依环境绩效付费，以及建立环境污染强制保险制度等方式，保障排污单位和治理单位的权益。

第二个方面是加强对第三方治理行为的监管力度。全面落实环境保护法律法规的有关要求，进一步加大环境监管执法力度，对重大典型案件要加大媒体的曝光力度，探索出台第三方治理企业监管的配套政策。

第三个方面就是要鼓励第三方治理机制和模式创新。建立第三方治理试点项目的储备库，编制发布一些相关的案例，引导和鼓励企业创新相关的机制和模式。

第四个方面就是鼓励信息公开。第三方治理关键也在信息公开，加快推进第三方信息公开，构建信息平台，鼓励第三方单位主动地在这些平台上公开相关的信息，接受社会的监督。

路透社记者：根据公布的10月$PM_{2.5}$数据，京津冀及周边地区“2+26”城市中只有4个达标，请问主要原因是什么？政府采取了哪些具体措施？取得了怎样的成效？接下来力度会不会进一步加大？

刘友宾：谢谢。我今天早晨上班的时候，在车里面听到一个消息，北京市公布了今年1—10月$PM_{2.5}$浓度的数值。截至目前，平均为60微克每立方米，实现了历史同期最好水平。这是在1月、2月北京市气象条件总体不利、$PM_{2.5}$浓度非常高的情况下，经过之后几个月持续不断努力实现的。

总体上，在“2+26”城市1—2月$PM_{2.5}$同比上升23.5%的不利形势下，经过不懈努力，空气质量恶化的态势得到扭转。3月—11月15日，“2+26”城市同比下降9.8%。自10月1日开展秋冬季大气污染综合治理攻坚行动以来，“2+26”城市$PM_{2.5}$浓度为64微克每立方米，同比下降15.8%。

这些数据足以说明，我们现在采取的应对措施是有效的。公众经常在晒蓝天，大家都有直观的感受，今年冬季和去年冬季相比蓝天数目在增加，重污染天气的影响在减少。大家知道，我们刚刚经历过一次重污染过程，11 月 4—7 日，京津冀及周边地区出现了一次重污染天气过程，在我们向社会发布预警信息的时候，很多人不解，为什么在蓝天白云时候发预警呢？因为我们的监测和预报预警能力使我们有这个自信，可以提前预测预报，让公众做好准备，让各地提前采取措施，努力降低污染物峰值。监测表明，这次污染过程和以往相比，$PM_{2.5}$ 浓度增长速度较低，污染累积强度较弱。专家们分析认为，应急减排措施效果明显，主要污染物减排比例为 20% ~ 30%。

所以这些监测数据的变化，这一次重污染过程的应对，以及老百姓对目前环境质量的真切感受，都进一步增强了我们做好秋冬季大气污染防治、打赢攻坚战的信心和决心，也进一步增强了我们对秋冬季所制定的各项措施有效性和针对性的信心。只要沿着这条道路走下去，相信区域空气质量一定能够得到有效改善。

当然，由于各地的基础数据不同，工作力度、压力传导也存在差异，一些城市空气质量改善幅度不大，甚至存在波动。但整体上看，攻坚行动开展以来，区域环境空气质量呈改善趋势。

如果一些地方因为工作不力，没有严格落实攻坚行动方案，导致空气质量迟迟不能改善，给区域空气质量改善拖后腿，影响了人民群众的幸福感，我们将进行量化问责。中国有句话叫“军中无戏言”，我们将严格按照量化问责方案，对工作不力的地方负责人追究相关责任，有效传导压力，确保攻坚行动各项措施落地生效。

经济观察报记者：近年来环境治理力度在持续加大，环保投资是环境治理的重要基础。能否介绍一下近年来环保投资的相关情况？

尤艳馨：谢谢这位记者，我来回答一下。正如你所说的，党中央、国务院这些年来高度重视环境保护工作，环保投资力度也不断增加。主要有三个方面态势：

第一是环保投入力度加大。“十二五”期间，全社会的环保投资合计4.17万亿元，比“十一五”时期增长了92.8%，年均增长近10%。2016年完成投资9 220亿元左右，较2015年增长4.7%。“十二五”期间政府环保投资一共是8 390亿元左右，年均增长也达到了14.5%。其中，中央各专项环保资金累计支出达到近1 800亿元，比“十一五”期间增长了140%左右。特别是《大气十条》《水十条》《土十条》出来之后，每年投资都在不断增加。2016年、2017年中央财政对环保投入力度越来越大，预计今年资金规模能达到500亿元左右。

第二是环保投资的结构不断优化。为了支持大气、水还有土壤污染防治三大行动计划确定的重点工程，中央财政整合资金，加大对大气、水、土壤、农村以及山水林田湖等项目的支持，分类设立了大气专项、水专项、土壤专项、农村环境整治专项、重点生态修复和保护项目等。优化项目的资金分配方面，我们做了一些尝试，资金分配过程中减少人为因素干扰，主要是以因素法和竞争性立项为主。出台了《环保专项资金激励措施实施规定》，对上年度环境治理工程项目推进快及重点区域大气、重点流域水环境改善的地区给予奖励，不断优化相关的管理机制。

第三是环保投资市场化改革不断深入。就像刚刚我给各位记者报告的一样，环境保护部最近出台了第三方治理的实施意见，并且联合财政部还出台了推进 PPP 项目实施的意见，指导地方推进 PPP 项目的实施，推动建立了吸引社会资本投入环保市场的机制。

以上这些改革措施为我们环境质量改善提供了资金保障，取得了积极成效。2016 年，京津冀、长三角、珠三角区域 $PM_{2.5}$ 浓度比 2013 年分别下降了 33%、31.3% 和 31.9%；水污染防治专项资金支持的 29 个省份当中，有 20 个省份达到或者优于年度水环境质量目标，支持的 85 个地市当中有 172 个断面的水质类别有所提升；2016 年，为落实《土十条》，中央财政整合设立了土壤专项，为改善土壤环境质量、防范土壤环境风险提供了重要的保障。

与此同时，我们认识到中央环保投资在安排使用过程当中，还有几个突出问题：一是总量方面离需求还是有一些差距，环保工作历史欠账还是比较多，投入的规模和需求之间差距也比较大。从 2016 年情况来看，环保投资占 GDP 的比例大概是 1.3%，从国际经验来看是比较低的，污染治理设施直接投资只能占到一半左右。

第二个是环保投资效率不高，重建设轻运行，缺乏对后期运营维护资金的投入保障，监管的效果不太好。部分项目预期的环境绩效难以实现。

第三个就是环保投资市场机制不够完善，具体表现主要还是回报机制不完善，绿色金融体系也不是很健全。社会资本投入积极性不是很高，现在也遇到一些融资难、融资贵的问题，制约了社会资本投资的积极性。

当前，环境污染形势依然严峻，十九大报告提出打好三大攻坚战，其中之一就是污染防治，对环境保护工作提出了更高的要求，环境质量状况跟人民群众对美好生活的需要也还有很大差距，环境保护补齐短板仍然处在一个关键时期。

为实现生态环境保护的好转、建设美丽中国，下一步在环保投资方面，有四个方面工作要着重加大力度。

第一，还是要强化落实企业的污染治理责任，加大企业的污染治理投资。明确企业法定责任，加强环境的监管执法，持续开展新环保法实施年活动，强化环保行政执法和刑事司法联动。另外，就是建立企业环境信用评价和违法排污名单制度。

第二，充分发挥市场机制作用，吸引社会资本来投入。大力推进PPP模式、第三方治理。另外一定要完善水还有垃圾等领域的收费价格形成机制。健全绿色金融机制，推进资源产业整合、投资回报机制的创新，采取项目打包、肥瘦搭配等方式。

第三，加大投入的力度，集中资金解决重点地区的突出环境问题。从当前来看，大家比较关心的雾霾问题，还有黑臭水体问题、饮用水水源地问题、农村环境治理问题都是环境保护现在的短板，下一步都要加大支持力度。从重点区域来看，京津冀、长三角、珠三角、长江经济带、南水北调沿线、国家的贫困地区、生态脆弱地区今后都要加大投入力度。

第四，就是要建立绩效导向的资金使用机制，提高资金使用效率。建立基于绩效的专项资金分配机制和奖惩机制，开展常态化的绩效评价。这个事情我们一直在研究，希望在整个工作当中能够真正落地，把环境保护项目的绩效评价结果真正跟整个资金安排挂钩。

每日经济新闻记者：《中共中央、国务院关于加快推进生态文明建设的意见》中提出要推行市场化机制，这也是进一步推进环境治理和提高环境效率的内在要求。请问环境保护部在这方面开展了哪些工作？下一步有什么打算？

尤艳馨：下面请规划院王金南院长回答这个问题。

王金南：保护环境的政策手段一方面是法规、标准等强制的法律管制手段，另一方面就是市场的手段，我们通常所说的环境经济政策这类手段。环境保护部非常重视市场经济手段在环境保护当中的应用。

第一个就是最近几年协同相关部门，如财政部、发改委等出台了一系列重要的环境经济政策，比如环境保护税、排污交易、生态补偿、绿色金融等这些重要政策相继出台实施。

其中有一些政策在国际上都很有影响，比如说环境保护税，在国际上是第一个国家层面上作为独立的税种建立的环境保护税收制度。这个是在生态文明制度改革当中很重要的制度。

第二个就是推进政策应用，也是跟相关的综合部门协同推动，像财政政策、贸易政策、信贷、证券、保险这些政策，都在稳步的推进过程当中。比如说双高目录的设定，这些政策在促进结构调整中起到了很好的作用。

第三个就是在政策创新方面，前面提到像流域上下游的生态补偿、排污权有偿使用和交易，还有现在环境保护税收的改革等，都是做了很大的创新。这些政策主要的目的，就是为排污者从经济角度去进行选择，自己核算，通过这些政策实施，自己去判断采取什么样的手段最经济合理；同时如何将企业外部的成本、排放污染的外部成本更好地实现内部化、降低企业成本。这也是我们整个机制创新的驱动力。

整个市场机制在未来环境保护中所起的作用应该越来越大，这里面尤其需要我们在改革当中继续创新。

刘友宾：今天的新闻发布会到此结束，谢谢大家！

环境保护部
12 月例行新闻发布会实录

（2017 年 12 月 28 日）

12 月 28 日上午，环境保护部举行 12 月例行新闻发布会。国家环境保护督察办公室刘长根副主任介绍第一轮中央环保督察有关情况，环境保护部宣传教育司刘友宾巡视员通报近期环境保护重点工作进展情况，并共同回答了记者关注的问题。

环境保护部 12 月例行新闻发布会现场（1）

环境保护部 12 月例行新闻发布会现场（2）

主持人刘友宾：新闻界的朋友们，大家上午好！

欢迎大家参加环境保护部12月例行新闻发布会。

中央环保督察是推进生态文明建设的重大制度安排，得到社会各界的高度关注。目前，第一轮第四批中央环保督察反馈正在进行中，实现了中央环保督察对全国31个省（区、市）全覆盖。媒体朋友们积极报道中央环保督察工作，体现了大家对生态文明建设和环境保护工作的重视与支持。这些天来，大家深入报道第四批中央环保督察反馈情况，为中央环保督察工作营造了良好舆论氛围。我们向大家表示衷心感谢！

今天的发布会，我们邀请到国家环境保护督察办公室刘长根副主任向大家介绍第一轮中央环保督察工作的有关情况，并回答大家关心的问题。

下面，我先简要介绍环境保护部近期重点工作情况。

15个省份形成了生态保护红线划定方案

今年2月，中共中央办公厅、国务院办公厅印发了《关于划定并严守生态保护红线的若干意见》，对生态保护红线划定工作做出部署。环境保护部联合发展改革委和有关部门指导推进各地按照文件要求划定生态保护红线。各地高度重视，成立了以省委或省政府主要领导同志挂帅的领导小组，组织专门团队，开展生态保护红线划定工作。

目前，京津冀、长江经济带11个省份和宁夏回族自治区等15个省份已经形成了生态保护红线划定方案，并通过了省（区、市）人民政府审议。11月28—30日，生态保护红线部际协调领导小组审议通过了15省份生态保护红线划定方案。方案经国务院批准后，将由各省（自治区、直辖市）

政府发布实施。

2018年，我们将会同有关部门积极推进其余16省份完成生态保护红线划定工作，形成生态保护红线全国“一张图”，同时开展勘界定标试点，并会同有关部门研究制定《生态保护红线管理暂行办法》。确保2020年年底前，全面完成全国生态保护红线划定，基本建立生态保护红线制度，国土生态空间得到优化和有效保护，生态功能保持稳定，国家生态安全格局更加完善，用生态红线扮靓“美丽中国”。

下面请刘长根副主任介绍情况。

刘长根：各位媒体朋友，大家上午好！

感谢各位长期以来对环保工作，特别是对环保督察工作的关心和支持！

2015年8月中央印发环境保护督察方案，2015年12月启动河北省督察试点，经过两年来的努力，实现对31个省（区、市）的督察全覆盖。在党中央、国务院的坚强领导下，在广大人民群众的积极参与下，在各级各部门的大力支持下，就像干杰部长讲的，中央环保督察取得“百姓点赞、中央肯定、地方支持、解决问题”的显著成效。之所以取得这样的显著成效，究其根本，我体会有以下几个方面：

一是得益于党中央、国务院对生态文明建设和环境保护的高度重视、坚强领导、科学部署和战略定力。习近平总书记亲自推动建立中央环保督察制度，在环保督察的每个关键的环节、每个关键的时刻，都作出重要批示指示，审阅每一份督察报告。习近平总书记为环保督察指明方向、明确要求，也为我们鼓励打气。李克强总理、张高丽副总理等中央领导同志也多次作出指示批示，具体指导推动督察工作。这是环保督察能够全面实施、推进的核心所在。

国家环境保护督察办公室刘长根副主任

二是得益于广大人民群众的充分信任、热情参与和真心拥护。在环保督察中，我们始终坚持以人民为中心的发展思想，将群众身边看似不起眼的“小问题”，作为督察需要关注的“大事情”，通过切实解决群众身边的环境问题，增强了群众获得感，激发了群众参与热情。这几批督察通过加强督察信息公开和宣传报道，不断强化社会公众的知情权和监督权，得到人民群众充分信任，一批督察比一批督察举报量增加。正是广大人民群众的参与、认可和信任，才使环保督察更精准、更深入、更有效，更有影响力和穿透力。

三是得益于地方党委政府的理解支持配合和坚决扛起督察整改的政治责任。大家都知道，环保督察就是奔着问题去，就是奔着责任去，这对地方党委政府是有很大压力的。一轮督察下来，我们感到，各地党委政府能够认真对待、积极支持、大力配合，不仅保障了督察工作的顺利实施，而且坚决扛起督察整改的政治责任。各地都能够动真碰硬，抓整改，抓问责，不仅解决了一大批具体环境问题，也夯实了环保“党政同责”“一岗双责”的机制，达到了环保督察的预期目标。

四是得益于督察组领导和参与督察的全体干部队伍忠诚履职和辛勤工作。在督察实践中，各督察组均成立临时党支部，深入学习贯彻习近平总书记生态文明建设重要战略思想，提高政治站位。各督察组组长、副组长注重把握督察重点和方向，狠抓督察队伍管理。各督察人员服从命令，听从指挥，甘于奉献，保证了督察工作的严肃、规范和权威。

环保督察是推进生态文明建设和环境保护的重大制度安排。环境保护部党组高度重视，坚决落实习近平总书记重要批示指示精神，按照党中央、国务院决策部署，加强组织领导，完善督察机制，狠抓督察实践，并得到了党中央、国务院各有关部门的大力支持和帮助，得到了各位媒体朋友的关心和参与。

谢谢大家！

刘友宾：下面请大家提问。

每日经济新闻记者：中央环保督察涉及面广，请问在工作中是如何组织的？另外，督察过程中各个部门是怎么协调发挥作用的？

刘长根： 2016 年 2 月，国务院成立环境保护督察工作领导小组，除环境保护部外，还有党中央和国务院 14 个有关部门组成，负责研究督察安排、协调督察工作、审核督察报告。督察工作具体实施过程中，得到了党中央和国务院各有关部门的大力指导、支持和帮助，没有这些部门的指导、支持和帮助，是不可能完成督察任务的。

中共中央办公厅、国务院办公厅关心指导督察工作，派员参与督察进驻，并就督察具体安排、重点方向、程序步骤等提出明确要求。中央改革办、中央财办将环保督察作为生态文明建设重要改革举措，加强过程指导，协调督察安排，并提出督察要求。中央组织部协助落实督察组组长遴选机制，组织审核具体组长人选，报中央批准，并将督察结果作为领导班子和领导干部考核评价的重要依据。中央宣传部加强对督察工作的宣传报道，在第一轮督察关键节点都安排中央主流媒体进行充分报道，发挥正面导向作用。中央编办对国家环境保护督察办公室组建、区域督察机构转制、督察队伍建设等给予大力支持、协调和帮助。监察部指导推动环境保护督察移交移送和生态环境损害责任追究等工作；发展改革、财政、审计等各有关部门积极配合、大力支持，在督察进驻期间提供了大量材料和有价值的问题线索，为顺利开展督察工作提供了重要保障。

中央环保督察绝不是环境保护部在“唱戏”，而是各有关部门大力配合、协同作战的结果，没有各有关部门的支持指导和帮助，就不会有环保督察现在的效果。谢谢。

中央人民广播电台记者：追责问责是中央环保督察一项鲜明特征，每次公开相关情况都会引起社会强烈反响。但是，一直以来也存在一些质疑的声音，例如，有人说中央环保督察问责雷声大、雨点小，对象都是“小虾米”；也有人说看到的仅仅是问责人数，不知真假；还有人说问责重点不在环保系统自身，反而在其他部门，是否有失公允。对以上种种问题，请问您怎么看？

刘长根：对于环保督察来说，推进具体环境问题整改和严格生态环境损害责任追究是“车之双轮、鸟之两翼”，必须同步推进，一是解决具体问题，二是形成长效机制，两者缺一不可。中央环保督察问责大致分为三个情形：

一是督察进驻期间，即边督边改过程中，地方根据督察组转交的信访举报问题，对存在失职失责的进行问责。第一轮边督边改共计问责 18 199 人，我们也做了分析，其中处级以上领导干部 875 人，科级 6 386 人，其他人员 10 938 人。由于是群众身边的问题，问责对象确实更多是基层干部。但从实际效果来看，这类问责不但能够推动解决具体环境问题，还能有效强化基层环保意识，起到消除“中梗阻”，打通环保工作“最后一公里”的作用。

二是进驻结束之后，督察组会向地方移交生态环境损害责任追究案件。第一轮督察共向地方移交了 387 个生态环境损害责任追究案卷，这部分问责更为注重领导责任、管理责任和监督责任，目的在于倒逼党政领导干部真正扛起生态文明建设的政治责任。第一批 8 省（区）问责情况已向社会公开，包含 130 名厅级领导干部，其中有 24 名正厅级干部。截至目前，第二批督察移交问题问责工作基本完成，从整体来看，和第一批相比，问责力度加大，将来同样会向社会公开。

三是在整改过程中，地方主动对整改工作不力的责任人开展问责，或是根据我们点穴式专项督察发现的问题进行追责问责。这类问责侧重于压实整改责任，加快整改进度。12 月 25 日通报的南通市督察问题，就是这类情形。收到群众举报后我们组织督察组去查，查完后形成案卷移交。

所以中央环保督察问责有这么三种情形。

关于问责其他部门的问题，我想大家容易理解。按照习近平总书记讲的“山水林湖田草是生命共同体”的理念，中央环保督察是综合性的督察，是“大环保”的概念，所以不管是环保部门，还是其他部门，只要失职失责，都要进行问责。这也是中央环保督察的基本要求。以边督边改问责为例，我这里有一组数据：涉及地方党委领导干部 1 488 人、政府 4 254 人、相关职能部门 6 638 人，另有国有企业、基层社区、村委等相关责任人员约 6 000 人。在相关部门中，问责环保部门 2 612 人，国土 923 人，林业 804 人，水利 580 人，住建 433 人，农业 369 人，城管 337 人，安监 159 人，工信 155 人，交通 118 人，公安 56 人，发改 50 人，旅游 42 人，基本涵盖环保的各个方面，体现了“党政同责”“一岗双责”的要求，不存在有失公允的问题。

各个地方问责的人员清单，包括姓名、职务、职级、问责缘由、问责方式等，我们都掌握。具体公开工作是地方的职权，刚开始时候公开的确实比较少，但到第三批、第四批时，我们要求地方要加大典型案例公开力度。谢谢。

人民日报记者： 第一轮督察下来，每一批督察反馈反映的问题都很多，很尖锐，情况公开后社会反响很大，大家也感到，有些问题比较普遍，请问您觉得有哪些问题是共性问题，比较典型？

刘长根： 督察中我们确实发现，各地都有一些环境问题比较典型，也有一些共性的问题。这些问题中央领导同志也很关心，专门要求我们做梳理。对此我们认真分析，主要有以下几个方面的共性问题：

一是一些地区大气和水环境问题突出，大气污染防治重点工作不到位，一些流域，特别是一些支流污染严重，这里涉及产业结构、能源结构的问题，也涉及发展方式的问题，人民群众反映较为强烈。

二是环境治理基础设施建设严重滞后，污水直排、垃圾乱堆、水体黑臭等问题十分普遍。我们重点督察的35个城市，每天累计直排生活污水1 200多万吨。前一段时间，有人讲我们国家城市环境保护工作取得很大进展，但从督察情况看，实际上还有很大差距，尤其在基础设施建设方面。这是第二个共性问题。

三是一些自然保护区违规审批、违规建设，还有许多采矿、采石、采砂造成的区域性生态破坏，以及只开发、不修复等问题较为常见。我们督察发现，有的省份矿山治理保护金大量沉淀，而大量生态破坏的老旧矿山和废旧矿山反而没有得到修复，这方面意识还不够。

四是水资源过度开发，围湖占湖、拦坝筑汊、侵占岸线、毁坏湿地、违法填海等水生态、水环境破坏问题多发频发，在一些地方尚未引起足够重视。比如这段时间第四批督察反馈中提到的填海问题比较多，在媒体上炒的也比较热，像海南、山东等省份都存在这些问题。

五是工业污染问题仍然较为突出，一个是工业园区污染问题没有解决，一些企业集中的产业园区成为污染排放集中区，今年公开约谈江西景德镇就是这方面问题，我们以前通报的江苏（省）连云港灌南县化工园区污染也有这个问题。另一个方面就是“散乱污”企业的问题。不仅京津冀有，其他地方也有，这些企业量大面广，污染严重，成为进驻期间群众举报的热点。所以工业污染仍然是环境治理的重中之重。

六是农村环境问题比较突出，垃圾遍地、污水横流，污染治理和环境管理均存在差距，特别是一些地方对农村环境问题重视不够，不督促、不办理，不督察、不解决。

最近我看到网上一篇文章，分析了督察发现的16例环境问题，我认真看了，归纳起来总体也是这么几个方面。我感觉，这些问题与我国发展阶段有关，也与一些地方党委政府不重视、不作为、不担当有很大关系。谢谢。

华夏时报记者：我们观察到，督察进驻时，地方都很重视，积极配合督察，推进整改。但也有人担心，督察结束后地方会松下来，可能会“一阵风”，督察效果会大打折扣，能否谈一谈地方督察整改情况？

刘长根：关于地方放松整改的问题，也是我们十分关注的问题，在环保督察之初，特别是第一批、第二批的时候，一些地方确实存在少数反弹的问题，我们也收到过一些举报，反映有些问题在进驻时解决了，督察组回来以后，问题又反弹了，确实存在这种情况。

针对这个问题，我们也是想了很多办法。比如有一个按月的清单式调度，把环保督察整改方案内容分为几大方面：一是地方党委政府主要领导这个月针对督察整改的批示情况、现场督办情况；二是地方出台的重要政策、法规、制度等长效机制情况；三是重点问题整改情况，每个省份都有几十项甚至上百项整改任务，我们选择一些重点问题，盯住不放；四是一些部门和地市，作为整改的责任主体，他们的整改任务完成情况；五是地方党委政府的督办情况，也要给我们报。我们清单做得很细，针对报送的情况我们也会组织督察局去核查，整改不到位的将采取警告、提醒等方式，还有一些更严厉的措施。

第二个是点穴式专项督察，刚才讲到的南通督察整改不到位被问责的情况，就是这一类型。此外，还有一套处罚机制，包括函告、通报、约谈、移交问责等措施，在推动地方强化整改长效机制方面还是起到很好的作用。

还有一招，就是加强信息公开和宣传报道。信息公开做得很具体，要求地方的整改方案、整改情况、落实情况等都要公开，接受社会监督。在制度设计上就是不达目的绝不松手，绝不能把督察变成“一阵风”。从调度情况来看，各地对整改工作非常重视，工作还是做得很扎实的，效果也是很好的，主要表现在几个方面：

一是加强组织领导。被督察地方党委、政府均将督察整改作为一项重要政治任务、重大民生工程和重大发展问题来抓，强化研究部署，有约一半的省份由党政主要领导共同担任整改领导小组组长，其余均由党委或政府主要领导担任组长。比如湖北省采取办结交账机制，由省委书记和省长出面，由承担整改任务的地市党政主要领导或部门主要领导签字背书。这个机制非常好，地方反映地市的压力非常大，加大了整改力度和进度。

二是推进任务落实。截至目前，前三批督察的 22 个省份整改方案共明确整改任务 1 532 项，已经完成了 639 项，完成率 42%。新疆卡拉麦里山等自然保护区环境问题基本整改到位；内蒙古呼伦湖湿地面积明显扩大；湖北基本完成湖泊违规养殖的清退工作；云南九大高原湖泊，以及湖南洞庭湖、江西鄱阳湖治理进度明显加快；安徽全面叫停了侵占巢湖滨湖湿地等行为。

三是完善长效机制。各地以督察整改为契机，全面审视、深刻反思、举一反三，认真查找工作中存在的突出问题和薄弱环节，狠抓工程治理，完善制度建设。比如广东省加大治水力度，其中深圳市 2017 年建成污水管网近 2 000 公里，几乎是前 5 年工作量的总和。

四是严格督察问责。追责问责已成为生态环境保护工作的常态，以问责促尽责，环保不履责便问责的工作导向初步形成。特别是各地通过对移交案卷立案调查，虽然问责尚未完成，但压力传导和震慑作用已经显现。

五是转变发展理念。在环保督察带动下，被督察地方主动调整发展思路，把强化督察整改作为重要机遇和有力抓手，借势借力推动解决产业、能源结构调整和产业转型升级等深层次问题，大力推进供给侧结构性改革。比如海南省提出永久禁止在中部生态核心区开发新建外销房地产项目。浙江省借势推动传统产业升级，这方面做了很多工作。所以我们讲，督察不是一阵风，地方整改工作是有效果的。谢谢。

北京晚报记者：我想问一个督察以外的问题，请问目前国家大气污染防治攻关联合中心在重污染天气成因方面取得了哪些研究成果？具体开展了哪些工作，发挥了哪些作用？

刘友宾：今年 9 月环境保护部正式启动了大气重污染成因与攻关项目，这是在李克强总理的亲切关怀下，用总理基金成立的项目。这个项目启动以后，参与项目的专家们深入一线，积极参与到地方颗粒物来源解析、大气污染源排放清单编制、重污染天气应对、应急预案修订、大气污染综合治理方案等工作，为地方大气污染防治工作提供重要决策支持。目前，大气重污染成因与治理攻关项目的 4 个专题、28 个子课题已经全部启动，大型立体重污染天气综合观测计划已经实施。各项研究工作进展顺利，极大地提升了大气污染治理科学化和精细化水平，为实现秋冬季京津冀及周边地区大气环境质量持续改善发挥了重要作用。

专家们对秋冬季大气重污染的来源与成因有了更加深刻的认识。专家分析认为，燃煤、机动车、工业生产是京津冀及周边地区秋冬季 $PM_{2.5}$ 重污染的主要来源。其中，燃煤排放是冬季首要来源，对重污染期间 $PM_{2.5}$ 的贡献可高达 50% 左右。今年入秋以来几次重污染过程，硫酸盐在北京市 $PM_{2.5}$ 中的占比降至约 10% 甚至更低，表明火电行业超低排放改造、散煤和“散乱污”企业整治已取得成效。同时发现，硝酸盐在北京市 $PM_{2.5}$ 中的占比高达 30% 以上，表明机动车等排放的氮氧化物对硝酸盐的贡献凸显，需进一步加强管控。

专家们的研究还发现，京津冀及周边地区秋冬季 $PM_{2.5}$ 爆发式增长成因可概括为本地积累、区域传输和二次转化三种类型。在不同地区、不同时段三种类型贡献比例不同，相互混合。在污染物排放强度大的城市，如石家庄、唐山、邯郸等，一旦出现不利气象条件，往往出现本地积累型重污染。而含有高浓度 $PM_{2.5}$ 的污染气团在主导风向作用下漂移，与局地污染叠加，导致下游城市出现重污染。二氧化硫、氮氧化物、挥发性有机物等气态污染物在适宜条件下快速反应生成硫酸盐、硝酸盐、二次有机气溶胶等二次颗粒物，并伴随吸湿增长，进一步加剧 $PM_{2.5}$ 污染，造成二次转化型重污染。专家认为，北京市秋冬季 $PM_{2.5}$ 爆发式增长往往是以上三种污染类型的叠加。

大气污染防治工作虽然取得了明显成效和进展，但是秋冬季大气污染防治仍是重中之重，是一块“硬骨头”。应该说现在随着专家们的不断介入，在各方共同努力下，秋冬季大气污染难题正在顺利破解之中。

根据监测显示，京津冀区域13个城市11月平均优良天数比例为68.5%，同比上升31.6个百分点，$PM_{2.5}$浓度为60微克每立方米，同比下降41.2%。特别值得一提的是，11月4日，京津冀及周边地区发生了一次重污染过程，启动了重污染天气橙色预警，由于各地及时落实减排措施，联合行动，精准应对，大大降低了重污染过程的影响，主要污染物减排比例在20%左右，污染浓度峰值比预测要低，持续时间也相对较短，成为今年重污染天气应对的典型案例。媒体朋友们也报道了，说我们在蓝天白云的情况下发布了预警通知，采取措施后雾霾爽约了，没有预想那么严重。就是因为我们对重污染天气的成因、构成、规律有了更加精细和科学的认知。

这些变化表明，《大气十条》确定的各项治理措施是有效的，方向是正确的，秋冬季大气污染综合治理攻坚行动的成效是明显的。这些成绩的取得，和大气重污染成因与治理攻关项目专家们的工作和贡献密不可分，也进一步增强了打赢蓝天保卫战的信心。

第一财经日报记者：第一轮督察期间，各督察组受理转办十余万件群众信访举报案件，推动解决了一大批突出环境问题。请问这十余万件群众举报都是哪些问题？有什么特点？为什么有些问题长期得不到解决，但是中央督察组一来马上能办好了？

刘长根：受理群众信访举报是中央环保督察的一个重要环节，也是督察的一个重要方法。针对第一轮督察转办的10.4万件群众举报，我们确实也做了一些梳理，这里面有几个情况：

一是从地区分布情况看，东部地区的举报量要比中部地区的高，中部地区比西部地区高，我这里说的是平均数，每个省大小不一样，举报量有低有高。但是有一个特点，就是东北地区比较高，东北三省举报数量不但高于全国平均水平，也高于东部平均水平。

二是从举报涉及的污染因子看，大气污染这块占比最多，大概为41%，水污染大概占比17%，噪声污染占到15%，垃圾固废占比11%，生态破坏类问题占了7.5%，其他还有8.5%. 这是按污染因子分的情况。

除上述情况外，我们更关心这些举报问题跟群众利益关系是什么，对此我们也做了一些分析。

第一类是群众身边的环境污染“小事”。这类举报占比最高，占总数的65%左右。主要涉及群众身边的餐饮油烟、噪声、扬尘、生活污水、垃圾、小作坊加工等“小”污染，还有相当部分是城镇化快速发展阶段城乡接合部聚集的环境脏乱、厂居混杂等问题。这类举报看起来都是“小事”，但事关群众生活起居，对涉事群众来说就是大事，需要认真对待，下大力气有效解决。刚才记者讲了，当天举报第二天就解决了，就是这类问题。这类问题不仅是环境问题，也是城市建设发展问题，事关城市管理理念和水平。

第二类是一些区域性、流域性等涉及公共利益的环境污染问题。如水体污染、生态破坏、厂矿周边区域污染等，占总数的27%左右。随着环保督察一批一批的推进，公众参与环保的热情日趋高涨，此类信访举报的数量呈现明显增长趋势。这类信访举报反映的往往是一些重大的环境问题，不容易短期解决，需要科学谋划，制定方案，加快治理解决的进度，并努力与公众之间形成良性互动。对于这类问题，督察组一般会采取现场抽查的方式核实情况，重要问题纳入督察报告和移交案卷范畴。

还有一些涉及邻避效应方面的信访举报，占5%左右。这类信访虽然占比不多，但往往伴随着利益矛盾和舆情炒作，社会曝光度高，也是督察组和地方党委政府需要认真研判和谨慎处理的问题。

另外，还有一小部分涉及利益纠纷，或者是“同行举报”，占3%左右。

从实际情况来看，以解决群众举报的环境问题作为一个重点的边督边改工作，应该讲，效果很好。可以跟大家讲，在督察方案中是找不到“边督边改”这四个字的，这是在河北督察试点过程中，回应老百姓需求，探索实践出来的，现在已经成为中央环保督察的一大特色和亮点。

一是营造了督察氛围。关注督察、参与督察、点赞督察一时成为风尚。从第一轮督察信访举报数量逐批增加也可以看出，群众对中央环境保护督察，是真信任、真期盼。

二是强化了基层环保意识。基层是落实环保工作的关键环节，通过边督边改，不仅直接解决了问题，对基层干部更是一次有效的环保宣贯教育。

三是有利于转变基层干部作风。许多地方将边督边改和督察整改作为转变基层干部作风的重要契机，加强引导，加强教育，加强问责，取得了很好效果。所以我们讲，群众利益无小事，是中央环保督察的大事情。谢谢。

澎湃新闻记者：今年以来，环境保护部加大了环保约谈的力度和数量，都对哪些问题或者问题突出的地方进行了约谈？明年环保约谈有哪些考虑和安排？

刘长根：环保约谈是环境保护部很重要的督政手段，这些年取得很好效果，部党组对此非常重视。今年以来，环境保护部先后对大气或水环境质量持续恶化，专项督查发现问题较为突出、突出环境问题整改不力、京津冀大气污染综合治理强化督查发现问题突出的地区进行了约谈，包括30个市（县、区）、有关省直部门和中央企业集团。其中有6个是内部约谈，其他都是公开约谈。通过约谈，切实发挥了传导压力，推动整改，震慑警醒等效果。

根据工作安排，约谈工作明年仍将会加大力度。约谈对象拟重点聚焦以下几个方面：

一是中央提出打好污染防治攻坚战，这次中央经济工作会议也作出明确的部署。我们要针对打好污染防治攻坚战，对力度不够、工作滞后、问题集中的地区进行约谈。

二是《大气十条》《水十条》《土十条》目标任务没有完成，环境质量明显下降的地区，我们要坚决约谈。

三是中央环保督察整改不力、问题反弹，并造成不良影响的地区。特别是针对造成恶劣影响的重点问题，还要开展专项督察，移交问责。

四是中央领导批示，或新闻媒体曝光、群众反映强烈的突出环境问题解决不力的地区。

同时，对环境保护部采取督查、交办、巡查、约谈、专项督察“五步法”安排的任务，按照有关要求对存在问题的地区进行约谈。

约谈是手段不是目的，也不是越多越好。重点是发挥教育、警示和震慑作用，督促当事者加大工作力度，警示其他地方以此为鉴，查找不足，主动作为。通过约谈一个，推动一片工作，这才是我们的目标，所以约谈要加强针对性、典型性，加强公开曝光。谢谢。

新京报记者：我的问题是关于《大气十条》的，今年是《大气十条》的收官之年，我们很关心目前《大气十条》的整体进展怎么样，有没有哪些地方没有完成任务，还存在哪些问题，下一步有哪些计划和安排？

刘友宾：大家知道2013年国务院印发了《大气污染防治行动计划》，简称《大气十条》，是大气污染防治历史进程中里程碑式的文件，不仅总结了过去大气污染防治工作中的进展和问题，也研究提出了解决新时期大气污染防治工作的措施。再过3天《大气十条》就要收官了，大家都很关心能不能交上一份满意的答卷。

《大气十条》里面确定的大气质量改善目标主要有这么几项：全国地级及以上城市可吸入颗粒物（PM_{10}）浓度下降10%，京津冀、长三角、珠三角区域细颗粒物（$PM_{2.5}$）浓度分别下降25%、20%、15%。还有大家很关注的一个数字：北京市$PM_{2.5}$浓度达到60微克每立方米左右。

《大气十条》发布以来，在党中央、国务院的强有力领导下，在社会各方的共同努力下，实施成效显著。我最近读到几篇文章，给我留下非常深刻的印象，有的是在座朋友们写的，比如有一位朋友写到今年天津的沙窝萝卜因为雾霾减少，阳光充足，萝卜好卖了；也有朋友写到，今年空气净化器卖不出去了，滞销了；还有朋友说，今年在朋友圈晒蓝天已经不是新闻了，因为蓝天越来越多了。

大家的观察和我们的监测数据是比较吻合的。2016年，全国338个地级及以上城市可吸入颗粒物（PM_{10}）平均浓度比2013年下降15.5%，京津冀、长三角、珠三角细颗粒物（$PM_{2.5}$）平均浓度均下降30%以上。

2017 年 1—11 月，全国 PM_{10} 比 2013 年同期下降 21.5%，京津冀、长三角、珠三角 $PM_{2.5}$ 分别下降 38.2%、31.7%、25.6%，其中北京市 $PM_{2.5}$ 浓度接近 60 微克每立方米。

再过三天，《大气十条》就要收官了，我和大家一样充满期待。专家们分析认为，《大气十条》提出的空气质量改善目标应该能够实现。

当然，我们并不会因此而沾沾自喜，我们知道大气污染防治的路还很长，目前取得的成绩与人民群众的期盼还有差距，大气污染防治形势依然严峻，主要表现在三方面：一是部分地区、部分时段环境空气质量超标问题仍然突出；二是区域进展不平衡，部分省份工作相对滞后；三是以煤为主的能源结构、以重化工为主的产业结构、以公路货物为主的运输结构尚未转变，污染物排放量大。

中国的大气污染防治工作即将站在新的历史起点。展望未来，我们不敢有丝毫松懈，下一步，我们将按照党的十九大的部署和要求，不忘初心、牢记使命，持续实施大气污染防治行动，坚决打赢蓝天保卫战。一是继续认真落实《京津冀及周边地区 2017—2018 年秋冬季大气污染综合治理攻坚行动方案》，全力打赢蓝天保卫战第一仗。二是委托中国工程院对《大气十条》实施情况进行终期评估，总结经验，找准不足，提出对策。三是开展大气污染防治行动第二阶段指导性文件研究工作，明确打赢蓝天保卫战的时间表和路线图。谢谢。

新华社记者：环境保护部六个区域督察局实现了转制，其职责跟中央环保督察制度是怎么对接的？对其工作有什么新的要求？

刘长根：近期环境保护部六个区域督察局都在陆续挂牌，区域督查机构由参公事业单位转变为行政机构，再次体现了党中央、国务院对于生态文明建设和环境保护，以及对环保督察工作的高度重视。

应该讲，两年来六个区域督查机构干部职工“招之即来，来之能战，战之能胜”，以扎实的工作和顽强的作风，较好地承担了督察任务，成为了中央环保督察的主体力量。此次转制其实是“双转”，一是由“中心”改为“局”，由事业单位转为行政单位；二是由“督查”转为“督察”，更好地承担中央环保督察任务。这次转制有两点重要意义：

一是进一步聚焦于“督政”职能。原区域督查机构职能中既有对企业环保行为的监督检查，也包含有对地方政府落实国家环境保护政策法规标准的监督检查。但都是以“查事”为主。这次改制后，不仅明确承担中央环境保护督察的相关工作，更重要的是实现了从单纯“查事”向“查事察人”转变，在督察中要做到“见事见人见责任”，这也是中央环保督察的内在要求。

二是有利于建设一支专业化的环保督察队伍。今后督察工作挑战性会更大，必须加强学习，加强实践锻炼，要同时成为“查事”和“察人”的“行家里手”。这次机构转制并明确职能后，有利于这支队伍一心一意加强环保督察学习和锻炼，在督察实践中逐步成为一支专业化的队伍，更好地承担环保督察任务，谢谢。

路透社记者：进入采暖季后，陆续有媒体报道在京津冀区域的一些村庄和社区，出现了天然气气量不够、来气不稳等情况，环境保护部对此怎么看？

刘友宾：大家比较关心“煤改气”和北方地区清洁供暖工作，环境保护部关于“煤改气”和清洁供暖工作的态度是一贯的，就是把人民群众温暖过冬作为头等重要的民生大事。对于一些地区一度出现的因天然气短缺等影响群众取暖的情况，环境保护部高度重视。

12 月 4 日，环境保护部向京津冀及周边地区“2+26”城市下发《关于请做好散煤综合治理　确保群众温暖过冬工作的函》特急文件，明确提出坚持以“保障群众温暖过冬”为第一原则，进入供暖季，凡属“双替代”（“煤改气”“煤改电”）没有完工的项目或地方，继续沿用过去的燃煤取暖方式或其他替代方式。

12 月 15—20 日，为进一步掌握京津冀地区居民采暖的情况，了解并解决居民采暖中遇到的实际困难，环境保护部抽调部机关各司局和在京直属单位 2 000 多人组成 800 多个调研督查组，对京津冀区域冬季采暖情况进行大走访、大调研、大督查。环境保护部部长李干杰，副部长翟青、赵英民均带队参加，深入基层一线，到老百姓家实际了解供暖情况。6 天里，检查了 385 个县（市、区），2 590 个乡（镇、街道），25 220 个村庄（社区），500 多万户。

现场检查发现，在已完成“双替代”改造任务的村（社区）中，确实有一些地区曾经出现过气源不足等问题，这些问题的大部分在我们下去督查前，各地已经通过协调增加气源、采取燃煤或者电热器等临时性措施积极予以解决。对于督查中发现的仍未有效解决群众供暖的村庄（社区），督查组现场驻点督促落实，问题不解决不撤离。截至 12 月 20 日夜间，在有关部门和地方政府的共同努力下，这些地方的居民供暖全部得到保障。

在这次大走访、大调研、大督查中，不少老百姓反映说，“煤改气”

（“煤改电”）后，再不用半夜起来加煤了，屋子暖和了，也干净了，感觉生活质量提高了。地方政府也认为，“双替代”工作是一项重大的民生工程，民心工程。一些专家、学者对于“双替代”工程发表了自己的看法。比如清华大学研究生院院长、原热能工程系主任姚强教授，中国工程院的郝吉明院士，厦门大学能源政策研究院院长林伯强教授表示，发达国家治理大气重污染的重要经验之一就是使用清洁能源，这也符合我国大气污染治理的实际，“煤改气”的方向是对的，效果是明显的，让农民摆脱烧煤、烧柴火是历史性的进步。能源专家分析了今年一些地方出现的气源供应紧张的原因后认为，“煤改气”并不是导致今年气源供应紧张的主要原因。

党和国家高度重视北方地区清洁能源替代工作。2016 年 12 月 21 日，习近平总书记在中央财经领导小组第十四次会议上强调，推进北方地区冬季清洁取暖，关系北方地区广大群众温暖过冬，关系雾霾天能不能减少，是能源生产和消费革命、农村生活方式革命的重要内容。在年初的政府工作报告中，确定了“2+26”城市“煤改气”“煤改电”任务。在相关部门和地方的共同努力下，这项工作进展顺利，取得了积极的社会效益和环境效益。数据显示，11 月，京津冀区域的 $PM_{2.5}$ 浓度为 60 微克每立方米，同比下降 41.2%，优良天数比例同比上升了 31.6%。

清洁供暖，温暖过冬，两者并不是矛盾对立的关系，是“亲家”而不是“冤家”。“煤改气”“煤改电”既是为了改善空气质量采取的能源转化，也是提高城乡人民生活水平的重要措施，是一项不折不扣的民生工程。近日，国家发改委、国家能源局、财政部、环境保护部等十部委共同印发了《北方地区冬季清洁取暖规划（2017—2021）》，规划提出，到 2019 年，北方地区清洁取暖率达到50%，其中“2+26”重点城市清洁取暖率达到90%以上，县城和城乡接合部达到70%以上，农村地区达到40%以上。这为今后北方地区清洁取暖工作指明了方向。

我们相信，在社会各方的共同努力下，“煤改气”“煤改电”等清洁取暖替代工作，一定会好事办好，为改善大气环境质量、提高农村地区人们群众生活水平，发挥越来越重要的作用。

英国金融时报记者：第一个问题是，在环保督察中有多少企业因为不满足条件被停产或者停工，现在有多少企业已经完成整改？第二个问题是，2015年年底我们就开始了河北省环保督察试点，为什么在今年，尤其是8月后感觉督察力度明显加强，后几批督察相较于2015年试点有哪些改进？最后一个问题，在未来会不会有第二轮、第三轮，频率和密度是不是也像第一轮一样？

刘长根：谢谢。刚才您讲到的企业停工停产情况，我们也做了分析，确实有少数停工停产的情况，实际上就是8月、9月舆论反映比较多的“一刀切”问题。关于“一刀切”的反映，主要有两种情形：

一是随着环保督察执法的深入推进，督察震慑、警示效果日益显现，在督察进驻前后，确实存在个别地方，尤其是个别基层党委、政府，由于担心督察问责，不分青红皂白，采取紧急停产、停业等简单粗暴方式应对督察，给人民群众生产生活带来不便，这是对中央环保督察的“高级黑”。从实际情况看，发生这种情形是个别的、局部的、短时的，是典型的地方环保懒政行为。对此我们坚决反对，发现一起纠正一起，并要求地方举一反三，严肃处理。

二是就像您讲的，随着中央环保督察工作的全面铺开，震慑作用进一步加强，各种利益诉求纷繁复杂，一些微博、微信等自媒体不时夸大事实，进行不实炒作，混淆视听。对于这种问题，中央领导同志也很重视，专门做过批示，我们专门组织去调查，一个一个调查，要求地方查清情况、澄清事实，及时发布真相，并依法追究相关人员责任。比如在第三批督察中，有舆论反映浙江绍兴造纸企业停产导致纸制品价格大幅上涨，经过查实，3 600 家只有 10 家环保违法违规企业停产，没有影响纸制品价格。

针对少量关停的企业，我们做过分析，都是依法依规确确实实必须关停的，确确实实都是群众反映特别强烈且无法整改到位的。对那些不分青红皂白就采取紧急停产、停业等简单粗暴方式应对督察，给人民群众生产生活带来不便的，我们在督察中就已坚决纠正。

关于督察力度的问题，因为社会对中央环保督察的认知是一个过程，河北省督察试点是一个省，涉及的面比较窄，又是新生事物，到底督到什么程度，严到什么程度，大家还是在猜测，紧迫感、压力感不够。后几批督察大家感受到压力在不断加大，主要是因为后续问责工作全面启动，进一步传导了压力。实际上，从第一批到第四批，我们是一以贯之，始终坚持问题导向，始终是奔着问题去，奔着责任去。

当然后续督察工作也在不断改进，包括宣传报道这方面，不断加大“一台一报一网”（即省级电视台、省级党报、省政府网站）的公开力度。我们从督察实践感到，环保督察需要氛围，需要老百姓的参与，因此在制度设计、工作操作层面一直把信息公开和宣传报道放在一个十分重要的位置。在督察进驻期间，要求地方采取清单化和表格化的形式每天都要公开，电视台每天晚上也要拿出几分钟，对整改情况进行公开报道，营造督察氛围，倒逼各地加大整改力度，切实解决问题，充分调动群众参与的积极性，激发了老百姓的参与热情。正是有了这种氛围，社会上才会感觉督察力度在不断加大。

进驻结束后，我们专门要求各地在督察整改过程中，也要开展必要的信息公开和宣传报道，利用“一台一报一网”每周报道一次督察整改情况，包括领导督办调研、具体问题整改、老百姓获得感、问责案例等情况。目的就是要继续营造氛围，推动督察整改持续深入。我们感到，采取“一台一报一网”的形式，能够给地市和相关部门压力，这个地市报道了，另外一个地市没有报道，就会觉得有压力，就会想方设法把督察整改工作做好。实践证明，这种形式效果很好，很多地方同志特别是环保系统的同志反映，通过信息公开和宣传报道，实际上是强调了环保工作的重要性，提高了环保工作的地位，也是倒逼地方做好整改工作。

另外，从督察启动到督察进驻，从督察反馈到督察整改，从边督边改到督察问责等情况均及时对外公开。特别是督察报告主要内容、督察整改方案和整改落实情况，统一通过中央主流媒体和地方主要媒体向社会公开，放在阳光下，接受社会公众评判，这无形中给地方附加了强大压力，一改过去只有“上级督下级”的被动局面。

关于下一步督察工作安排问题，我们正在与中央有关部门对接。党的十九大报告对生态文明建设和环境保护进行了全面总结和部署，尤其从推进绿色发展、着力解决突出环境问题、加大生态系统保护力度、改革生态环境监管体制四个方面，明确了具体任务和要求。刚刚结束的中央经济工作会议也对打好污染防治攻坚战作出了全面部署。在下一步中央环保督察工作中，我们考虑将紧紧围绕这些要求，拟重点抓好以下几方面工作：

一是对第一轮环保督察情况进行梳理，总结经验，查找不足，进一步完善督察机制，为后续督察做好准备。

二是研究推进环境保护督察法规制度建设，进一步完善督察工作机制，逐步将环境保护督察纳入法制化、规范化轨道。

三是初步考虑2018年对第一轮督察整改情况进行“回头看”，紧盯问题，压实责任；同时围绕污染防治攻坚战重点任务，针对重点地区大气污染、重点城市黑臭水体污染，以及影响群众生产生活的突出环境问题，组织开展机动式、点穴式专项督察，为打好污染防治攻坚战提供强大助力。

四是积极指导地方建立省级环保督察体系，实现国家督省、省督市县的中央和省两级督察体制机制，发挥督察联动效应。

这是我们的初步考虑，上述工作安排在与中央有关部门沟通对接后，还要向党中央、国务院汇报请示。谢谢。

北京青年报记者：经过两年实践，中央环保督察实现了31省（区、市）全覆盖，这项制度从酝酿到出台落实再到问责整改，请问您在这个过程中最深的感触是什么？有哪些酸甜苦辣可以跟我们分享？

刘长根：刚才您讲的这个问题，我们确实很有感触。这两年来的督察工作中，有很多兴奋的事情，也有很多压力。李干杰部长在十九大记者招待会上专门就中央环保督察工作回答了记者提问。在谈到中央环保督察成功经验时，李干杰部长强调了六个方面：一是坚持以人民为中心的发展思想，把老百姓的事放在心上、抓在手上；二是牢固树立“四个意识”，旗帜鲜明讲政治；三是紧盯党委政府，落实“党政同责”“一岗双责”；

四是坚持问题导向，奔着问题去；五是充分信息公开，有效发挥社会监督作用；六是严肃严厉追责问责。李干杰部长讲的这六条非常到位，概括得非常准确，作为这项工作的参与者我深有感触。在这里，从工作层面我还有几点体会，想跟大家分享：

一是以习近平同志为核心的党中央全面从严治党，大力正风肃纪，创造了良好的政治生态，这是环保督察的根本基础。我从事环保督察工作有七八年了，体会非常深刻，没有全面从严治党和大力正风肃纪，没有良好的政治生态，就很难做到令行禁止，中央环保督察就成了无源之水。大家都知道，中央环保督察是“硬碰硬”，不仅是对地方党委政府履行环保责任的“工作体检”，更是对地方党委政府贯彻落实中央决策部署执行力、行动力的“政治体检”。正是有了良好的政治生态，环保督察工作才能顺利推进，才能落地生根。

二是党中央、国务院的科学决策、坚强领导和战略定力，是环保督察能够顺利实施、推进的核心所在。我一直参与和协调环保督察工作，深切感受到，党中央确定的环境保护督察方案目标非常明确、措施非常具体、可操作性很强，抓住了地方党委政府环保责任落实这个环境保护工作的“牛鼻子”，体现了社会主义政治优势。同时，环保督察在推进过程中，必然会遇到各种各样的阻力和压力。如对问题导向，有的地方开始不理解；对督察问责，也有地方不愿意下决心；特别是一些受到督察影响的企业和个人，大肆炒作环保影响经济、影响大宗产品价格等问题，对督察是带来阻力的。党中央、国务院坚强领导，保持定力，始终给予鼓励和支持。特别是习近平总书记，每个关键环节、每个关键时刻都作出重要批示指示，为我们打气。这是保证督察力度和方向的重要原因、核心所在。

三是人民群众的充分信任、热情参与和真心拥护，既是对我们的极大鼓舞，也提高了督察的影响力和穿透力。应该讲，在河北督察试点期间，从来电和来信情况看，群众对中央环保督察有很高的期望值。跟大家说心里话，群众举报那么多，我们是有压力的，我们心情是很沉重的，所以我们要想方设法把群众举报问题解决好。开始有很多同志不理解，因为当时我们还没有公开督察反馈报告，说中央环保督察怎么都是解决小问题，但是我们感觉这些问题必须要解决，让群众有获得感。群众拥护，我们就有底气。在后续四批督察中，我们通过加强信息公开，狠抓边督边改，进一步激发了广大群众的参与热情。由于广大群众的参与、认可和信任，使环保督察能够听到民声，接到地气，这不仅极大地丰富了环保督察的内涵，更为环保督察提供了厚实的基础。我跟大家报告一下，每一批督察进驻后期，群众纷纷来电来信，有的还谱曲写诗，表达对习近平总书记，对党中央、国务院切实解决群众困难、急群众之所急的真挚情感，我们看了都很受感动。

还有一个就是，作为一名督察工作者，我体会到中央环保督察层级高，涉及面广，又十分敏感，所以督察的规范性、严肃性、权威性十分重要，这也是基本要求，如果做不到，督察就很难成功。所以环境保护部在推进督察规范性、严肃性和权威性上下了很大的功夫，在督察实践中组织拟订环保督察工作流程、环保督察进驻工作规程、环保督察纪律规定等基础性制度，研究细化督察准备、督察进驻、督察报告、督察反馈、移交移送、整改落实、立卷归档等 7 个环节具体工作方法。建立分工协作、联络沟通、转送移交、督办反馈、定期例会、舆论引导等督察进驻工作机制；形成督察动员、资料调阅、个别谈话、走访问询、受理举报、下沉督察等基本督察方法。针对走访问询、调查取证、边督边改等督察环节，形成50余个督察制度、模板和范式。这为督察工作规范化、模块化开展奠定了扎实的基础。

以上是我个人的几点体会和感受，在督察中还碰到过各种各样的情况，怎么跟地方交换意见，怎么赢得地方理解和支持，怎么见事见人见责任等，有很多故事，今天因为时间关系我就不再多讲了。再次感谢各位媒体的朋友。

刘友宾：今天的例行新闻发布会是环境保护部今年举办的第12场例行新闻发布会，也是本年度最后一场例行新闻发布会。一年来，媒体朋友们对我们的例行新闻发布工作给予了大力支持，不仅及时报道例行发布会情况，许多朋友还经常给我们提出好的意见与建议，帮助我们不断改进提高。

回首马上走过的2017年，我们共同见证了中国环境保护工作不平凡的一年。一年来，媒体朋友们积极报道中国环境保护工作取得的进展，讲述生动真实的中国环保故事，采写了大量优秀新闻作品。在中央环保督察、长江经济带饮用水水源地保护、重污染天气应对、强化督查、六五环境日活动、大气污染综合治理攻坚行动、“打赢蓝天保卫战”大型主题采访活动等重要的环保行动中，我们身边都有你们勤奋工作的身影。你们不仅是中国环境保护历史进程的见证者、记录者，也是参与者和奉献者。我们对一年来大家卓有成效的工作表示衷心的感谢和敬意！

再过3天，2018年新年的钟声即将敲响。祝媒体朋友们新年吉祥！阖家幸福！

今天的新闻发布会到此结束！谢谢大家！

专题新闻发布会实录

ZHUANTI XINWEN FABUHUI SHILU

环境保护部京津冀及周边地区秋冬季大气污染综合治理攻坚行动新闻发布会实录

（2017年9月1日）

9月1日上午，环境保护部召开专题新闻发布会，介绍京津冀及周边地区秋冬季大气污染综合治理攻坚行动有关情况。环境保护部大气环境管理司刘炳江司长、环境监察局田为勇局长、国家环境保护督察办公室刘长根副主任参加发布会。

环境保护部京津冀及周边地区秋冬季大气污染综合治理攻坚行动新闻发布会现场（1）

环境保护部京津冀及周边地区秋冬季大气污染综合治理攻坚行动新闻发布会现场（2）

主持人刘友宾： 新闻界的朋友们，上午好！欢迎大家参加今天的新闻发布会。

2017 年是《大气十条》第一阶段目标的收官之年，全力抓好秋冬季大气污染治理，妥善应对重污染天气，是当前大气污染防治工作的重中之重。为做好秋冬季大气污染防治工作，切实改善环境质量，解决群众身边的环境问题，推动经济结构加快转型升级，环境保护部联合国家发展改革委、工信部、公安部、财政部、住建部、交通运输部、工商总局、质检总局、能源局等十部门和京津冀及周边地区六省市人民政府，决定开展京津冀及周边地区 2017—2018 年秋冬季大气污染综合治理攻坚行动。

攻坚行动坚持问题导向，把稳固“散乱污”企业及集群综合整治成果和高架源稳定达标排放作为坚守阵地，把压煤减排、提标改造、错峰生产作为主攻方向，把重污染天气妥善应对作为重要突破口，加强联防联控，严格执法监管，强化督察问责，加强信息公开，动员全民共同应对重污染天气。实施范围包括京津冀大气污染传输通道“2+26”城市。主要目标是全面完成《大气十条》考核指标，2017 年 10 月—2018 年 3 月，京津冀大气污染传输通道城市 $PM_{2.5}$ 平均浓度同比下降 15% 以上，重污染天数同比下降 15% 以上。

为了确保实现攻坚行动目标，环境保护部等十部门和六省市制定了攻坚行动总体方案，提出了 11 方面、32 项重点工作任务和 9 项保障措施。同时，制定出台了强化督查、巡查、专项督察、量化问责、信息公开和宣传 6 个配套方案，对攻坚行动作出系统部署，打出一套“组合拳”，建立长效机制，以钉钉子的精神推进各项任务的贯彻落实，切实打好蓝天保卫战。8 月 31 日，李干杰部长主持召开了贯彻落实攻坚行动方案工作座谈会，对攻坚行动进行了全面动员和部署。

出席今天新闻发布会的有环境保护部大气环境管理司刘炳江司长、环境监察局田为勇局长、国家环境保护督察办公室刘长根副主任。

下面，请大家提问。

中央人民广播电视台记者：环境保护部近几年持续加大污染治理力度，每年冬季都采取大气污染治理行动，今年采取的大气污染治理攻坚行动总体部署是什么？与以往相比，有哪些新亮点？通过攻坚行动的实施，是否能避免像去年冬天那样，频繁出现重污染天气过程？

刘炳江：第一，正如你所说，近年来环境保护部采取了非常多的大气污染防控措施，而这次京津冀及周边地区大气污染防治秋冬季攻坚行动方案是第一次针对秋冬季制订的方案，以往的都是年度方案。

大家也都看到了，秋冬季重污染天气频发，四年来 $PM_{2.5}$ 浓度下降有限，重污染天数基本保持不变。针对这个特点，我们组织专家及地方和各个部委进行了详细的研究，今年第一次设定了秋冬季下降的比例：秋冬季 $PM_{2.5}$ 浓度总体平均下降 15%；重污染天数要下降 15%。同时，各个城市下降的目标也是不一样的，我们希望重点城市能下降更多一点。

第二，这是各个城市的第一次，攻坚方案中“2+26”个城市都确定了量化的指标，以往设定目标都是原则性的多，大尺度的目标多，这次量化目标到了每个市，任务也具体到了区县、乡镇，这是非常明显的特点。秋冬季的方案，不仅有必要性、正当性、紧迫性，最关键的是解决空气污染问题，攻坚战不仅仅是改善空气质量的攻坚战，同时也是供给侧结构性

环境保护部大气环境管理司刘炳江司长

改革和产业转型升级的一个攻坚战，在促进空气质量改善的同时，推进产业转型升级。

以往大家争论顶层设计，下面讲顶层设计的问题，上面说下面落实不到位。制定攻坚行动总体方案后，后面跟着6个配套文件，打“组合拳”，还要选择8 ~ 10个城市进行中央环保专项督察，非常严厉。还有5 600人的强化督查，到秋冬季，把精兵强将部署在“2+26”城市，将业务精湛的人调到这个地方，大家来打攻坚战。所以能够想象出来，攻坚行动总体方案比较精细化，比较量化，监管问责也比较精细化，也比较量化，大家不要再说上面顶层设计的问题，也不要说下面执行力有问题，这次大家以问题为导向，量化的指标要一一落实到位，这是规定动作。各个地方要以质量目标作为托底，不见得把规定动作完成了，质量目标就达到了。还有一个要根据质量改善程度，采取一些自选动作。因为我们在每个区县都布置了空气质量监测站点，所以体现了监测评价精细化，体现了减排措施的精细化，也体现了监管问责的精细化，这个特点是非常明显的。

大家非常关心冬季是不是还像去年一样，我要跟大家说，这跟气象条件有紧密的关系，无论如何，今年布置的减排任务量，大气污染物减排任务量是去年的两倍多，将近三倍。第二，执行力。去年执行力不像今年压迫式的执行力，所以我相信今年的减排量是非常大的。举个简单的例子，去年只完成了 80 万户的“电代煤”“气代煤”，今年是 300 万户。去年完成了不到一万户燃煤小锅炉的关停，今年是 4.4 万台的关停。各个部委无论价格政策还有资金投入都非常配合，比如中央财政已经对 12 个城市开展清洁取暖试点。还有煤炭质量问题，各个部委都会大力配合。减排量 2 ~ 3 倍，要远远高于去年，今年的气候到底怎么样？是暖冬还是冷冬？应该明确说，《大气十条》从实施以来，2014 年是一个暖冬，2015 年比前两年更暖，2016 年是全球最暖的一年，《大气十条》经历最难过的四年，所以很多人期待今年别再是暖冬了。这里跟大家说另外一个数据，以北京为例，从新中国成立一直到 2012 年，发生静稳天气持续一周左右的大约只有 5 次，但是 2013 年一年就有 7 次，2014 年 6 次，2015 年 6 次，2016 年 6 次，今年上半年已经出现了 4 次，剩下几次我们也不知道，但是我们组织中国大气物理研究所在 9 月 5 日进行大会商，到时候可能就知道是暖冬还是冷冬。我相信今年应该比去年好一些，这个我是非常有信心的。

澎湃新闻记者：我们注意到，此次攻坚行动对地方问责有一些数字性的规定，您能否介绍一下“量化问责”的详细情况？为什么把“散乱污”企业整治不力、“电代煤”和“气代煤”工作不实、燃煤小锅炉“清零”不到位、重点行业错峰生产不落实等问题作为量化问责的重点对象？

刘长根：量化问责是“1+6”（“1”指攻坚行动总体方案，“6”指6个配套方案）中一个重要的压实责任的文件。今年以来，京津冀及周边地区大气污染防治工作取得了比较好的效果，但是大气环境形势依然十分严峻。为切实传导压力、压实责任，根据中央有关文件要求和京津冀及周边地区大气污染防治协作小组第十次会议精神，部党组研究出台了量化问责的有关规定。主要考虑如下：

第一是利剑高悬。就是要督促大家真正干活。督查执法过程中总的感到，各级党委政府都很努力，做了许多工作，取得了明显成绩。但还有一些地方，特别是基层党委政府的环保责任落实不到位，工作比较被动。因此，量化问责关注的重点是“2+26”城市县区级党委政府及其有关部门的党政领导干部，地市级党委政府及其有关部门的党政领导干部。这个文件的着力点就是问责。当前，特别到秋冬季以后，京津冀及周边地区大气污染防治工作形势严峻，大气治理工作不允许应付，不允许懈怠，也不允许不作为、乱作为，只要不干事，就可能摊上事，只要不担责，就可能被问责。这就是利剑高悬，始终保持高压态势，发挥震慑作用，达到消除“中梗阻”，打通“最后一公里”的目的。

国家环境保护督察办公室刘长根副主任

第二是抓实抓细。量化的目的还是要把工作抓实抓细，在这个方面下功夫。一分部署，九分落实，如果责任不压实，工作不抓细，干与不干一个样，干好干坏一个样，努力干和一般干一个样，我们的方案就只会停留在方案上，落实就成了落空。量化问责很具体，什么问题，问责什么对象，什么情形问到什么程度，都做了明确要求，就是要求地方真正抓实、抓细，抓出效果。

纳入量化问责的事项就两个，一是“任务型”问责，即强化督查和巡查交办问题的整改，如果整改不到位，要进行问责。环境保护部强化督查、巡查指出问题，地方还要举一反三，如果到了10月以后还发现很多问题，一个县发现5个问题的，那对不起，要问你副县长的责，发现10个问题要问县长的责，发现15个问题要问县委书记的责。二是“结果型”问责，根据大气环境质量改善目标完成情况进行排名，排名后三位且没有完成目标任务的要问责，而且问责对象是地市级领导干部。这样把大气污染治理任务与市县党委、政府责任捆绑在一起，一层一层、一级一级地把责任压下去，促使地方把工作做细。

刚才讲到四个方面任务，一是“散乱污”企业整治不力，二是“电代煤”“气代煤”工作不实，三是小锅炉“清零”不到位，四是重点行业错峰生产不落实。这四方面问题是当前影响京津冀及周边地区大气环境质量的突出矛盾，督查过程中也发现这几方面问题最多。要通过督查，通过政府加大工作力度，把这些问题解决好。同时，通过这四项工作带动其他工作，从而推动整个大气污染综合治理工作。之所以这么设计，就是要抓重点、抓关键，而且界限清晰，做到了就做到了，没做到就没做到，不扯皮。

第三是长效机制。环境保护“党政同责”和“一岗双责”是中央已经明确的要求，通过一件件督查，一次次问责，把责任压下去，让环境保护“党政同责”“一岗双责”的机制形成起来，环保新的工作格局建立起来。不通过这些工作一步步推下去，我们很多要求就只会停留在要求上。

关于问责规定的具体内容，昨天部长在会上已经讲得很详细了，在这里不再重复。我想就下一步工作怎么考虑跟大家汇报一下。

一是拧紧螺丝。按照督查、交办、巡查、约谈、专项督察“五步法”安排，环环相扣，不断拧紧螺丝，对不落实、不担当、不做事的要严肃问责。

二是目标导向。通过实施严格、具体、量化的问责措施，促使各级各部门真正动起来、干起来，确保攻坚方案能够落到实处，推动京津冀及周边地区空气质量改善，推动京津冀及周边地区供给侧结构性改革。

三是精准发力。不搞面面俱到，而是奔着问题去。对量化问责的内容和事项都做了明确，更好地压实责任，推动工作。

四是部省联动。根据工作需要，可以与省级党委、政府联合开展专项督察。在量化问责方面，明确问责材料移交地方，由地方党委政府实施问责，问责结果要征得我们同意，同时要对外公开。到时有问责情况大家都能看见。

中央电视台记者：过去我们认为大气污染治理重点在大型企业，这次为什么要把督查重点放在“散乱污”上？

田为勇：近一段时期，大家比较关注这个问题，实际上就是说过去环保部门一直对大企业、高架源、污染物达标排放等工作抓得很紧，今年怎么突然抓“散乱污”了。“散乱污”的概念是在《京津冀及周边地区2017年大气污染防治工作方案》中提出的，并且明确是在一些特殊的行业和一些领域。归纳起来有几个特点：一是“散乱污”清理整治确定范围是京津冀“2+26”城市；二是主要针对涉气“散乱污”行业；三是“散乱污”企业存在违法违规、生产工艺技术落后、超标排放、严重污染环境问题。这些特点都是文件当中非常明确的。

“散乱污”问题的整治既是“蓝天保卫战”的需要，也是供给侧结构性改革的需要，更是依法治国的需要。

一是从依法治国角度来说。我们要全面清理整顿这些“散乱污”问题。大家都知道，《环境保护法》和《大气污染防治法》都明确规定了对严重污染大气环境的工艺、设备和产品实行淘汰制度，而且对强化监督执法作

环境保护部环境监察局田为勇局长

出了一系列的规定和要求。一方面，企业要遵守国家的法律规定；另一方面，从执法角度要体现执法公平。人人要守法，人人要维护法律的尊严，法律面前是一视同仁，法律面前人人平等。从环保角度来说，要求我们严格履行监管职责，我们既反对不履行职责、疏于监管，又坚决反对不正确履行职责，用简单粗暴的方法来解决这些问题，这都不是依法治国的要求。

二是从供给侧结构性改革角度来说。大家都知道，“散乱污”企业工艺技术落后，没污染治理措施，生产成本低，游离于监管之外，在市场上造成了“劣币驱逐良币”的效应。强化督查就是要督促地方严厉打击这些违法违规企业，调整区域产业结构，让企业进行产业升级，提标改造，真正实现良性的发展，这也是供给侧结构性改革的内在要求。

三是从改善环境空气质量角度来说，工业污染源分两大类：一类是重点污染源（大中型工业企业），另一类是“散乱污”企业。通过前几年的严格执法，大企业的守法意识有了明显的提高。重点污染源2016年年初达标率70%左右，到了年底接近97%。今年怎么样？1—8月，基本稳定在97%左右，重点污染源达标排放已趋于稳定。

对这些“散乱污”企业没有任何治理设施，超标排放，严重污染，过去没人管。其污染问题越来越明显，在部分地区已经成为影响环境空气质量的重要因素，所以整治“散乱污”企业，就是对不符合要求的、该淘汰关闭的坚决淘汰，能够提升改造、完善治理设施的，督促整改。我想对改善环境空气质量会是一个重大的调整。

另外，当前严峻的环境形势，对这些方面提出了更高的要求。今年是《大气十条》的收官之年，要实现全面建成小康社会，环境保护大气污染防治又是一个重要的瓶颈。环境保护是涉及绝大部分公众利益的民生，是最大的民生，我想这个大家应该有共同的认识。

中国日报记者：我们都知道，中央环保督察已进行“全覆盖”，这次攻坚行动又提出专项督察，请问二者有什么区别？专项督察有哪些具体规定？

刘长根：现在大家都知道第四批中央环保督察正在进行，应该讲效果一批比一批好，老百姓也越来越关注，在座媒体记者也非常关心这方面工作。为什么还要搞一个专项督察，中央批准的《环境保护督察方案（试行）》里有明确的要求，除了正常的每两年左右一轮、对各省（自治区、直辖市）的督察以外，还提出对存在突出问题的地方可不定期开展专项督察，不定期的、随机的、点穴式的督察，专项督察也要经过党中央、国务院批准，以中央督察组名义开展，坚持问题导向，直奔党委、政府责任落实情况，要见人、见事、见责任，这些跟中央环保督察是一样的。但两者又有所区别：

一是督察内容不同，中央环保督察内容包括国家环境保护决策部署贯彻落实情况，环境质量下降及其处理情况，特别是地方党委政府环境保护责任落实情况，属于综合性的督察。专项督察属于随机性、点穴式的，直奔问题去，针对具体的问题，具体的事项进行督察，对有些具体的问题开展针对性督察。

二是方式方法有所不同。中央环保督察受理举报，但是专项督察一般不涉及这方面内容。主要是针对涉及具体事项、具体问题背后的领导责任、管理责任、监督责任和落实责任，特别是领导责任，加强调查取证，谈话问询，形成证据链，形成案卷，移交问责。

三是时间安排不同。中央环保督察进驻时间一个月左右，前期有督察准备，后期有督察反馈、移交移送、督察整改等，中央环保督察进驻前一般有两个月准备时间，进驻一个月，然后报告起草、反馈到整改、问责、“回头看”，实际上是“连续剧”。基本督察一个省下来，到最后完成所有环节要一年半两年，接着第二轮又开始了。专项督察就是奔着问题去，采取短平快的做法，目标就是依法、依纪、依实进行督察问责。

专项督察也是中央环保督察的重要补充，因为中央环保督察进驻结束以后，有些地方问题可能反弹，有些地方可能整改不力，有些地方社会反映比较强烈，对此我们随时可以专项督察。实际上我们已经开展过几次了，对保障中央环保督察整改落实是很有作用的。

关于这次对京津冀及周边地区“2+26”城市的专项督察，总的考虑是督察进驻的时间可能安排在今年年底或者明年年初，进驻时间大概是20天或者15天，根据具体情况、问题的数量和工作量确定。已经制定了方案，待上报国务院批准后实施。大概是这么一个安排，督察进驻以后形成督察报告，同时形成问责案卷，报请党中央、国务院批准后，移交给省级党委政府，由他们实施问责，问责结果要征得我们同意，同时也要对外公开。大概是这么安排的。

路透社记者：我们注意到，在中央环保督察过程中，有一些市场产品价格出现波动，有行业内人士认为和环保督察有关，请问您对此怎么看？

刘长根：这个问题分两种情形：第一种情形在中央环保督察组进驻以后，地方借势、借力，切实推动一批依法依规应该解决而平时没有解决的问题，包括山东、四川、西藏和新疆等省（区），这方面力度都很大。早应该解决的问题，比如明显违法、违规，明显应该关停的作坊、污染源等，这次借势借力解决了。对于这种情况，我们是鼓励的。当然，我们也希望通过督察，地方能够形成长效机制，不要等督察组去了才行动，要加大平时工作的力度。第二种情形，一些地方特别是一些基层党委政府由于担心督察组进驻后发现问题，追究他们的责任，所以提前把企业都停了、关了，影响人民群众的正常生活，可能影响短期的、局部的产品供应，这是乱作为，我们坚决反对。

第四批督察进驻前夕，我们得知成都市一些餐馆无故停业的消息后，即请督察组立即与当地政府沟通。成都市高度重视，立即发文明确相关要求，得到了社会广泛认可。

我记得第一批督察，我们在河南省反馈的时候，就讲到在河南省有的地方采取简单粗暴的方法应对督察，实际就是这个情况，我们也及时做了纠正。

刘炳江：我想补充一下，现在一些人喜欢以环保的名义说事，环保站在道德至高点，什么事都往环保身上说，大宗商品的价格波动，是由市场的供需关系来决定的，是有综合原因的，不要总是往中央环保督察和制定秋冬季攻坚这方面引。

中国青年报记者：大家在关注 $PM_{2.5}$ 的同时，也在关注臭氧问题，请问当前我国的臭氧污染状况如何？采取了哪些治理措施？另外攻坚行动方案中强调在 9 月底之前，完成京津冀和周边地区大气管理机构的运行，请问现在进展如何？

刘炳江：我先回答你第二问题吧，就是你说京津冀大气环保机构这个事，应该这么说，大家非常关心，按照中央改革的工作部署，环境保护部会同中编办已经编制完成了设置跨地区环保机构的试点方案，已经报到中央。中央深改领导小组的 35 次会议已经通过，要求紧紧围绕着这个地区的大气环境质量改善、突出的环境问题，理顺机构，理顺管理的机制，尽快来落实。

方案报上去以后，现在正在中央批复之中，估计很快就下发。下发以后，我们会按照中央批复的要求，紧锣密鼓抓设置，我们现在正在有序地向前推进。

关于臭氧的问题，我们先看2016年总体情况，我们国家其实是338个城市里面，71%（的城市）就在空气质量达标上下晃动、徘徊。我们国家的标准值是160微克每立方米，基本与世界接轨，71%的城市在上下左右跳动。2016年有59个城市超标，但是轻度超标的天数累计只占4.7%，中度超标的天数很少，重度超标的天数极少，没有严重污染，更没有出现爆表，整体处于可控状态，这是2016年的情况。如果看发展趋势，从74个城市一直到现在四年多的时间来测，基本上处于一种波动状态，这是一个基本的结论，但是略微上升。大家非常关心中国会不会发生光化学烟雾事件，中国政府高度关注这个问题，世界历史上发达国家发生的任何大气污染事件我们都紧密分析，专家分析认为，发达国家发生光化学烟雾事件的时候，臭氧浓度常常在600微克每立方米以上，个别城市达到2 000微克每立方米以上。而我国远远低于这个浓度值，现在不可能发生，将来发生的可能性也极小。我国臭氧水平和发达国家比是什么状态，我国重点地区臭氧浓度比较高时，和美国基本相当。我国全国338个城市臭氧的平均水平，和美国约十几年前的水平相当。那么今年到现在8月末，数据已经出来了，臭氧浓度有一定程度的上升，而且城市的数量也多了。总体分析来看，这都属于正常的波动。

举一个例子，北京臭氧浓度连续四年上升，但是到2016年，包括今年，今年后半段看臭氧浓度不会出现高值了，都在下降之中，这都属于正常的波动。与经济回暖、气象条件也有一定的关系。但如果仔细看今年的变化情况，我国总体上来说，因为我们有十年左右的数据分析，臭氧浓度京津冀有所上升，长三角很稳定，珠三角基本上总体达到国家的空气质量标准，这是总体趋势。但是我们高度认识到这个问题，毕竟我们国家臭氧浓度总体是在持续上升的阶段，尽管是70%多的城市在标准线附近波动。我们高度重视，核心解决形成臭氧的两项污染物。氮氧化物从“十二五”到今年，应该是连续七年约束性指标，“十二五”要求下降15%，从2010年到现在已经累计下降20%多，空气质量浓度已经显示出来，二氧化氮浓度在稳定的小幅度下降。我们非常重视挥发性有机物，现在“十三五”综合防治方案，现在已经跟多个部委和地方完全达成一致。跟大家征求意见的时候，地方已经都在做了，所以可以告诉大家，整个都在可控状态，而且臭氧的防护，在各种污染物中是比较容易的，如果外面是400微克每立方米，很高了，屋子里可能只有60微克每立方米，只要中午烈日高温下，中午12点前后不要在室外做高强度的运动，没什么大的问题，大家不要有什么惊慌。

第一财经记者：环境保护部为了加大执法力度，开展了督查、检查等各类执法行动，这次又开展了秋冬季大气污染攻坚行动，请问如何建立环境监管执法的长效机制？

田为勇：近年来，在环境保护方面开展了很多督查、检查活动，而且越来越多。一方面，是法律赋予的职责，《环境保护法》和《大气污染防治法》有很多新规定和新要求。大家可能知道每个月都要公布一批《环境保护法》执行情况，没有这些监督检查，要出这些情况可能是很难。特别是2015年《环境保护法》实施以来，大家明显感觉到，环保执法力度明显加大，这都是法律赋予的职权，是在认真履行法律规定的各项义务。法无授权不可为，法定职责必须为，法定职责我们大家都在努力认真履行。

另一方面，您提的问题，我理解这些活动会不会搞成一阵风、运动式的，会不会带来短期效应，存在这种担心，我觉得这是完全没必要的。中央环保督察也好，全年抽调 5 600 人的强化督查也好，包括今年的秋冬季攻坚强化督查，实际上在过程当中我们是不断在探索一些长效机制。我们通过近几个月“2+26”城市的强化督查，总结出一套督查检查工作经验，也就是李干杰部长总结出来的一套思路，督查、交办、巡查、约谈、专项督察的“五步法”，形成一个完整的督查体系。督查发现问题，交办责任落实给地方，然后巡查，督促问题解决。对整改慢的，实施约谈，对不执行的、问题突出的实施专项督查。不是像过去查完就完了，问题解决没解决不知道，所以在这个过程当中，把所有发现的问题都要全面落实，进一步解决。这就是长效机制。

刚才，大家可能也看到了，我们在秋冬季的攻坚方案当中，“1+6”里面，专门有量化问责的办法，这也是在实际工作当中探索出来的，怎么能够把责任真正落到基层，要量化问责。交办的问题不完成，该问责问责。对之前清理整顿的，还有很多遗漏的，我们新发现了，也要追究责任。这都是督查检查中总结提炼出来的一些好办法，管用的机制可能会推广应用到很多方面，包括刚才我说的“五步法”，将来很多的专项执法行动中，都要运用这些方法，这就是长效机制。

南方都市报记者：我有几个问题，一是攻坚行动方案要求“2+26”城市 $PM_{2.5}$ 浓度下降 15%，重污染天数也下降 15%，请问是如何制定这个目标的，这和《大气十条》的考核目标有没有什么关联？二是攻坚行动提出的强化督查与之前开展的强化督查相比，有什么新变化？此外，攻坚行动方案中还提到了驻点巡查，请问督查和巡查有什么区别？

刘炳江：谢谢，其实两个问题，一个是《大气十条》考核目标，一个是秋冬季基本原则。可以这么说《大气十条》，2016年年底，基本上目标都完成了，$PM_{2.5}$浓度除了北京的60微克每立方米有一定的难度，其他都完成了，这是第一句话。那么今年为什么秋冬季制定这个目标，人们最关心的就是这个，到了秋冬季重污染天气频发，持续时间长，浓度比较高，大家怨声载道比较多。所以今年目标就针对解决秋冬季节重度污染天气高发的问题设定目标，两个15%，一个是浓度整体下降，一个是重污染天数，如果都完成了，肯定是更加超额完成《大气十条》的任务。

目标怎么设定的，目标的设定有几个基本原则：

第一个可达性，能不能达到，这个要跟地方商量，如果看攻坚方案，每个城市都有非常量化的措施，这个措施多少，目标应该减多少，基本上是有数的，比如我跟大家说燃煤锅炉4.4万台关停，每个城市不一样，“散乱污”集群也都不一样，最关键冬天的应急措施也是不一样的，以往每次重污染天气的时候，有的等风来，有的措施比较虚，不实，今年是统一的“2+26”个城市一对一的过，非常实，要求你下降30%，二氧化氮的排放量那必须下降，而且对企业绝不是“一刀切”，这是根据可达性来的。

第二个在这个区域里，你排放高，污染了别人，比如石家庄$PM_{2.5}$浓度100多微克每立方米，济宁只有60多微克每立方米，你高，你自己要削减的多，大家尽可能削平，整个区域内大家均等一些，这是我想说的第一可达性，第二是谁高谁下降，比例就要大，除了国家规定的任务，你还要与你当地的情况相结合。

第三个大家充分考虑了气象的传输规律，北京 $PM_{2.5}$ 浓度要达到 60 微克每立方米左右，每次重污染，大家都看到，南风一来污染就比较多，霾一来以后，南边推到北边，北边推到南边，所以跟传输规律有关，经过科学的测算，和上下完全达成一致，谢谢。

田为勇：我回答第二个问题。前面开展的“2+26”城市的强化督查与秋冬季攻坚督查有什么区别，我想用“三个更加”和“一个进一步”来说。第一个“更加”就是督查方向更加明确，第二个“更加”就是内容更加细化，第三个“更加”就是调度更加精准，“一个进一步”就是我们力度还要进一步加大。

第一个就是方向要更加明确。你们仔细看我们原来的强化督查方案，更多关注是工业企业，那么这次我们把它确定为三个方向，一是把工业企业稳定达标作为秋冬季强化督查的坚守方向，97% 的企业稳定达标排放是我们不能突破的目标底线，要继续稳定。二是把“两散”作为秋冬季强化督查的主攻方向，第一是“散乱污”，9 月底前全面清理完成。第二是散煤，散煤包括燃煤锅炉，“煤改电”“煤改气”清洁能源的替换，这些工作也是作为今年秋冬季强化督查重要的内容，进入冬季后，燃煤问题会显得更加突出，所以作为主攻方向。三是把错峰生产、重污染天气的应对作为保障，一旦发生重污染，我们将提前介入提前预警，包括督查人员重新调整，围绕重污染天气应对开展一系列督查应急保障措施。

第二个就是内容更加细化。原来的强化督查方案主要是工业企业稳定达标排放、“散乱污”治理等 7 个方面。这次强化督查更加明确到 12 个方面，而且具体细化到了 233 项任务，每个城市都有它的具体任务、具体清单。

督查时拿着清单，一个一个对照检查，完不成的后面还会继续督查，一环扣一环，确保这些任务能够完成。

第三个就是指挥调度更加精准。一方面，我们是按天调度各个组，28个组每个组在地方每天去哪里，去查什么，我们都是按日调度，查的情况也是按日上报。另一方面，我们采用双向反馈式的督查。比如现在用“热点网格”“小微站”等一些高科技的手段，“热点网格”更加精细到500m×500m，我们按污染浓度从高到低的顺序，排出“热点网格”污染浓度明显比周边高出10微克每立方米，这个网格内一定有排放源。比如有施工的问题，有企业偷排的问题，还有“散乱污”的问题等。这些问题如果一旦发现就解决掉，超过10微克每立方米一定要下来，如果没下来，找的方向不对，回过头再查，再找别的问题，所以一定要把问题找到，促使问题解决，直至污染浓度回归正常，我们叫双向反馈式，真正使整个京津冀地区更加精准地解决问题。

“一个进一步”就是执法的力度进一步加大。大家觉得前期的力度已经很大，但是秋冬季力度会更大，为什么？我们还要调集力量，大家知道我们已经调集了5 600人在现场，目前我们正在研究抽调一批监测人员，对大企业的稳定达标情况进行抽测，还要查处一批超标排放企业。另外，还要抽调一批特别工作组，针对重点地区进行有针对性的“点穴式”督查，对一些问题比较突出的地区，要增派特别工作组去帮助督查。遇冬季重污染天气，根据不同的污染通道，也将派出一个或几个特别工作组。这样的力度还会加大，大家会感受到力度更加明显。

关于巡查和督查的关系，我想也是用“三个不同”来代表，第一个就是巡查的目的和督查的目的是不一样的。刚才讲了"五步法"：督查、交办、巡查、约谈、专项督查，第一步就是督查，其目的是发现问题。发现问题很重要，没有发现问题后面所有的步骤都没办法做，所以督查很重要。而巡查是"五步法"的重要环节，巡查的目的是核查地方对交办问题的整改落实情况，督促地方解决问题。

第二个不同是内容不同，督查通俗地说就是查企，以查企为主，从4月7日开始到现在已经查了将近4.2万家企业，也发现了2万多家企业的问题，主要的目的是查企，但是巡查更主要的是两者结合，既有查企，也有督政，问题交办给政府，责任就交给政府，通过查企业看政府落实没落实这些工作，所以两个工作的内容方式不一样。督查就是按执法的方式去了解企业违法违规的情况，巡查主要看企业到底改没改，然后是地方政府怎么做的，包括他要列席党委常委会，政府的常务会，还要走访一些部门，为什么？他要了解各部门怎么落实这项工作的，所以是完全不同的，这是第二个。

第三个不同就是组织形式不同，督查是从全国抽调的，大家知道从全国抽调了5 600名环境执法人员，参加巡查的则全部是部机关或直属单位的人员，这次我们要抽调1 240人，大概每个人要搞两轮次，那就是2 480人（次）的现场重点巡查。并且是派驻到"2+26"个城市及所属县（市、区），我们称之为驻点巡查。

人民日报记者：最近社会上有一种说法认为火电厂湿法脱硫加剧了重污染天气过程。对此您有什么看法？

刘炳江：湿法脱硫我说三段话，我也看到了，现在中国的脱硫质疑声从来没断过，这次质疑脱硫的声音传播比较广，涉及的人比较多，我们都看到了，我说的第一段话是现在湿法脱硫是燃煤电厂脱硫的主要技术，世界各国环保工程师和科学家，经过40多年研发应用升级的一个共同的选择，日本湿法脱硫占98%，美国占92%，德国占90%，中国占91%，世界平均占85%，湿法脱硫和干法脱硫有不同的领域，大型燃煤机组基本都采用湿法脱硫，小型的，5万千瓦以下的采用的干法，因为要求比较低，这是一。这个声音出来以后，我们和德国的同行和美国的同行进行了咨询，他们给我的答复说不可理解，这是我说的第一段话。

第二段话，什么观点大家要靠数据说话，我说中国的脱硫质疑声没断过，2012年关于燃煤电厂脱硫中三氧化硫排放问题，湿烟气的问题，在不同的质疑中，在不同的刊物，不同的杂志上都有，从2012年开始，我们已经安排进行测试，出现任何问题我们都跟踪，所以上百台机组的测试结果，可以明确告诉你，关于三氧化硫，国家超低排放已经达到60%以上，京津冀基本完成了，东部基本完成了，三氧化硫现在浓度不会超过10毫克每立方米，平均只有几毫克每立方米，相当于二氧化硫的1/10，这点的量，完全可以忽略。关于可溶盐的问题，大家说环保部门测算，一万吨，相对于全国一年千万吨的二氧化硫而言，完全可以忽略不计。关于湿烟气的问题，我可以明确告诉大家，湿法脱硫的问题，干法脱硫也不同程度的存在，不同的湿法脱硫，排放温度是50多摄氏度，干法脱硫如果也按50多摄氏度排放，也是白烟滚滚，湿法水蒸气的量比干法多10%，有人说治霾，应该进行加热，可以明确地告诉你，加热肉眼看到蒸汽，看到看不到，水蒸气的绝对排放量都在那，这是很关键的观点，治霾，科学家算得非常清楚，大自然水蒸气的量很大，与它相比，湿烟气完全可以忽略不计，这是我说的第二段话。

第三段话，中国电力的环保公司非常愤怒，靠拼凑一些数据，用干法否定湿法，这是不科学的，中国的电力环保工程师已经开发世界最先进的超低排放，中国煤电二氧化硫浓度现在降到几十毫克每立方米，二三十毫克每立方米，是世界上最好的水平，他们都感到自豪，感到很委屈，我今天的话我估计对他们是温暖。所以中国电力联合会准备在 19 日召开，包括国企主流的环保工程师，德国的或者美国的同行都请过来，欢迎不同观点的人前去争论，这是我说的第三段话。

南方周末记者：在攻坚行动总体方案的 6 个配套方案中，有一个是宣传方案，请问在宣传方面会有什么样的安排？

刘友宾：环境保护部高度重视攻坚行动的舆论工作，把舆论工作纳入攻坚行动中统一考虑，通盘部署，制定了攻坚行动宣传方案，将通过新闻发布会、通气会，发布新闻通稿，组织媒体伴随式采访等方式，大力宣传攻坚行动的重要性、必要性、正当性和紧迫性，凝聚社会共识，为改善大气环境质量营造良好的舆论氛围。我们将及时组织报道攻坚行动中的先进典型，对大气污染综合治理进展不力的地方政府，对各类严重侵害公众环境权益的环境违法行为进行舆论监督。同时，积极传播环境保护法律法规，普及环境保护科学知识，鼓励向环境违法行为说不，动员全社会积极参与环境保护。“环保部发布”微博微信公众号将每日发布攻坚行动进展。

我们要求地方也要高度重视舆论工作，及时发布权威信息，主动回应公众关切，大力创新传播方式，上下联动，同频共振，积极配合媒体做好攻坚行动采访报道工作。

良好的舆论环境是攻坚行动顺利开展的重要保障。开展秋冬季大气污染综合治理攻坚行动，离不开媒体朋友们的大力支持。我们将为媒体朋友的采访报道工作提供便利和支持，共同促进形成环境守法新常态，携手打好蓝天保卫战。

刘友宾：今天的发布会到此结束，谢谢大家！

环境保护部（国家核安全局）有关负责人就《核安全与放射性污染防治“十三五”规划及2025年远景目标》答记者问

（2017年3月23日）

近日，国务院正式批复《核安全与放射性污染防治“十三五”规划及2025远景目标》（以下简称《规划》）。环境保护部（国家核安全局）有关负责人就《规划》相关内容回答了记者提问。

新闻发布会现场（1）

新闻发布会现场（2）

问：为什么编制《规划》？《规划》出台有什么重要意义？

答：核安全与放射性污染防治事关公众健康、事关环境安全、事关社会稳定，党中央、国务院对核安全与放射性污染防治工作高度重视，将核安全纳入到国家总体安全体系，上升为国家安全战略。习近平总书记在全球核安全峰会上提出“理性、协调、并进”的中国核安全观，并向世界庄重承诺我国将制定中长期核安全发展规划。《国民经济和社会发展第十三个五年规划纲要》（以下简称《纲要》）明确提出，推进核设施安全改进和放射性污染防治，强化核与辐射安全监管体系和能力建设；中央其他文件中也多次提出编制核安全规划。习近平总书记、李克强总理等中央领导同志还多次就核安全问题作出重要批示指示，强调务必千方百计消除核安全隐患。

为落实中央部署要求，全面统筹“十三五”时期核安全与放射性污染防治工作，确保我国核能与核技术利用事业安全高效发展，环境保护部（国家核安全局）牵头，会同发展改革委、财政部、能源局和国防科工局经过认真研究、广泛听取意见、科学详细论证，历时3年编制完成《规划》。《规划》充分体现了党中央、国务院对核安全与放射性污染防治工作的高度重视，体现了习近平总书记“理性、协调、并进”的核安全观，体现了安全与发展并重的根本理念，体现了以习近平同志为核心的党中央对人民群众切身利益的高度关切。《规划》的编制实施，对进一步提升核安全治理能力，提高核设施安全水平，降低核安全风险，推进放射性污染防治，确保辐射环境质量保持良好，坚定公众对核安全的信心，推动核电走出去和“一带一路”倡议实施具有重要意义。

问：这是一部什么样的规划？有什么创新点？

答：《规划》是国家安全顶层设计的重要组成部分，是生态环境保护战略部署的重要内容，是指导和加强我国核安全与放射性污染防治工作的专项规划，是实现核能与核技术利用事业安全健康发展的安全保障规划。《规划》在总结以往经验的基础上，开拓创新，总体统筹谋划了核安全与放射性污染防治工作。《规划》主要有以下特点：

一是以核安全观为统领。《规划》编制坚持发展与安全并重，强化纵深防御要求，持续开展核安全改进，提高安全水平。坚持权利和义务并重，《规划》注重落实中央部门、地方政府、企事业单位等各方责任，充分体现社会共治理念。坚持治标与治本并重，《规划》力求新老并重，既关注核设施运行安全，又关注老旧核设施退役安全。坚持自主与协作并重，《规划》既强调借鉴国际经验，又注重我国核与辐射安全实际，制定针对性措施。

二是以保障人民群众健康和生态环境安全为根本宗旨。《规划》全面落实党中央、国务院关于消除核安全隐患，确保人民群众健康和生态环境安全的有关要求，在《规划》指导思想中提出“坚持安全第一、质量第一的根本方针”，在《规划》目标中提出“辐射环境质量保持良好，核安全、环境安全和公众健康始终得到有效保障”，切实把保障人民群众健康和生态环境安全作为“十三五”核安全与放射性污染防治工作的根本出发点。

三是以新发展理念为指引。坚持创新发展，以改革创新为驱动，《规划》提出加快管理创新、机制改革和技术创新等一系列任务措施；坚持协调发展，《规划》提出持续开展安全改进，推进我国核设施安全整体达到国际先进水平；坚持绿色发展，《规划》提出加快老旧核设施退役和放射性废物治理，降低环境风险；坚持开放发展，《规划》提出汲取国际经验教训，分享我国良好实践，拓展核安全国际交流合作广度和深度；坚持共享发展，《规划》更加注重构建公开透明的核安全监管体系，强化科普宣传、信息公开和公众参与。

四是以风险防控为核心。坚持问题导向和风险导向，认真分析了当前我国核能与核技术利用事业发展中可能存在的主要风险，围绕降低风险确定规划目标、安排重点任务、设置重点工程、提出保障措施。

五是以能力建设为支撑。《规划》注重中央、省级和地市级科研、应急和核安全监管能力提升。在科研能力方面，主要考虑开展提升核安全水平的科技攻关；在应急能力方面，强化平战结合、软硬兼顾、指挥与技术并重；在监管能力方面，注重审评许可、监督执法、辐射监测、经验反馈、公众沟通、国际合作等综合性能力提高。

六是以提高核与辐射安全水平为目标。《规划》提出"十三五"我国运行和在建核设施安全水平明显提高，核电安全保持国际先进水平，放射源辐射事故发生率进一步降低，不发生放射性污染环境的核事故；到2025年，我国核电厂安全保持国际先进水平，其他核设施安全达到国际先进水平，放射源辐射事故发生率保持在较低水平。

问：《规划》具体内容是什么？提出了哪些新要求、新举措？

答：《规划》包含6项目标、10项重点任务、6项重点工程和8项保障措施。6项规划目标主要是提高6方面安全水平，即核设施安全水平、核技术利用装置安全水平、放射性污染防治水平、核安保水平、核与辐射应急水平以及核与辐射安全监管水平；10项重点任务包括保持核电厂高安全水平、降低研究堆及核燃料循环设施风险、加快早期核设施退役及放射性废物处理处置、减少核技术利用辐射事故发生、保障铀矿冶及伴生放射性矿辐射环境安全、提高核安全设备质量可靠性、提升核安保水平、加强核与辐射事故应急响应、推进核安全科技研发、推进核安全监管现代化建设。6项重点工程包括核安全改进工程、核设施退役及放射性废物治理工程、核安保与反恐升级工程、核事故应急保障工程、核安全科技创新工程、核安全监管能力建设工程。8项保障措施包括完善法律法规、强化政策配套、优化体制机制、加快人才培养、强化文化培育、推进公众沟通、深化国际合作、完善投入机制。

无论是《规划》目标、重点任务、重点工程还是保障措施，都充分体现了要在确保安全的前提下发展核能与核技术利用事业的指导思想和“安全第一、质量第一”根本方针，《规划》还提出了一系列新要求，要按照国际最新核安全标准发展核能与核技术利用事业；强化依法治核理念；实施最严格的核安全监管；核能发展部门、核安全监管部门、各级人民政府和企事业单位要切实履行保障核安全、环境安全和公众健康的根本宗旨。《规划》还就强化法治建设、体制机制建设、机构队伍建设、保障能力建设及核安全文化建设等方面提出了一系列新举措。

问：“十二五”期间我国核安全与放射性污染防治取得哪些成效？

答：2012年，国务院审议通过并批准实施《核安全与放射性污染防治“十二五”规划及2020年远景目标》，通过中央相关部门、地方政府和全行业的共同努力，“十二五”时期我国核安全与放射性污染防治工作取得积极成效。

新闻发布会现场（3）

一是核设施安全水平进一步提高。核电安全达到国际先进水平。运行核电机组安全性能指标位于国际同类机组前列，在建机组质量受控，新建核电机组设计指标满足国际最新核安全标准，具备完善的严重事故预防和缓解措施，研究堆、核燃料循环设施安全隐患得到消除。

二是放射性污染防治取得阶段性进展。完成一批早期核设施退役项目。放射性废物处理处置能力进一步提高，形成西北、西南、华南区域处置格局。处理处置一批历史遗留放射性废物。完成一批铀矿冶设施的退役任务，基本完成重点地区铀地质勘探设施的退役和治理任务，环境风险不断降低。

三是放射源辐射事故发生率持续降低。放射源辐射事故年发生率下降到历史最低水平，由“十一五”时期的平均每万枚源 2.5 起下降至 2 起以内，未发生特别重大辐射事故，各类废旧放射源及时得到收贮，确保了公众和环境安全。

四是核安全保障体系不断健全。《核安全法》立法进程加快。核安全管理机构和人员队伍进一步扩充，开工建设国家核与辐射安全监管技术研发基地，基本建成全国辐射环境监测网络。建成 21 个重大科技创新平台，开展 200 余项核安全相关技术研究并取得重点突破。应急体系进一步完善，开展核应急能力建设，形成统一调度的核事故应急工程抢险力量。

问：当前，我国核能与核技术利用事业发展规模和核安全总体状况如何？

答：我国是核能核技术利用大国。现有 35 台运行核电机组、21 台在建核电机组，在建核电机组数量世界第一。另有研究堆 19 座，核燃料循环设施近百座。全国共有核技术利用单位 6.7 万家，在用放射源 12.7 万枚，射线装置 15.1 万台（套），已收贮废旧放射源 19.2 万枚。

30 多年来，我国核能与核技术利用事业始终保持良好安全业绩，未发生 2 级及以上事件和事故，核电安全达到国际先进水平，放射源辐射事故发生率不断降低，研究堆和核燃料循环设施保持良好安全记录。总体而言，当前我国核与辐射安全风险可控，全国辐射环境水平保持在天然本底涨落范围，未发生放射性污染环境事件，基本形成了综合配套的事故防御、污染治理、科技创新、应急响应和安全监管能力，核安全、环境安全和公众健康得到了有效保障。

问：《规划》确定的“十三五”时期我国核安全与放射性污染防治工作的指导思想是什么？

答：根据党中央、国务院关于核安全工作的重要指示精神以及《纲要》内容，结合我国核安全与放射性污染防治工作实际，《规划》确定了“十三五”时期我国核安全与放射性污染防治工作的指导思想，即全面贯彻党的十八大和十八届三中、四中、五中、六中全会精神，以邓小平理论、“三个代表”重要思想、科学发展观为指导，深入贯彻习近平总书记系列重要讲话精神和治国理政新理念、新思想、新战略，认真落实党中央、国务院决策部署，统筹推进“五位一体”总体布局和协调推进“四个全面”战略布局，牢固树立和贯彻落实创新、协调、绿色、开放、共享的发展理念，坚持“理性、协调、并进”的核安全观，坚持安全第一、质量第一的根本方针，以风险防控为核心，以依法治核为根本，以核安全文化为引领，以改革创新为驱动，以能力建设为支撑，落实安全主体责任，持续提升安全水平，不断推进放射性污染防治，保障我国核能与核技术利用事业安全高效发展。

问：《规划》提出“十三五”时期我国核安全与放射性污染防治工作目标是什么？

答：《规划》明确了“十三五”时期核安全与放射性污染防治工作的奋斗目标。总的目标是，到2020年，我国运行和在建核设施安全水平明显提高，核电安全保持国际先进水平，放射源辐射事故发生率进一步降低，早期核设施退役及放射性污染治理取得明显成效，不发生放射性污染环境的核事故，辐射环境质量保持良好，核应急能力得到增强，核安全监管水平大幅提升，核安全、环境安全和公众健康得到有效保障。具体目标包括提高核设施安全水平、核技术利用装置安全水平、放射性污染防治水平、核安保水平、核与辐射应急水平和核安全与辐射安全监管水平6个方面。

问：我国核与辐射安全监管水平如何？《规划》对强化监管能力建设提出哪些重要举措？

答：我国历来高度重视核与辐射安全监管工作，设立独立于核能发展部门的核安全监管机构——国家核安全局，对核设施选址、设计、建造、运行和退役等活动实施独立的核安全监管，我国核安全监管方法与国际实践保持一致。

经过30年的发展，我国核安全监管体系不断完善，监管能力不断提高，基本形成了一套法规，逐步建立了一支队伍，形成了一套制度，练就了一组能力。“十二五”以来，我国核与辐射安全监管能力取得新的突破，《核安全法》通过全国人大常委会一审，国家核与辐射安全监管技术研发基地开工建设，基本建成国家辐射环境监测网络，现场监督执法装备不断完善，地方核与辐射核与辐射安全监管能力得到有效增强。2016年8—9月，国际原子能机构对我国开展核与辐射安全监管综合跟踪评估后认为，我国发布并有效实施核安全规划，加强核与辐射安全监管部门人力、财力资源投入，保障了公众健康和环境安全。我国核与辐射安全监管与国际接轨，监管机构有效和可靠，“十二五”时期不断加强法规制定、内部管理，独立、有效地开展各项监管活动，建立监督监测体系，采取快速有效行动汲取日本福岛核事故经验教训，多项监管举措富有特色，值得在国际同行中推广。

党的十八届三中全会提出实现国家治理体系和治理能力现代化的改革

目标，为核安全监管体系和监管能力建设指明了方向。在监管硬件建设方面，《规划》主要考虑三点，一是依托建成国家核与辐射安全监管技术研发基地，提高独立校核计算和试验验证能力；二是完善地区核与辐射安全监督站和省级监管机构仪器装备，提高现场监督执法能力；三是完善国家辐射环境质量监测网，按照中央、省级和重点地市级分级开展能力建设，强化重点港口、边境地区监测能力建设，确保核安全监管和核能与核技术利用事业同步发展，力争到2025年实现核安全监管体系和监管能力现代化。

问：“十三五”时期我国核电发展将达到什么规模，有专家和媒体提出乏燃料处理和放射性废物处理处置将是一个重要挑战，《规划》对此有什么具体安排？

答：按照核电中长期发展规划，到“十三五”末，我国在运核电装机容量将达到5 800万千瓦，在建机组达到3 000万千瓦以上，机组总数达到世界第二。核电厂运行产生的乏燃料和放射性废物处理处置是影响我国核电发展的重要问题。

我国历来重视核电厂乏燃料安全，为了充分利用裂变材料资源，确立了乏燃料后处理的闭式核燃料循环政策。为此，我国设立了专门的乏燃料基金，保障乏燃料后处理经费，积极推进乏燃料后处理技术研究、开发并取得突破。动力堆乏燃料后处理中试厂已经热试，与法国合作建设商用后处理大厂项目的谈判也在进行中。中核集团针对商用后处理大厂项目开展了厂址普选工作。环境保护部（国家核安全局）对乏燃料后处理厂建设提出严格的技术要求并实施审批制度，安全、环保要求与核电厂保持在同一个层次。总体而言，我国核电厂乏燃料贮存安全、稳定，但是部分核电厂乏燃料在堆贮存能力紧张，外运需求急迫，为解决有关乏燃料贮存和后处理问题，《规划》明确提出，“十三五”时期编制和发布核电厂乏燃料处置规划，推进乏燃料贮存和处理。依法明确核电厂乏燃料近堆干法贮存设施的安全审评要求，加快乏燃料离堆贮存能力建设。加强乏燃料后处理“产学研”一体化顶层设计，建立保障机制，优化运行管理，积极推动大型商用后处理厂选址和建设，缓解核电厂乏燃料在堆贮存压力。

我国也高度重视放射性废物处理处置，“十二五”时期在全行业共同努力下，我国放射性废物治理取得积极进展，由于多方面原因，目前，我国仍有一批放射性废物尚未得到最终处理处置，主要原因是放射性废物处理处置能力不足，与核工业发展速度不相适应。为了推动相关工作，《规划》明确提出，加快放射性废物处理能力建设，基本完成历史遗留中低放废液固化处理，处置一批中低放固体废物，发布实施《中低水平放射性固体废物处置场规划》，开展5座中低放固体废物处置场选址、建设，形成中低放固体废物处置的合理布局，推进核电废物外运处置。开工建设高放废物地质处置地下实验室。推进高放废物地质处置场选址与场址调查，加快高放废物处置研究。

问：《规划》将安排哪些具体措施来推进核安全公众沟通工作，确保公众对核安全的知情权、参与权和监督权？

答：环境保护部（国家核安全局）作为我国独立的核安全监管部门，注重建立公开、透明的核安全监管体系，“十二五”期间积极推进涉核项目环评报告、全国辐射环境质量监测结果、项目审批情况和相关文件公开，积极开展核安全科普，推进核安全知识普及活动进校园、进社区、进领导培训课堂，强化项目建设阶段的公众参与，核安全公众沟通取得积极成效。

《规划》明确“十三五”时期要按照“中央督导、地方主导、企业作为、公众参与”的思路进一步推进核安全公众沟通，将“公开透明”作为“十三五”时期核安全与放射性污染防治工作的基本原则之一，落实核安全公众沟通责任，完善核安全公众沟通机制，依法保障公众的知情权和参与权。《规划》提出，“十三五”时期，将核安全基础知识纳入教育和培训体系，继续推动核与辐射知识进社区、中小学及干部培训课堂，依托企业，建设10个国家级核与辐射安全科普宣教基地，强化网络平台和新媒体宣传功能，加强与媒体的沟通交流。完善信息公开方案和指南，加强信息公开平台建设，企业在不同阶段依法公开项目建设信息，政府主动公开许可审批、监督执法、环境监测、事故事件等信息，加强公开信息解读。